Über das Buch

Wenn Amelia Kinkade mit wilden, in Freiheit lebenden Tieren Kontakt aufnimmt, bekommt man Gänsehaut. Da bittet sie telepathisch eine Horde von Elefanten, die eigentlich die Nähe von Menschen scheut, darum, zum Eingang eines Naturparks zu kommen. Die wilden Typen lassen nicht lange auf sich warten, einige betreten sogar das Gebäude der Parkverwaltung, um Kinkade zu begrüßen – während der Parkbesitzer vor Angst erstarrt. ..

Die Begegnungen von Amelia Kinkade mit Tieren grenzen mitunter – sogar für Experten – an ein Wunder, die New York Times zählt Kinkade zur besten Tierkommunikatorin der Welt.

Doch das Anliegen der Tierschützerin, die von den Cherokee-Indianern abstammt, ist es nicht, mit ihren außergewöhnlichen Fähigkeiten zu glänzen. Kinkades Herzensanliegen ist es, uns zu zeigen, wie intelligent und weise Tiere tatsächlich sind – und uns zu ermutigen, dafür einzustehen, dass das Leiden, das Menschen Tieren zufügen, endlich ein Ende hat.

Über die Autorin

Amelia Kinkade, geb. 1963, zählt weltweit zu den ganz großen Tierkommunikatorinnen. Sie arbeitete mit den Pferden von Queen Elizabeth und von Prinz Charles, sie betreute die Pferde von Springreitern, die mit ihren Tieren bei olympischen und internationalen Wettkämpfen „Gold“ und „Silber“ errangen. Sie gibt Seminare in Europa, Afrika, Nord- und Südamerika und schult Tierfreunde, Pfleger, Sportler, Ärzte – und Kinder. Amelia Kinkade publizierte zahlreiche Bücher, die in viele Sprachen übersetzt wurden.

Im Reichel Verlag sind von ihr erschienen: *Tierisch gute Gespräche* und *Tierisch einfach – Wie Sie Tiere verstehen und mit ihnen sprechen können.*

AMELIA KINKADE

Tierkommunikation mit Gänsehaut

Übersetzt von Johanna Ellsworth

Reichel Verlag

»Whispers from the Wild – Listening to the Voices from the Animal Kingdom« New World Library, 14 Pamaron Way, Novato Kalifornien, 94949 USA

93053 Regensburg

Internet: www.reichel-verlag.de
E-Mail: info@reichel-verlag.de

Umschlaggestaltung Christian Wolf

ISBN 978-3-946433-96-5

Für Beatrice Lydecker,

die mich gelehrt hat,
dass der Ruf der Wildnis als Flüstern zu hören ist

Im Namen des Sonnenaufgangs
und der Augenlider des Morgens
und des Wandermonds
und der Nacht, in der er wohnt,

schwöre ich, dass ich meine Seele
nicht durch Hass entehren werde,
sondern mich demütig als Wächterin der Natur,
als Heilerin des Leids,
als Botschafterin der Wunder,
als Architektin des Friedens anbieten werde.

Im Namen der Sonne und ihrer Spiegel
und des Tages, der sie umarmt,
und des Wolkenschleiers, der sich über sie legt,
und der tiefsten Nacht
und des Männlichen sowie des Weiblichen
und des Planeten, der so reich an Saatkörnern ist,
und der krönenden Jahreszeiten
des Glühwürmchens und des Apfels

Werde ich alles Leben ehren
– wo immer und in welcher Form auch immer
es zu Hause ist – in meiner Heimat, auf Erden, und in den Häusern der Sterne.

— Diane Ackerman, School Prayer aus *I Praise My Destroyer*

Inhalt

Vorwort

Im Jahr 2001 wurde aus einem von vielen Tränen fleckigen, zerfledderten Tagebuch ein Buch, das auf der ganzen Welt veröffentlicht wurde und den Namen meiner Katze zu einem Synonym für eine Liebe machte, die „niemand außer mir verstand". Ich nannte meinen Hauskater Mr. Jones „den Sonnenschein in meinem Universum" und beschrieb unsere Beziehung als „eine Liebe, die Zeit und Raum überwindet". Seit der Veröffentlichung von *Tierisch gute Gespräche* habe ich Tausende von E-Mails aus aller Welt von Lesern erhalten, die mir Fotos ihres eigenen Mr. Jones schickten. Als ich die Bilddateien öffnete, stellte ich zu meiner Überraschung fest, dass auf den Bildern nicht nur Hauskatzen, sondern auch Pferde, Hunde und manchmal sogar Kaninchen oder Vögel abgebildet sind. Doch wenn ich die E-Mails lese, in denen steht: „Das hier ist mein Mr. Jones" oder leider auch „Ich habe gerade meinen Mr. Jones verloren", dann kommen mir jedes Mal die Tränen. Sie alle vertrauen darauf, dass ich weiß, was Sie damit meinen. Dieses neue Buch ist zwar ein Abstecher in die Wildnis, aber ich vertraue darauf, dass Sie immer noch wissen, was ich meine.

Tierkommunikation mit Gänsehaut soll Sie aus Ihrer Komfortzone herauslocken. Denn falls diese Zone den Schmerz darüber, dass Sie Tieren nicht helfen können – da wir darauf konditioniert sind, uns machtlos zu fühlen, weil wir ihnen nicht helfen können –, mit einschließt, werden Sie sich über mein gewagtes Eingreifen sicher freuen. Dieses Buch wurde geschrieben, um das sinkende Gefühl der Hilflosigkeit zu hinterfragen und Ihre Fähigkeiten zu fördern, sich aktiv für Veränderungen im Sinne der Erde und ihrer Tiere einzusetzen. Stellen Sie sich jedoch auf einen wilden Ritt ein.

Auf diesen Seiten werden Sie meine privaten Gespräche mit wilden Tigern, Löwen, Elefanten, Walen und Bienen belauschen und –

wenn Sie den Mut dazu aufbringen – mich auf einer Achterbahnfahrt mit weißen Haien und einer schwarzen Mamba begleiten. In mir steckt eben eine Rebellin, die ich nicht ignorieren kann. Daher höre ich dankbar auf ihre Weisheit und lasse mich von ihr dirigieren. Ich lasse ihr immer das letzte Wort.
In diesem Buch lässt auch New World Library ihr das letzte Wort und hat eine neue Savanne geschaffen, in der mein ungezähmter Geist frei laufen kann.

Ich bin weder Wissenschaftlerin noch Zoologin oder Tierärztin, doch die Leiter von Naturschutzparks führen mich zu ihren verstörten oder kranken Tigern, Löwen und Geparden und lassen mich sogar mit ihren Kobras schmusen. Wildelefanten kommen in den Safariparks auf mich zu, um mir das Gesicht zu küssen. Technisch gesehen bin ich weder eine Expertin für Tiger noch für Elefanten und gebe zu, dass ich vor den Recherchen für dieses Buch nicht allzu viele wissenschaftliche Fakten über Haie, Wale oder Bienen kannte. Wie Albert Einstein sagte, ist die mysteriöse Erfahrung die schönste, die wir machen können. Sie ist das fundamentale Gefühl, das an der Wiege wahrer Kunst und echter Wissenschaft steht. Wer sie nicht kennt und sich nicht mehr wundern kann, sich nicht mehr begeistern kann, ist so gut wie tot, und sein Augenlicht ist getrübt. Ich hoffe, dass *Tierkommunikation mit Gänsehaut* Ihnen die Augen öffnet, ganz egal, wie getrübt sie von Entmutigung und Tränen geworden sind.

Das einzige Gebiet, auf dem ich eine echte Expertin bin, ist das Reich des Mysteriums. Ich bin ganz einfach eine neugierige Schülerin der Mysterien der Natur und eine Zeugin von Gottes täglichen Wundern in meinem Leben. Jedes Tier ist ein Wunder. Und es ist schon ein Wunder, dass ich die Tiere hören kann, wenn sie mir „zuflüstern". Ich habe dieses Buch geschrieben, um einige der Techniken, die Magie möglich machen, mit Ihnen zu teilen, damit auch Sie ein paar der „Flüstertöne" hören können. Auch habe ich die Fakten und Zahlen zu meinen unglaublichen Geschichten gesammelt, doch die können Sie überall selbst finden. Was Sie nirgendwo sonst finden werden, ist der Zugang zu meiner Seele. Treten Sie auf eigene Gefahr ein. Da drin herrscht ein Dschungel. Die schönsten Nischen meiner Seele werden von wilden Tieren bevölkert. Ich weiß, dass es vielen von Ihnen genauso geht. Meine größte Hoffnung ist daher, dass ich Ihrer wildesten Liebe einen sicheren Ort zum Leben bieten kann.

Vielleicht ist es einfach das Erbe meiner Vorfahren, der Cherokee-Indianer, den Tieren Liebeslieder zu singen. Als ich auf meiner letzten Safari den Löwen vorsang, während mir die Tränen über die Wangen strömten, fragte mich eine meiner Schülerinnen nach dem Text meines geheimen Lieds. Es ist ein altes Lied von Aaron Neville, das ich jedem meiner Patienten zuflüstere, egal, ob es sich um Löwen, Tiger, Schildkröten, Elefanten, Haie, Schlangen, Wölfe, Wale, Bären, Jaguare, Giraffen, Gorillas, Spinnen, Pinguine, Hunde, Schweine, Papageien, Alpakas, Leguane, Adler, Eulen, Fledermäuse, Hauskatzen oder Schaupferde handelt: „Ich weiß zwar nicht viel. Aber ich weiß, dass ich dich liebe. Und das ist vielleicht auch alles, was ich wissen muss."

Möge dieses Buch es Ihnen ermöglichen, auch die Wilden zu lieben.

1. Tiger

Meister des Sternentors

Wir sind ihr größter Feind
und zugleich ihre einzige Hoffnung.
Sie werden nicht kämpfen.
Sie werden nicht um Gnade betteln.
Sie werden sich nicht verabschieden.
Sie werden nicht aufschreien.
Sie werden einfach nur verschwinden.
Und wenn sie weg sind,
Wird es still werden....
Und dann werden wir nichts tun können, um sie zurückzuholen.
Ihre Zukunft liegt alleine in unserer Hand.

— Bradley Trevor Greive, aus
Priceless: The Vanishing Beauty of a Fragile Plan

„Mit dem Zahn des ältesten Tigers stimmt was nicht“, sagte ich auf dem Weg zum Wildkatzenschutzgebiet. „Alle Wildkatzen machen sich um ihn Sorgen. Sie haben mir alle gesagt, dass er vor kurzem ein Problem mit einem Zahn hatte, und der Leopard sagte: ‚Hoffentlich geht es mir nicht auch so.‘ Ich habe gestern Abend mit jeder einzelnen Wildkatze gesprochen, und alle wollten nur darüber reden, wie sehr sie sich um ihren ältesten Tiger sorgen. Sein Zahnproblem muss sehr ernst sein.“

„Können Sie mir sagen, um welchen Zahn es sich handelt?“, fragte mich Bob Faw, ein Außenkorrespondent der NBC Nightly News.

Ich nahm Kontakt mit dem Tiger auf, untersuchte seinen Körper und wand mich vor Schmerzen. Automatisch fasste ich mich an meinen linken Oberkiefer. „Oben links. Es handelt sich um einen Backenzahn im linken Oberkiefer.“

„Sind Sie sicher?“

„Ja.“

„Woher wissen Sie das?“

„Ich spüre es.“

„Sie spüren die Schmerzen des Tigers, als wären es Ihre eigenen?“

„Ja, ich glaube, ihm wurde gerade ein Zahn gezogen.“ Ich rieb mir die schmerzende Wange. Die Schmerzen waren unerträglich.

Ich war noch nie in McCarthy’s Wildlife Sanctuary im Süden Floridas gewesen, als NBC Nightly News hinflog, um ein Tierkommunikationsseminar zu drehen, das ich dort hielt, und um mich zu interviewen. Ich war noch keiner der exotischen Wildkatzen persönlich begegnet und hatte auch noch keine Fotos von ihnen zu Gesicht bekommen. Normalerweise konzentriere ich mich als professionelle Tierkommunikatorin darauf, telepathischen Kontakt zu ihnen aufzunehmen. In diesem Augenblick nahm ich nur in Gedanken Kontakt zu den großen Wildkatzen im Naturschutzpark auf, umhüllte sie mit Liebe und bat sie, mir die wichtigste Nachricht zu berichten – eine kürzliche Veränderung ihrer Lebensumstände oder Gefühle.

In Gedanken bat ich sie: „Ich brauche eure Hilfe! Ich bin die erste Tierwahrsagerin, die jemals auf dieser Ebene amerikaweit im Fernsehen gezeigt wird. Diese Leute *glauben nicht an das, was ich tue.* Ich muss ihnen und ganz Amerika beweisen, dass ihr tausendmal intelligenter seid, als die Menschen euch zutrauen, und ich muss beweisen, dass ihr mit mir ‚reden‘ könnt und dass ich euch hören kann! Bitte, bitte, helft mir! Könnt ihr mir etwas Außergewöhnliches sagen, das vor kurzem bei euch passiert ist – irgendeine Tatsache, die niemand außer euch bekannt ist?"

Ich hatte keinerlei Internetrecherchen über diese Wildkatzen angestellt. Ich war ganz bewusst ins kalte Wasser gesprungen. Meine einzige Vorbereitung auf den Tag vor der Kamera im Naturreservat war eine Meditation über die Tiere am Abend davor. Ich richtete mein Bewusstsein auf ein Gehege nach dem anderen und begegnete allen exotischen Wildkatzen auf dieser magischen Ebene, auf der wir Zugang zu den Gedanken und Gefühlen anderer Wesen haben und sofort stumm über große Distanzen hinweg mit ihnen detailliert „sprechen" können. Als ich jede einzelne bat, mir ihre Gefühle und Sorgen in jener Nacht mitzuteilen, berichteten alle dasselbe. Die Tiger, der Jaguar und der Berglöwe hatten alle das gleiche Problem. Jede der Wildkatzen sagte mir auf telepathische Weise, dass das Trauma ihres „Königs" wichtiger als alles andere sei, und dass sie sich nichts sehnlicher wünschte, als sein Leiden zu mildern. Dieses Problem löste viel Trauer und Frust aus. Manche Tiere hatten Angst um ihn, andere hatten Angst, dass es auch sie treffen könnte. Alle waren wegen der Krankheit ihres Anführers besorgt und entmutigt.

Ich zitterte am ganzen Körper und bemühte mich, nicht zu stottern, während ich atemlos vor der Kamera meine intuitiven Eindrücke schilderte. Ich redete zu schnell – was mir immer passiert, wenn die Informationen von außen kommen. Wenn ich mit Lichtgeschwindigkeit Daten herunterlade und beim Versuch, mit der Schnelligkeit der Übermittlung Schritt zu halten, über Worte stolpere, erlebe ich eine bestimmte körperliche Reaktion. Sie zeigt mir, dass die Informationen von einem anderen Lebewesen kommen und keine Hirngespinste sind, da mein normaler Denkprozess langsamer ist. Auch wenn dieser Hinweis hilfreich war, machte er mich noch nicht sicher. Ich war in Panik, da ich keine Ahnung hatte, ob ich richtig lag. Wenn ich mich irrte, würde ich nicht nur mich selbst, sondern all meine geliebten Schüler und meinen gesamten Berufsstand in Verruf bringen. Ich hatte den Nachrichtensender gebeten, den Fokus des Dokumentarfilms nicht nur auf mich zu richten, sondern auch noch sechs oder sieben der besten Tierwahrsager der Welt einzuladen, um uns kreuzweise zu analysieren und Doppelblindstudien mit uns durchzuführen. Auf diese Weise könnte der Sender wissenschaftlich beweisen, dass wir auch für die breite Bevölkerung glaubhaft sind, nämlich wenn die Daten übereinstimmen, die wir per Gedankenübertragung sammeln. Doch der Fernsehsender weigerte sich. Er wollte nur einen Bericht über mich allein machen und war noch nicht einmal bereit, mich mit meinen prestigeträchtigsten Kollegen auftreten zu lassen. Ich stimmte nur deshalb zu, weil man mir sagte, dass der Sender ohne mich im Mittelpunkt überhaupt keine Doku über Tierkommunikation drehen würde.

Dadurch, dass sie als meinen Interviewer Bob Faw ausgewählt hatten, wurde der Druck nur noch stärker. Bob Faw ist ein brillanter Journalist, der mit allen Wassern gewaschen ist. Er hat zwei Auszeichnungen des Overseas Press Club erhalten, eine im Jahr 1982 für seine Reportage über den Einmarsch der Israelis im Libanon und die andere für einen Bericht über Mosambik für *NBC Nightly News*, der ihm 2000 auch noch einen Emmy einbrachte. Ich garantiere, dass er in den zwei Jahrzehnten, in denen er Berichterstatter internationaler Nachrichten war und auch als Kriegsberichterstatter im Nahen Osten unterwegs war, nie aufgefordert worden war, eine Frau ernst zu nehmen, die Leeza Gibbons einmal eine „Hundi-Hellseherin" genannt hatte und die gerade zu anderen Tierarten überwechselte, um sich als „Tigerhellseherin" zu beweisen.

Die Nachrichtenproduzenten waren jedoch so freundlich gewesen, mich zu fragen, ob ich einen Lehrmeister hätte, den sie interviewen sollten. Leider war meine Lehrmeisterin schon verstorben, doch stattdessen schlug ich ihnen Captain Edgar Mitchell vor, den legendären NASA-Professor und Astronauten, der seine Fußabdrücke auf dem Mond hinterlassen hat. Auch wenn Dr. Mitchell mir nicht beigebracht hat, wie man telepathischen Kontakt zu Tigern aufnimmt, war er möglicherweise der einzige geniale Wissenschaftler auf Erden, der den Prozess verstand und nicht das Gesicht verziehen würde. Die Liebe zu seiner äußerst intelligenten alten Schnauzerdame

Miss Megs brachte uns zusammen, da selbst ihr äußerst intelligenter menschlicher Papa nicht wusste, was sie dachte, wenn sie ihn mit unwiderstehlich seelenvollen Augen um ein Stück Käse anbettelte.

Dr. Mitchell ließ die Fernsehcrew zu ihm nach Hause in West Palm Beach kommen und ihn dort interviewen. Später erzählte er mir davon.

„Hat sie sich jemals geirrt?“, hatten die Fernsehleute ihn gefragt.

„Nicht dass ich wüsste, aber jeder hat mal einen schlechten Tag. Es kann schon sein, dass es Tage gibt, an denen ihre Antennen nicht so feinfühlig sind wie sonst.“

Zum Glück war dies kein solcher Tag. Als wir im Naturschutzpark für Wildkatzen ankamen, schmorte ich schon in der Hitze Floridas, doch der nervenaufreibende Stress, mich vom prestigereichsten Nachrichtenprogramm Amerikas bei der Arbeit filmen zu lassen, ließ meine Körpertemperatur um gefühlte fünf Grad mehr steigen. Angespannt und mit ausgetrocknetem Mund ging ich an den Gehegen der großen Wildkatzen vorbei, während mir die Kameras dicht auf den Fersen blieben. Jedes Gramm meines Muts, meiner Gabe und Kraft würde gleich auf die Probe gestellt. Wir kamen an vielen der Tiere vorbei, mit denen ich schon in meiner Meditation gesprochen hatte. Ich begrüßte sie alle still und ehrfürchtig und dankte ihnen dafür, dass sie mit mir kommuniziert hatten, während sie mich in Gedanken zu ihrem kranken König führten.

Plötzlich sahen wir ihn. Es war der größte und majestätischste bengalische Tiger, den ich in meinem Leben gesehen hatte, doch er ließ den riesigen Kopf vor Schmerzen hängen. Von seiner prächtigen Oberlippe tropfte Blut. Mark McCarthy, der wundervolle Leiter dieser Tierschutzeinrichtung, war wortlos zu uns getreten. Er sah in die Kamera und erklärte:

„Das ist Rajah. Ihm wurde gerade einer seiner Zähne gezogen, um an ein Krebsgeschwür in einer seiner Nebenhöhlen heranzukommen. Wegen seines hohen Alters hatten wir starke Bedenken, ihn unter

Narkose zu setzen. Er ist unser ältester Tiger.“

„Welcher Zahn wurde ihm gezogen?“, wollte Bob Faw wissen.

„Einer seiner linken oberen Backenzähne.“

Leider sind selbst Fernsehteams, die ganz offen für Hellseher sind, total verblüfft, wenn der magische Prozess vor ihren Augen eintritt. Zu diesem Zeitpunkt waren sie wohl damit beschäftigt, sich ein halbes Dutzend möglicher Erklärungen zu überlegen, wie ich an meine Informationen gelangt war.

War der Gesundheitszustand des Tigers womöglich im Internet veröffentlicht worden? War er nicht. Hatte mir der Leiter des Tierschutzparks die Information heimlich im Voraus verraten? Hatte er nicht. Ich war ihm noch nie zuvor begegnet und hatte auch noch nie mit ihm geredet. Hatte ich vielleicht einen Schüler oder Freund als Spion in den Park geschickt? Hatte ich nicht.

Ich hatte die Information von den Wildkatzen. Und sie hatten es mir sogar gesagt, ohne dass ich ein Foto vorliegen hatte. Ich hatte keine übersinnlichen Koordinaten erhalten. Ich hatte den Tierschutzpark nur gedanklich betreten und die Wildkatzen direkt gefragt. Und jetzt stand ich vor ihnen. Vor Rajahs Gehege kämpfte ich mit den Tränen. Im Gegensatz zu den Tierschutzeinrichtungen in Thailand, die mich mit den gefährlichsten wilden Tigern der Welt schmusen ließen, oder den Affenschutzeinrichtungen in Südamerika, die mir erlaubten, die großen Affen vorsichtig zu streicheln, durfte ich hier nicht Rajahs Gehege betreten und ihn umarmen. Ich durfte ihn nur durch die Käfigstangen hindurch trösten, ohne ihn streicheln oder küssen zu können. Ich konnte ihm nur heilende Gedanken schicken und ihm mit zärtlichen Worten Mut zusprechen. Er ließ vor Schmerzen den wunderschönen Kopf hängen, während ihm das Blut die Mähne heruntertropfte. Der Krebs in seiner linken Nasennebenhöhle war nicht behandelbar. Rajah lag im Sterben.

Einer seiner letzten Wünsche war, dass eine kleine Tierkommunikatorin aus Los Angeles ihrer Spezies erklären würde, dass auch Tiere

Gefühle haben, dass ihre intellektuellen Fähigkeiten ein Vielfaches von dem sind, was Menschen ihnen zutrauen, dass die Bandbreite ihrer Gefühle weitaus größer ist, als wir es uns jemals hätten träumen lassen, und dass die Art, wie wir unsere Mitlebewesen behandeln, so sehr zu wünschen übrig lässt, dass sie ungehört in Käfigen an Krankheiten verenden, die wir durch unzureichende Ernährung, nicht tiergerechte Lebensumstände und emotionales Leid hervorrufen. Unser primitives medizinisches Wissen über Tiere und unsere Unfähigkeit, ihre Heilungsprozesse zu honorieren, können dazu führen, dass sie sich noch gedemütigter und verratener fühlen. Auch ist der Mensch das einzige Lebewesen, das andere Tiere nicht „hören" kann. Das kann zu einem Desaster führen – dem Gefühl der Einsamkeit, Traurigkeit und Hoffnungslosigkeit, das zu Depressionen führt, sowie Verwirrung und Frustration über die einzige Spezies, die ihre Verbundenheit zur Natur verloren hat: der Mensch.

Doch Rajah hatte an jenem Tag noch einen kleinen Hoffnungsschimmer, der die Finsternis seiner hoffnungslosen Zukunft erhellte.

„Ich kann dich hören", sagte ich in Gedanken zu ihm. „Und ich liebe dich. Wenn ich mein ganzes Leben nur für diesen Augenblick gelebt habe – für die Chance, dir zu begegnen und hier zu sein, um dich zu trösten –, dann war es das wert."

Er sah zu mir auf und lächelte so, wie alle Katzenfreunde es von Katzen kennen, nämlich wenn sie die pelzigen Mundwinkel in einem Ausdruck seliger Zufriedenheit nach oben ziehen. Trotz seines stark schmerzenden Kiefers gähnte er sogar leicht. Dann streckte er stolz den kräftigen Rücken, streckte mir die herrlichen Vorderbeine entgegen und kreuzte die Pfoten. Mit einer unwiderstehlich süßen, flirtenden Bewegung legte er wie ein Kätzchen die Wange auf die Pfoten und schaute mit großen Augen zu mir auf. Der smaragdgrüne Laserstrahl seines Blickes traf mich mitten ins Herz.

„Ich bin durchs ganze Land gereist, nur um dir zu begegnen, Rajah", sagte ich ihm in Gedanken. „Und für dich wäre ich auch durch die ganze Galaxie gereist."

„Ich danke dir. Und ich hätte für dich dasselbe getan. Ich habe ein paar Botschaften an die Menschen“, sagte er. „Sag ihnen, dass Tiger immer noch die Könige des Dschungels sind, und als König dieser Spezies spreche ich nicht nur für die Tiger, sondern für alle Tiere auf der ganzen Welt. Sag deinen Leuten, dass sie mit uns liebevoll und nicht mit Gewalt umgehen sollen. Sag ihnen, dass wir ihre Lehrmeister und nicht ihre Sklaven sind. Sag ihnen, dass sie sich letztendlich selbst zerstören, wenn sie alle anderen Spezies ausrotten. Sag ihnen, dass sie lernen müssen zu teilen.“

„Gut, ich werde es versuchen ... aber du weißt ja, dass sie nicht auf mich hören werden.“

„Wenn nicht auf dich – auf wen dann?“, gab er zurück.

„Ich werde tun, was ich kann. Das verspreche ich dir“, sagte ich und wünschte ihm zärtlich Lebewohl, während ich ins Gebäude zurückgescheucht wurde, damit wir den Drehplan einhalten konnten. Während ich mir die Tränen abwischte und mich von seinem Gehege entfernte, quollen rote Blutstropfen noch immer aus seinem Mundwinkel. Ich musste mir das Gesicht abtupfen und es für das Interview vor laufender Kamera richten, das gleich beginnen würde, doch ihn zurückzulassen war die reine Qual. Ich hätte jeden Tag meines restlichen Lebens damit verbringen können, voller Dankbarkeit, dass wir Menschen an der Seite solcher Schönheit auf Erden leben dürfen, sein prächtiges Gesicht zu bestaunen.

Frisch gepudert und mit erneuerter Wimperntusche setzte ich mich auf ein Sofa im Wohnzimmer des bescheidenen Heims des Tierschutzparkleiters, holte tief Luft, betete zu meinen geistigen Führern und versuchte, mein inneres Gleichgewicht wiederzufinden. Die Fernsehproduzenten hatten mir versichert, dass sie meine Arbeit unterstützten, ganz egal, wie kontrovers sie war, und dass der Moderator vor laufender Kamera „nichts versuchen“ würde – keine billigen Tricks, keine heimlichen Seitenhiebe oder Schläge unterhalb der Gürtellinie, die so viele Talkshowleiter bei ihren Gästen mit übersinnlichen Kräften so oft anwenden, wenn diese einen linken Kinnhaken am wenigsten erwarten.

Trotz der Versprechen unterbrach Bob Faw mich mitten in meinem nervösen Geplapper darüber, warum die Kommunikation zwischen Mensch und Tier funktioniert, was elektromagnetische Energie ist und wie sie zwischen Lebewesen ausgetauscht wird, um in Frequenzmuster umgewandelt und ähnlich wie Morsecodes „gelesen“ zu werden.

„Sie können Fotografien lesen, nicht wahr?“, fragte er mich plötzlich.

„Was?“

„Ihre Kräfte funktionieren auch bei Fotos, stimmt’s?“

„Äh ... hm ... ja, na ja, schon, aber –“

„Was sehen Sie dann auf diesem Foto hier?“ Er zog ein Bild aus seiner Brusttasche und klatschte es vor meiner Nase auf den Couchtisch. Aua. Der Schlag unter die Gürtellinie. Ich geriet für einen Augenblick aus dem Gleichgewicht und erklärte, dass ich kurz im Stillen meditieren müsste und nicht darauf vorbereitet war, mich live unter Druck und vor laufender Kamera auf ein Foto einzustellen. Dann machte ich den größten Fehler meines Lebens – und bereue ihn bis heute. Ich bat sie, die Kamera auszuschalten. Sie wurde abgestellt, und ich saß still da und schaute in die Augen der süßesten Mopsdame, die ich je gesehen hatte.

„Das ist meine Hündin“, sagte er. „Welche Informationen erhalten Sie von ihr?“ Es war so still im Raum, dass man den Schluckauf einer Fliege hätte hören können. Drei meiner Workshop-Organisatorinnen saßen abseits der Kamera um mich herum, verfolgten das Interview und ermutigten mich schweigend. Ich spürte, wie sie den Atem anhielten, und ich hörte, wie sie in Gedanken für mich beteten. Alle drei Frauen klammerten sich wie erstarrt an ihren Stuhl; in ihren Augen spiegelten sich der blanke Horror und zugleich Hoffnung. In der Grabesstille des Raums betete ich, dass ich mit dieser wundervollen Hündin in Verbindung treten könnte. Ich liebe Möpse. Ich muss immer darüber lachen, dass Mutter Natur ihnen genug Haut für zwei Hunde mitgegeben hat. Warum haben Möpse nur so viele Falten? Wofür soll ihre runzlige Haut gut sein? Und dann ihre Persönlichkeit! Ich liebe Möpse einfach. Und sie spürte das sofort! Ich spürte, wie sich der fröhliche Geist der Hündin mir zuwandte und sich mit meinem eigenen Geist verband. Sie hatte eine so freche und mütterliche Persönlichkeit und ein so sonniges Gemüt, dass ich mich ein bisschen entspannte und lächelte.

„Ich komm ja schon!“, sagte sie. Gleich darauf sah ich, wie sie mit schmerzenden Knochen eine Treppe im Haus hinunterhumpelte. Sie wollte in eine Küche mit roten Terrakottafliesen gehen. Ihr Rücken und die Hüften knarrten und taten ihr beim Treppenlaufen weh, doch ihre Stimmung war nichtsdestotrotz heiter.

„Weswegen bist du so aufgekratzt?“, fragte ich sie.

„Ich kann es kaum erwarten, das neue Baby zu sehen!“

Ich sagte Bob, dass sie Schmerzen im unteren Rücken und den Hüften hatte, doch das ließ er nicht gelten. Er meinte nur, dass den meisten Hunden in ihrem Alter der Rücken und die Hüften wehtun. Ich sagte ihm, dass sie die Küche mit dem roten Terrakottaboden besonders mochte, und er bestätigte, dass der Küchenboden in ihrem Lieblingshaus aus roten Terrakottafliesen bestand und dass es im Haus seiner Tochter, in das sie gerne zu Besuch kam, eine Treppe gab.

„Sag ihm, dass um Weihnachten herum ein kleines blondes Mädchen geboren wird! Ich liebe dieses kleine blonde Baby! Es wird meine Aufgabe sein, auf das kleine Mädchen aufzupassen!“

Ich sah die Weihnachtsdekorationen im Haus und spulte in die Zukunft vor, bis ich ein blondes Kleinkind sah, das unter dem Weihnachtsbaum mit dem Hund spielte. Der Mops strich um das süße kleine Mädchen herum, während es seine Weihnachtsgeschenke auspackte. Als ich diese Details an Bob weitergab, wirkte er verblüfft. Dann wurde er blass. Er fixierte mich mit den Augen, doch sein Mund war grimmig.

„Frage sie nach ihrer Lieblingsperson“, forderte er mich leise auf. Stumm fragte ich die Hündin auf dem Foto: „Wen liebst du außer Bob am meisten?“

„Rachel. Sag ihm, dass ich die meiste Zeit mit Rachel verbringe.“ Als ich die Information an ihn weitergab, entspannte sich sein Pokergesicht endlich wieder.

„Meine Großmutter hieß Rachel!“, stieß er erregt aus. Sofort darauf fing er damit an, die Information zu relativieren. „Aber viele Leute haben Großmütter, die Rachel heißen, oder zumindest ein Familienmitglied namens Rachel.“ Ich ergriff die Chance des Augenblicks und sah meine Seminarorganisatorinnen an, die mit besorgtem Blick um mich herumsaßen. Jamie organisierte meine Kurse in Boston, Connie war für Südflorida zuständig und Beth arbeitete in Tennessee für mich. Zufälligerweise waren zwei der drei Frauen Jüdinnen. Dadurch war die Chance, dass eine von ihnen eine Großmutter namens Rachel hatte, größer, da Rachel ein beliebter jüdischer Vorname ist.

„Jamie, heißt deine Großmutter auch Rachel?“ Sprachlos schüttelte sie den Kopf.

„Connie, heißt deine Großmutter zufällig Rachel?“

„Nein“, krächzte sie aufgeregt.

„Beth?“

„Nee.“ Sie schüttelte nervös den Kopf.

„Es sieht so aus, als wäre Ihre Großmutter die einzige Rachel“, sagte ich und gab die Regie wieder an ihn zurück.

„Sie sagt, sie liebt Ihre Großmutter mehr als sonst irgendjemanden auf der Welt – außer Ihnen – und verbringt viel Zeit auf ihrem Schoß.“

„Aber das ist unmöglich, weil meine Großmutter vor einiger Zeit starb, und es macht keinen Sinn, dass die Hündin noch im Haus ist, weil sie –„ – *tot ist!*“ Wir sagten es einstimmig. Er war verblüfft. Ich war es nicht. Dann erzählte er mir, dass eine Tochter schwanger sei und dass der Geburtstermin für das Baby um Weihnachten herum war. Sieben Monate später ließ mich der Fernsehproduzent per E-Mail wissen, dass Bob Faws Tochter an Weihnachten ein süßes blondes Mädchen zur Welt gebracht hatte.

Leider sendete *NBC Nightly News* die Doku, die sie im Tierschutzpark gedreht hatten, nie. Genau zu dem Zeitpunkt, an dem sie ausgestrahlt werden sollte, brach der Irakkrieg aus, und daher wurden im Fernsehen monatelang nur noch Berichte über Gewalt und Chaos gezeigt. Ich bat den Sender immer wieder, die Doku zu senden, doch er konnte sie nie im Programm unterbringen, und so wurde der Film eingemottet. Ich habe keine Ahnung, ob er immer noch irgendwo in einer Filmdose Staub ansammelt. Es war jedoch das erste und das letzte Mal, dass Amerika die Scheinwerfer auf einen sterbenden Tiger richtete, der per Gedankenübertragung der Menschheit seinen letzten Willen mitteilte, oder auf eine tote Mopsdame, die den Namen der Großmutter nannte und das Geschlecht eines ungeborenen Kindes voraussagte.

Bis jetzt. Ich finde, es ist an der Zeit, all das zu ändern.

Vielleicht war Amerika damals, als das Interview 2002 gedreht wurde, noch nicht bereit, eine Schamanin zu akzeptieren, die mit Tieren sprechen kann, und noch viel weniger bereit, meinen Rat über Güte, die Erneuerung der Naturverbundenheit, das Leben nach dem Tod und die Möglichkeiten des magischen Erwachens in den Köpfen einer menschlichen Rasse, die sich ständig weiterentwickelt, zu befolgen. Aber dieser Zeitpunkt ist nun da – jetzt oder nie. Rajah starb noch im selben Jahr. Er unterlag am Ende dem Krebs. Seine Geschichte blieb ungehört. Doch ich habe ihm ein Versprechen gegeben, und ich habe vor, es einzuhalten. Begleiten Sie mich bei meinen Bemühungen.

Die goldene Tigerin wird geboren

Manche von Ihnen kennen sicher die beliebte amerikanische Fernsehserie *The Golden Girls*, in der vier lebenslustige ältere Frauen uns allen zeigen, wie man mit neuer Würde und Weisheit und viel Humor die „goldenen Jahre“ meistert. Die frechste der vier tollen Weiber war eine heiße Sexbombe aus den Südstaaten. In der Serie heißt sie Blanche, doch für mich blieb sie immer meine Tante Rue. Nun, da Rue McClanahan dem Himmel die Hölle heiß macht, kann ich endlich ein Geheimnis verraten, das ich zu ihren Lebzeiten für mich behalten musste.

Als ich mit neunzehn gerade nach Los Angeles gezogen war, wohnte ich bei meiner tollen, warmherzigen, tierliebenden Tante. Sie nahm mich in ihrem großen Haus in den Hollywood Hills auf, das südlich des Ventura Boulevards und nur einen Steinwurf von den Universal Studios entfernt lag. Dort lebte ich ein seliges Jahr lang. Zwei Wochen, nachdem ich in Los Angeles aus dem Bus gestiegen war, um mein ödes Collegeleben in Oklahoma (woher Rue und meine ganze Familie stammen) hinter mir zu lassen, landete ich die Hauptrolle im Video der Stray Cats mit dem Titel *Sexy and 17*. Das führte zu einer Glamourkarriere als professionelle Jazztänzerin. In den ersten Jahren in Hollywood hatte ich das Privileg, Backup-Tänzerin bei Rock-Videos von Smokey Robinson, Cher, Sheena Easton, den Four Tops, Mary Wells, Ray Charles und El DeBarge zu sein. Ich trat in Breakdance-Filmen, wie zum Beispiel *Breakin' 2: Electric Bugaloo* und *Girls Just Want to Have Fun* sowie in Fernsehshows wie *The Motown Revue Starring Smokey Robinson*, *Fame* und *Dirty Dancing* auf. Ich wurde sogar von einem Auftritt von Donna Summer zum nächsten im Helikopter geflogen. Eine der beiden Backup-Tänzerinnen von Donna zu sein gehörte zu den Highlights meiner Tanzkarriere. Dafür ging ich auf eine Reihe berauschender Konzerttourneen mit ihr.

Doch selbst als ich zu „Bad Girls“ tanzte, war mir noch nicht klar, wie weit die Persönlichkeit des „schlimmen Mädchens“ mich bringen würde. In diesem ersten Sommer in L. A. hatte ich auch damit begonnen, Schauspielunterricht zu nehmen, ohne zu ahnen, dass diese mickerigen paar Stunden mir eine Karriere als Königin des Horrors – und dazu noch einer ziemlich skandalösen – einbringen würden. In meiner Trilogie der Kult-Horrorfilme erschuf ich eine Figur namens Angela, des ersten weiblichen Monsters Hollywoods, einer buchstäblichen Tigerzicke-aus-der-Hölle. Viele meiner Fans haben sie als Tattoos auf ihrem Körper verewigt. Doch noch lange bevor Teufelszungen mit Ananasgeschmack, Fangzähne und Kirschblut meinen jungen Mund ausfüllten, machte ich meinen großen Plappermund auf eine Weise auf, die weitaus mehr Geschichte schrieb als meine kurze Karriere als Horrorfilmstar.

Ich werde Ihnen zwei Geheimnisse über meine Tante Rue verraten, die noch keiner je zu hören bekommen hat. Bei beiden spielen Tiger eine Rolle. Und hier ist das Tigerseelengeheimnis Nummer eins:

Eines Abends kam Rue, kurz nachdem sie ihre schweinisch gute Rolle als eines der Golden Girls bekommen hatte, bedrückt vom Filmset nach Hause. In den ersten Probewochen versuchten die Regisseure, aus Betty White und Rue *zwei* doofe Blondinen zu machen. Bettys Rolle als blondes Dummchen war in Jahren meisterhafter blonder Doofheit in beliebten Comedy-Serien längst perfektioniert worden. Dafür war Betty berühmt. Jeder Versuch, in dieser Rolle mit ihr zu konkurrieren, war von vornherein zum Scheitern verurteilt. Die *Golden Girls* brauchten nicht zwei blonde Dummchen, und Rue wusste noch nicht, wie sie ihrer Filmrolle das gewisse Extra geben sollte. Ich hatte sie noch nie wegen einer Rolle weinen sehen.

Eines Nachts saßen wir in ihrer Küche und tranken eine Flasche Sekt. Damals war ich neunzehn. Zu diesem Zeitpunkt war Rue schon ein etablierter Fernsehstar, weil sie zehn Jahre lang überaus erfolgreich bei *Maude* mitgemacht hatte, wo sie tatsächlich einen etwas naiven, doch liebenswerten und unvergesslichen Filmcharakter gespielt hatte. Doch diese Figur würde auf Bettys Territorium nicht funktionieren. Ich hatte gerade meine Karriere als Video-Vamp gestartet. *Sexy and 17* brachte mir viele Auftritte in landesweiten Talkshows ein und katapultierte mich aufs Titelblatt der Zeitschrift *Life*, die mich als eines der „Gesichter des Jahres 1983“ kürte. Ich befürchte jedoch, dass – wie bei den meisten weiblichen Rockvideostars – es nicht mein Gesicht war, was die größte Aufmerksamkeit bekam. Ich war mit meiner inneren Tigerin vertraut, die zu diesem Zeitpunkt schon mein stärkstes Verkaufsargument geworden war. Rues Rolle als Vivian in *Maude* hatte schon den leichten Hauch einer liebenswerten Schlampe. Ich erinnere mich an eine Episode, in der Bea Arthur an die Tür ihrer Nachbarin Vivian klopft und diese nur in Frischhaltefolie gewickelt vorfindet.

Schließlich hatte ich ihr Gejammer satt. „Gib mir mal das Skript!“, forderte ich sie auf. Dann sah ich mir ihren Text näher an und sagte: „Tante Rue, ich will, dass du diese Zeilen so liest, als hätte dein Slip Feuer gefangen!“

Sie gehorchte und las die völlig humorlosen Zeilen wie eine fauchende Tigerin. Plötzlich wurde alles, was kein bisschen lustig geklungen hatte, umwerfend komisch. Sie fing an, den Filmcharakter der Tigerin auf Beutejagd mit zischenden sexuellen Andeutungen im Dialekt der Südstaaten zu entwickeln. An einer Stelle im Drehbuch, an der es an der Haustür klingelt, zischte Rue nun: „Iss das der Postbote? Ich *komm* ja schon!“ Als ein dumpfer Schlag an der Hauswand zu hören war, sagte sie gedehnt: „Iss das der Zeitungsjunge? Lasst *mich* mal machen!“ Jede ihrer Textzeilen war jetzt mit einem frechen Augenzwinkern, einem Schmollmund oder einem Grinsen gepfeffert. Von den Sektperlen berauscht, saßen wir auf dem Küchenboden, platzten laut heraus und kicherten bis spät in die Nacht. Und so wurde das geile, freche, alte Mädel Blanche geboren.

Rue brachte diese neue Filmfigur am nächsten Tag mit ans Filmset und verwandelte jede ihrer Textstellen in eine umwerfend komische sexuelle Anspielung. Das gesamte Filmteam wand sich vor Lachen. Als sie am Abend von der Arbeit nach Hause kam, erzählte sie mir, dass einer der Regisseure sich vor Lachen tatsächlich den Bauch gehalten hatte. Rue erhielt einen Emmy, nachdem sie die köstlich dekadente Figur der Blanche Devereaux entwickelt hatte, die noch heute von Transvestiten auf der ganzen Welt an Halloween nachgespielt wird.

Und wer hatte die Figur erfunden? *Ich!* Ich stecke mir schamlos die Feder für die Geburt der Blanche an, auch wenn ich meinen eigenen frechen Tigercharakter erst vier Jahre später realisierte, als ich anfing, in einer Serie aus Horrorfilmen zu spielen und eine Hauptrolle in der Serie *Schatten der Leidenschaft* landete, worin ich fünf Monate lang eine Filmfigur namens Vivian spielte. Ich bekam immer die Rolle des männermordenden Biests. Nennen Sie es einfach klassische Schauspielerei.

Doch damals wusste ich noch nicht, dass die Verwandlung meiner Tante in eine wilde Tigerin nicht nur für ihre Schauspielerkarriere förderlich sein würde, sondern ihr eines Tages sogar das Leben retten würde.

Nur wenige Jahre, bevor Rue starb, veröffentlichte sie ihre Memoiren *My First Five Husbands … and the Ones Who Got Away (Meine ersten fünf Ehemänner ... und die, die davonkamen)*. In ihren letzten zwanzig Jahren hatte ich die Männer kommen und gehen sehen. Einen von ihnen heiratete sie sogar zweimal. Zählt das als ein Ehemann oder zwei? Doch aus meiner Sicht gab es nur einen wahren Seelengefährten in ihrem Leben.

Er hieß Buster – und war ein Maine-Coon-Kater, der ihr Bett teilte und ihr nie von der Seite wich, ganz egal, was in ihrem Leben gerade schieflief. Buster war ihr Gefährte, ihr Tröster, ihre Liebe, ihre Kraft, ihre Beständigkeit, ihre Oase des Friedens und der Treue. Er war das einzige männliche Wesen in ihrem Leben, das sie bedingungslos liebte, sie nie verließ und sie bei der Scheidung auch nicht um die Hälfte ihres Einkommens brachte. Er schlief jede Nacht des Jahres, in dem ich bei Tante Rue wohnte, neben ihrem rechten Ohr auf dem Kopfkissen und leckte ihr die Tränen von den Wangen, wenn ein Mann nach dem anderen ihr das Herz brach. Buster schnurrte sie in den Schlaf und war der Beweis dafür, dass es einen Mann auf Erden gab, der all ihre Bedürfnisse erfüllte, ihre Gefühlsturbulenzen aushielt und sie anbetete, während er ihr in guten wie in schlechten Zeiten die Treue hielt.

Eines Tages erwähnte sie beiläufig, dass Buster jeden Abend auf ihrem Kopf masturbierte. Ich war geschockt! Wie um alles in der Welt sie das zulassen konnte, fragte ich sie.

Sie sagte: „Was soll's? Er lässt mich erst dann schlafen, wenn er mit meinem Ohr fertig ist!"

Rue hat Buster vielleicht nicht als ihren Seelengefährten betrachtet, aber anscheinend hat Buster Rue als *seine* Seelengefährtin angesehen. Offensichtlich hatte er einen besseren Geschmack, was Frauen betraf, als sie, was Männer betraf. So unterhaltsam *My First Five Husbands* auch war, bekam es keine besonders guten Kritiken. Vielleicht wäre ihre Chance, auf der Bestsellerliste der *New York Times* zu landen, größer gewesen, wenn sie ein Buch mit dem Titel *Meine ersten fünf Kater* geschrieben hätte.

Rue hat in ihrem Leben wohl nie eine Traumehe erreicht, doch sie war eindeutig gut darin, die treuesten und sexiesten Kater anzuziehen. Kann es sein, dass die Sicherheit und ewige Liebe, die wir unser Leben lang suchen, sich die ganze Zeit über direkt vor unserer Nase befindet?

TIERISCHE SEELENGEFÄHRTEN

Ich unterrichte seit fünfzehn Jahren – nachdem mein erstes Buch *Tierisch gute Gespräche: Lerne, mit Tieren zu sprechen – sie antworten dir* veröffentlicht wurde – auf der ganzen Welt Tierkommunikations-Workshops. Meine Schüler in neunundzwanzig Ländern – und noch vielen weiteren Ländern, wenn man meine E-Mail-Fans dazuzählt – haben mir ihre heiligsten Geheimnisse anvertraut, und die gleichen Geschichten höre ich sogar von den entferntesten Ecken der Erde: Und zwar dass das Lebewesen, das ihnen Trost, Zuneigung, Gelächter, Weisheit, Kraft und beständige Liebe geschenkt hat, nicht in einem geliehenen Smoking oder einem überteuerten Hochzeitskleid daherkam. Die Träger der Freude, der Hoffnung und des Lichts schlichen oder galoppierten, tänzelten oder flogen selbst in das mutloseste Herz und brachten das größte Geschenk mit, das ein Seelengefährte je machen kann: bedingungslose Liebe.

Sie brauchen nicht über Liebe zu reden. Sie verkörpern sie. Sie brauchen keine leeren Versprechen zu machen, dass sie uns in guten wie in schlechten Zeiten lieben werden. Sie tun es schon. Sie müssen nicht sagen, dass sie uns in Krankheit und im Tod beistehen werden. Sie tun es längst. Sie sind die Gefährten unserer Seele: die, die uns auch dann lieben, wenn wir verkatert, übergewichtig und deprimiert sind, die, die uns verzweifelt, pleite und geschlagen erleben und uns trotzdem aufheitern, die, die uns die Tränen ablecken, selbst wenn uns alle Menschen, die wir kennen, verlassen haben, die, die unser Wecker, unsere Fitnesstrainer, Zen-Meditationslehrmeister, Clowns, spirituellen Berater, Krankenschwestern, Tanzpartner, Kopfkissen, Fußschemel, Psychiater und Vertrauten sind – die mit den Pfoten, Hufen oder Flügeln.

Manche meiner Seelengefährten haben Streifen und große Fangzähne; andere haben Rüssel, Flossen und ein breites Lächeln. Und wiederum andere haben keine Beine und spucken sogar tödliches Gift. Aber jedem das Seine, würde ich mal sagen.

Vielleicht haben Sie nicht Zugang zu wilden Tieren wie ich, aber ich wette, Sie haben zu Hause ein kleines wildes Wesen, und auch wenn Ihr Hund oder Ihre Katze nicht unbedingt ein Gorilla oder ein großer weißer Hai ist (obwohl ich ein paar Chihuahuas begegnet bin, die sich so aufführten, als wären sie wilde Bestien!), ist dieses Haustier trotzdem Ihre Verbindung zur realen Natur. Die Essenz der Wildnis steckt in jedem Gramm Ihrer Katze, Ihres Hundes, Frettchens oder Papageien, und mit Sicherheit in Ihrem Pferd. Wenn es jemanden in Ihrem Leben gibt, der mit glänzenden Augen zu Ihnen aufsieht, der darauf wartet, Sie mit pelzigen Küssen zu überhäufen, der immer zu einer Knuddelpause auf dem Sofa oder einem Spaziergang im Park bereit ist, der Sie mit einem glücklichen Schwanzwedeln begrüßt und der Ihnen beibringt, wie man völlig in der Gegenwart lebt und sich wieder ins Hier und Jetzt einklinkt – in den Augenblick, in dem wir wieder herausfinden, wie man vom Herzen und nicht vom Kopf her lebt –, dann wurde dieses Buch für dieses Tier geschrieben. Und für Sie. Wir sind da, um die Wildheit der Tiere zu erforschen und die wilde Seite in Ihnen wieder zum Leben zu erwecken.

DER TEMPEL DER LÜGEN

Ich nehme Sie jetzt auf eine wilde Fahrt mit – also schnallen Sie sich gut an. Meine Einführung ins Innere der Korruption der Dritten Welt erfolgte durch eine Animal-Planet-Doku, die ich auf dem Flug von London nach Los Angeles sah. Es handelte sich um den ersten Teil von *Tiger Temple* aus dem Jahr 2004. Im Film wurde ein buddhistischer Mönch gezeigt, der einen riesigen Tiger streichelte, während nur wenige Meter vom Gesicht des Tigers entfernt kleine Beutetiere umherhuschten. Der Berichterstatter fragte den Mönch, der der höchste Abt war, wie er die Tiger davon abhielt, die Beutetiere anzugreifen. Dieser antwortete: „Ich bringe ihnen die Grundsätze der liebevollen Güte bei. Ich sage: ‚Ihr Tiger wärt ohne liebevolle Güte auch nicht hier!'"

Das musste ich mir unbedingt näher ansehen. In der Doku wurden fast dreißig prächtige Tiger gezeigt, die von den Mönchen gerettet oder auf ihrer Türschwelle in Thailand abgesetzt worden waren. Sagte jedenfalls der Mönch. Wer würde so etwas schon hinterfragen? Schließlich kam es direkt aus dem Mund des obersten Abts eines buddhistischen Klosters. In der westlichen Welt, in der ich aufgewachsen bin, habe ich Hochachtung vor solchen Titeln gelernt. Ich war sofort von ihm verzaubert.

Wie in Trance sparte ich Geld zusammen, heuerte ein Kamerateam an und überredete einen Mann, den ich schon immer angehimmelt hatte, mich einen Monat lang im „Tigertempel" zu begleiten. Dort wollte ich den Mönchen beim Spendensammeln helfen, damit sie ihre „Tigerinsel" verwirklichen konnten – ein riesiges traumhaftes Naturschutzgehege, in dem die Tiger ihre eigenen paradiesischen Inseln hätten und in dem sich jeweils zwei Tiger eine private Insel teilen würden. Doch noch während meiner Vorfreude auf die Reise

– die, wie ich hoffte, die Reise meines Lebens werden würde – wachte ich immer wieder von lauten SOS-Rufen der Tempeltiger in meiner Wohnung in Hollywood auf. Während ich mit der flehenden Bitte der gefangenen Tiger, „so schnell wie möglich herzukommen", überhäuft wurde, konnte ich es noch weniger erwarten, den Mönchen zu helfen, größere Gehege für die Tiger zu bauen. Während die Tiger – erschöpft, unter Schmerzen leidend, verwirrt, wütend und ungeduldig – zu mir durchdrangen, wurde mir klar, dass diese Touristenattraktion eine tickende Bombe war. Wenn einer der Tiger durchdrehte und einen Mönch oder Touristen angriff, wäre das das Ende des Tigertempels und würde womöglich allen Buddhisten in Thailand Schande bringen.

Mittlerweile waren einige der Tiger schon so erzürnt, dass ich es für dringend hielt, mir die Tiere näher anzusehen. Also fingen die Tiger an, morgens, mittags und abends mit mir Kontakt aufzunehmen. Sie weckten mich mit Albträumen über ihre engen Käfige auf. Ich war wie besessen. Ich hatte keine Ahnung, dass hier irgendetwas nicht stimmte. Eine romantische Vorstellung erfüllte mich, die von den unwiderstehlichsten Bildern, die ich jemals im Internet gesehen hatte, angetrieben wurde – Bilder von seligen Touristen, die sich bücken, um erstaunlich zahme Tiger zu streicheln und sich mit ihnen fotografieren zu lassen. Schon bald würde ich dasselbe tun.

Per E-Mails teilten die Mönche mir noch vor meinem Abflug mit, dass der Tempel einen neuen Tierarzt für die Tiger bräuchte. Auf der Suche nach einem Tierarzt, der exotische Tiere und insbesondere große Wildkatzen versorgen könnte, schickte ich einen Hilferuf an meine Schüler in aller Welt. Es war zwar wie die Suche nach der Stecknadel im Heuhaufen, doch schließlich fand ich tatsächlich einen Tierarzt. Und nicht nur einen: Fünf meiner Schüler waren qualifiziert und bereit, nach Thailand zu fliegen, um die Mönche und ihre Tiger zu unterstützen. Selbst als der Tempel anfing, noch höhere Ansprüche zu stellen und zu fordern, dass der Tierarzt nicht nur Erfahrung mit wilden Tigern haben müsse, sondern auch sechs Monate seines Lebens ohne Honorar opfern sollte (Sie haben richtig gelesen:

Er sollte seine Tierarztpraxis schließen, auf eigene Kosten nach Thailand fliegen und umsonst arbeiten!), fand ich den Richtigen für den Job. Und der Richtige war eine Frau. Eine meiner Schülerinnen entsprach allen Forderungen und war bereit, aus Hongkong hinzufliegen. Das war ein Wunder und eine göttliche Fügung. Ich war selig. Doch dann wurde ihre Bewerbung grundlos von den Mönchen abgelehnt.

Als ich voller Tatendrang mit meinem Kameramann das Gelände am Rand von Chang Mai erreicht hatte und ungeduldig den Abt interviewen wollte, eröffnete man mir, er sei im Krankenhaus in Bangkok und stünde für ein Interview nicht zur Verfügung. Seine Mitarbeiter sagten mir, er sei am Abend vor meiner Ankunft wegen eines Notfalls ins Krankenhaus eingeliefert worden. Ich begann, für die Mönche zu beten, ohne zu ahnen, dass ich in Wirklichkeit jemanden brauchte, der für *mich* betete.

In den Tagen darauf fand ich mich in einem chaotischen Strudel widersprüchlicher Berichte wieder. Die Mitarbeiter des Klosters und ihre ehrenamtlichen Helfer waren bemüht, mir Interviews zu geben, doch sie verstrickten sich in Lügen. Ich war gekommen, um ihnen zu helfen, ein neues Schutzgehege für Tiger aufzubauen, in dem jeder der Tiger sein eigenes privates Paradies haben würde und trotzdem von den Touristen bestaunt werden könnte. Das würde die Spenden für den Unterhalt der Tiere generieren. In meinen Ohren klang es wie der Tigerhimmel auf Erden, und ich konnte es kaum erwarten, ihnen dabei zu helfen. Unglücklicherweise erfuhr ich in den Interviews mit den Mitarbeitern, dass die Einnahmen durch die vielen Touristen, die zum Tor hereinströmten, um die angeblich so „zahmen und friedfertigen" Tiger zu streicheln, in dunklen Kanälen und mysteriösen Randprojekten verschwanden und nicht in die Projekte floss, für die das Geld gedacht war, wie zum Beispiel die Errichtung der Inseln.

Und als ich die engen, dunklen, fensterlosen Gefängniszellen aus Backstein aufsuchte, in denen die Tiger untergebracht waren, fand ich zu meiner Überraschung im „Tempel" schlecht ernährte Tiger vor. Sie wurden ausschließlich mit gekochtem Huhn und Hundefutter gefüttert, um sicherzustellen, dass sie niemals Blut schmeckten und daher auch keine Vorliebe dafür entwickelten. Es gab keine Anlagen, in denen sie sich tiergerecht bewegen konnten, außer wenn die jungen Tiger im Fluss umhertollen durften. Ich stieß auf Tiger, die medizinisch nicht richtig versorgt wurden, und bekam dubiose Geschichten über die Geburt und die Schicksale der Tigerbabys zu hören. Die Tiger wirkten merkwürdig träge. Das allein hätte bei jedem sämtliche Alarmglocken auslösen müssen – ganz besonders bei einer professionellen Tierkommunikatorin. Doch ich hatte immer noch meine rosarote Brille auf und die Hoffnung, die ungewöhnliche Tierschutzeinrichtung verbessern zu können.

Von einigen der anderen thailändischen Tierschutzeinrichtungen hörte ich schon Gerüchte, dass die Mönche die Handgelenke der Tiger aufgeschlitzt hatten, damit sie nicht mehr die Krallen ausfahren konnten, dass sie heimlich mit Stromstößen für Viehherden zusammengetrieben wurden und dass ihnen der Urin der Mönche ins Gesicht gespritzt wurde, um sie unterwürfig zu machen. Ich konnte das alles nicht glauben, da ich immer noch meine rosarote Brille aufhatte. Es waren sogar Videoaufnahmen von einem Mönch, der einen Tiger mit dem Stock verprügelte, aufgetaucht. Und wieder glaubte ich nur das, was ich glauben wollte, zum Teil aus reinem Egoismus. Auch ich wollte mit den Tigern schmusen und ihnen nahe sein. Aber vor allem konnte ich einfach nicht glauben, dass buddhistische Mönche zu so grausamen Taten fähig sein könnten. Es schien allem, wofür ihre Religion steht, zu widersprechen. Ich war der romantischen Vorstellung auf den Leim gegangen und hielt immer noch stur daran fest. Doch als ich die Hilferufe der Tiger nicht länger überhören konnte, fing ich an, mit ihnen zu sprechen. Da wurde mir die hässliche Wahrheit bewusst. Ich begann, an den „Grundsätzen der liebevollen Güte“ zu zweifeln, als das Knurren der Tiger in ein lautes Brüllen überging.

Als meine rosarote Brille sich allmählich verdunkelte, suchte ich Rat bei dem Mann, in den ich verschossen war und den ich als starke

Schulter mitgebracht hatte. Er versicherte mir, dass ich überreagierte und mir alles nur einbildete: Den Tigern ging es gut, sie wurden bestens versorgt, und die Mönche waren Heilige. So ist das mit dem Betrügen – Lügen sind ansteckend.

Letztendlich war es eine Leopardin in einem riesengroßen Betonkäfig, die mir die Realität schmerzhaft vor Augen führte. Das wütende Raubtier war als Touristenattraktion auf der Vorderseite des Tempels untergebracht und lief unruhig hin und her. Die ehrenamtlichen Helfer erzählten mir, dass die Leopardin den Abt angegriffen hatte und nun bestraft wurde, weil er „sie nicht mag". Weil er sie nicht *mochte*? Was war aus der „liebevollen Güte" geworden?

In einem der erstaunlichsten Augenblicke meines Lebens konnte ich die Leopardin dazu überreden, sich zu ducken und in einen noch kleineren Käfig in der Ecke ihres Geheges zu kriechen, damit wir die Tür zwischen dem inneren und dem äußeren Käfig zumachen und den äußeren Käfig mit ein paar Ästen gemütlicher gestalten könnten. Die Helfer sagten mir, es sei unmöglich, sie auch nur für einen Moment in den kleinen Käfig zu bekommen, doch die Wildkatze bewies ihnen das Gegenteil. Sie hatte den kleinen Käfig noch nie zuvor betreten. Wie die Helfer mir sagten, sei das der Grund, warum sie nichts hatte, womit sie sich die Zeit vertreiben könnte. Um fair zu sein: Ich glaube nicht, dass die meisten Helfer ahnten, welchem Betrug sie aufgesessen waren. Die fröhlichen, gutherzigen jungen Leute zerrten riesige Baumäste in den Käfig der Leopardin, auch wenn sie sagten: „Der Abt wird wütend sein, wenn er uns dabei erwischt." Ich sang der Leopardin vor, betete mit ihr, tröstete sie und stellte mir vor, wie sie in den winzigen Käfig ging, so dass wir lange genug die Tür schließen könnten, um die Äste in den Käfig zu ziehen. Sie betrat den inneren Käfig nicht nur einmal, sondern gleich sechs Mal, während die Jungens sich nervös an der Tür zu schaffen machten. Schließlich konnte ich sie ein letztes Mal hineinlocken, so dass die Helfer die Tür zuschlagen konnten. Auf ein Zeichen hin ließen wir sie wieder in den größeren Käfig hinein. Er war auf allen Seiten offen, so dass die Touristen sie rund um die Uhr begaffen konnten. Sie hatte keinerlei Privatsphäre und konnte sich nirgendwo verstecken. Doch wenigstens hatte sie jetzt ein paar Baumäste zum Klettern. Ich war sehr traurig, als ich diese prächtige Leopardin gefangen in ihrem nackten Einzelkäfig und in einer Pfütze aus ihrem Urin zurücklassen musste.

Mit sinkendem Herzen, doch ermutigt von meiner erfolgreichen Aktion mit der Leopardin, ging ich mit dem Personal zu einem Gehege, in dem eine Tigerin mit einer Augenentzündung hauste. Sie sagten mir, dass sie Augentropfen für das Tier hätten, sich jedoch nicht trauten, den Käfig zu betreten und ihm die Tropfen zu verabreichen. Als ich nach dem Tierarzt fragte, antworteten sie nur vage und sagten, er würde nur ein oder zwei Mal in der Woche vorbeikommen. Offensichtlich stand die kranke Tigerin ganz unten auf seiner Liste. Trotzdem war meine als Tierärztin hochqualifizierte Schülerin vom Kloster abgelehnt worden. Als ich die Helfer fragte, ob ich in ihren Käfig gehen dürfte, um ihr die Augentropfen selbst zu verabreichen, sagten sie natürlich nein. Das Tier wurde allein mit seinen Schmerzen im Käfig seinem Schicksal überlassen. Es war dabei, sein Augenlicht zu verlieren. Und ich hatte endlich meine rosarote Brille abgesetzt. Mit zehntausend Dollar weniger auf dem Bankkonto kehrte ich nach Los Angeles zurück. Ich hatte meine Ersparnisse bei dem Versuch, den Tigern zu helfen, aufgebraucht. Damals glaubte ich immer noch, dass das Projekt Tigerinsel die Wildkatzen aus ihren schrecklichen dunklen Betongefängnissen herausholen und in ein großzügiges Tierschutzgehege bringen würde, in dem sie gesünder und glücklicher leben könnten.

Mit meinem Traummann, der mir meine Intuition ausgeredet hatte, kam ich übrigens auch nie zusammen. Heute weiß ich natürlich, dass das ein Segen war. Doch damals bei meiner Rückkehr nach L. A. war mein Ego verletzt, mein Sparkonto geplündert und ich fühlte mich zurückgewiesen und mutlos.

Und dann kam alles zusammen – und zerstörte all meine Träume über die Tigerinsel. Ich erhielt eine E-Mail von CITES, der Convention on International Trade in Endangered Species of Wild Fauna and Flora (Tagung über den internationalen Handel mit gefährdeten Wildtier- und Pflanzenarten). Sie forderten mich auf, sämtliche Spendenaufrufe für den Tigertempel von meiner Webseite zu entfernen. Wie CITES mich informierte, waren gegen den Tempel Ermittlungen wegen illegalem Handel mit Tigern, Schmuggel und Tierquälerei eingeleitet worden. Ich hatte meine Spendenkampagne schon gestartet. Nun hatte ich Fotos und Filme im Wert von mehreren zehntausend Dollar, die ich nicht nutzen konnte, weil sie dann nur kriminellen Machenschaften zugunsten kämen, bei denen Tiger wegen ihrer Körperteile auf dem Schwarzmarkt verkauft wurden. Es war aus mit dem Paradies für Tiger. Stattdessen steckte ich bis zum Hals in einem Sumpf voller Alligatoren.

CITES schrieb mir, wenn ich den Tigern wirklich helfen wolle, dann solle ich die Organisation und nicht die Mönche unterstützen. Daher veröffentliche ich diese Informationen, auch wenn sie mir äußerst peinlich sind. Ich habe die Tiere, die ich am meisten liebe, im Stich gelassen. Jetzt möchte ich das auf irgendeine Weise wiedergutmachen.

Im Januar 2016 befanden sich immer noch über 150 Tiger unter fragwürdigen Umständen im Tempel. Der erste Versuch, den Tempel schließen zu lassen und die Tiger der thailändischen Regierung zu übergeben, schlug fehl. Zur selben Zeit, als ich den Auftrag bekam, dieses Buch zu schreiben, und ich in Gedanken die Tiger im Tempel in der Hoffnung, dieses Buch würde die Öffentlichkeit auf ihre Notlage aufmerksam machen, wieder ermutigte, griff einer der Tiger den Abt an. Vielleicht haben die Tiger mich ja gehört ...

Am 30. Mai 2016 wurde der Tigertempel von der thailändischen Tierschutzbehörde durchsucht. Die Behörde warf den Mönchen den illegalen Handel mit Tigern vor und entdeckte prompt vierzig tote Tigerbabys in der Gefriertruhe. Ein Artikel in der *USA Today* vom 3. Juni 2016 mit dem Titel „Thailands Tigertempelsage ist noch nicht vorbei“ schilderte die Entwicklung folgendermaßen:

Am 30. Mai begaben sich 30 thailändische Beamte und Mitarbeiter der thailändischen Wildlife Friends Foundation sowie andere ehrenamtliche Tierschützer zum Tempel, um seine erwachsenen Tiger, deren Zahl auf 137 geschätzt wurde, aus dem Tempel zu holen. „Internationale und lokale Tierschützer klagen diesen Tigertempel schon seit Jahren wegen Tierquälerei, illegalem Handel und illegalem Verkauf an", berichtet Adam Ramsey, ein Reporter aus Bangkok. „Die Frage lautet daher vielmehr: Warum hat es so lange gedauert? Früher äscherte der zuständige Tierarzt die toten Tigerbabys ein, die gestorben waren, da viele Tigerjungen – selbst in Gefangenschaft – sterben. Nach meiner Schätzung stirbt eines von drei", sagt Ramsey. „Doch als der Tigertempel beschuldigt wurde, mit Tigerjungen zu handeln, änderte der Tierarzt seine Regeln. Jetzt werden sie eingefroren, um zu beweisen, dass sie keine Tigerbabys auf dem Schwarzmarkt verkaufen. Es sollte also als Beweis dienen, dass diese Tiger auf natürliche Weise gestorben sind und dass wir ihre Körper noch haben – für den Fall, dass ihr glaubt, wir hätten sie verkauft."

Doch drei Tage später fiel diese Erklärung in sich zusammen. Am Donnerstag hielt die thailändische Polizei einen LKW an, der gerade vom Tigertempel wegfahren wollte. Im Laster fanden die Beamten zwei komplette Tigerfelle, ca. 700 aus Tigerteilen gefertigte Amulette und 10 Tigerzähne. Die beiden LKW-Fahrer wurden festgenommen und des Besitzes illegaler Wildtiertrophäen angeklagt. Auch ein Mönch wurde in Haft genommen.

Mittlerweile wurden alle Tiger aus dem Tempel befreit und die Mönche erwartet endlich ihre gerechte Strafe.

Und nun verrate ich euch das Tigerseelengeheimnis Nummer zwei. Kurz nachdem ich aus Thailand zurückgekehrt war, saß ich einem weiteren demütigenden Betrug auf, als ich beschloss, nach London zu ziehen. Dies war kurz nach dem Desaster mit dem Tigertempel und vielleicht eine Lektion, mit der mir das Schicksal meinen Fehler heimzahlte. Womöglich sollte ich daraus auch einfach lernen, dass die sture Holzhammermethode, mit der ich alles anging, nicht länger funktionierte – oder noch nie funktioniert hatte.

Seit Monaten hatte ich mit dem Verwalter einer Wohnung in London, die ich auf einer schicken Webseite, auf der Mietobjekte in Verbindung mit einigen der schönsten Hotels von London angeboten wurden, E-Mails ausgetauscht. Der Verwalter wies mich an, die Miete für die fünf Monate, die ich mit meinen beiden Katzen Doc und Virginia Sue Ann in London verbringen wollte, im Voraus zu überweisen. Das tat ich, weil die Frühstückspensionen und Safariparks, in denen ich in Afrika übernachtet hatte, auch eine Überweisung zur Bedingung für die Reservierung machen. Der Verwalter bot mir sogar per E-Mail an, mich und meine Katzen vom Flughafen abzuholen, um mir die Schlüssel persönlich zu überreichen und mich zu meiner tollen neuen Wohnung in Mayfair zu bringen. Also überwies ich das Geld. Als die Überweisung nicht klappte und das angegebene Konto plötzlich geschlossen war, sollte ich die Überweisung noch einmal ausführen (ein Eingriff von oben, um mich zu warnen!). Ich versuchte, das Geld noch einmal zu transferieren. Da ich leise Zweifel bekam, bat ich eine meiner Schülerinnen in London, ihn persönlich anzurufen. Ich war erleichtert, als sie mir berichtete, dass er tatsächlich den Hörer abgenommen hatte. Wie sie erwähnte, sprach er nicht besonders gut Englisch. Doch zumindest war er telefonisch erreichbar gewesen. Die Tatsache, dass er einen Akzent hatte, erklärte nun auch, weshalb seine E-Mails voller Rechtschreibfehler waren. Meine Schülerin meinte, bei dem Mann könnte es sich um einen Inder handeln.

Ich unternahm alle möglichen umständlichen und teuren Aktionen, um die Flugtickets zu bekommen und alle Einreisebestimmungen für meine Katzen zu erfüllen. Es war alles ziemlich nervig, und ich muss zugeben, dass ich mich offensichtlich in einem Zustand befand, in dem mich nichts von meinem Plan abhalten konnte. Ich verkaufte meinen BMW und mein Klavier. Ich gab meine Wohnung auf und verschenkte alles, was nicht in zwei Koffer passte. Drei Tage vor unserem Umzug verkaufte ich meinen Küchentisch. Während er zur Tür hinausgetragen wurde, besuchte ich noch einmal die Webseite des Londoner Verwalters und entdeckte die Mitteilung: „Diese Phishing-Webseite wurde von Scotland Yard geschlossen.“ Schluck. Der Mann war gar kein Inder. Er war Afrikaner und operierte vermutlich aus einem „Büro“ in Nairobi heraus, in dem Dutzende von Männern wie er ihre Tage damit verbrachten, westliche Kunden dazu zu bringen, Geld für fiktive Wohnobjekte auf Konten zu überweisen. Die Bombe war geplatzt. Mein Geld war weg! Meine Katzen und ich waren obdachlos!

Die Teufelsspirale hatte damit begonnen, dass ich meinen geliebten Tigern den Rücken gekehrt hatte. Und diese Spirale führte mich noch jahrelang immer weiter herunter. Trotz des falschen Verwalters nahm ich meine Katzen und flog nach London, obwohl auch noch mein Antrag auf ein britisches Visum abgelehnt worden war. Kein guter Schritt. Ich erzähle Ihnen all das nicht, um wie ein Idiot dazustehen, auch wenn ich mich damals so fühlte. Ich erzähle es Ihnen, damit Sie sehen, was geschieht, wenn wir unsere Intuition nicht nutzen.

Im Jahr 2009, als das passierte, steckte Internetkriminalität noch in den Kinderschuhen. Doch seitdem hat sie sich immer mehr ausgebreitet, und mittlerweile ist diese Art des Betrugs nichts Ungewöhnliches mehr. Wir müssen uns ansehen, was geschieht, wenn wir nicht unsere Antenne aufrichten – und warum das so ist. Ich bin eine professionelle Hell-sehern; daher war dieser Fehler für mich so, als wäre der Teufel zum Tee vorbeigekommen. Ich war gerade einem der größten Schwindel in meinem Leben aufgesessen – Mönchen, die mit Tigern handelten – und meine innere Antenne hatte glatt versagt. Und nun war ich auch noch auf Betrüger hereingefallen, die mein Konto abgeräumt hatten. Warum hatte ich nicht auf meinen Instinkt gehört, obwohl ich tief in meinem Inneren gewusst hatte, dass diese Luxuswohnung im schicksten Stadtteil von London für den angebotenen Preis zu gut war, um wahr zu sein? Die Antwort ist: Ich *wollte*, dass meine Wohnung in Mayfair real war. Ich wollte glauben, dass ich ein britisches Visum bekommen würde, so dass ich und meine Katzen jahrelang in London bleiben könnten. Ich wünschte mir verzweifelt, dass meine Selbsttäuschung Realität war, doch jetzt war all mein Hab und Gut weg. Meine Sehnsüchte hatten mich wie ein Bumerang mitten im Gesicht erwischt, und meine Reisepläne waren schon zu weit fortgeschritten, um sie noch stoppen zu können. Nach einem äußerst anstrengenden Sommer in London, in dem ich und meine Katzen in allen möglichen Wohnungen und Frühstückspensionen hausten, konnte ich sie schließlich in guter Obhut lassen und nach Afrika fliegen, um dort zu lehren und meine Löwenfreunde zu besuchen.

Mein Plan B für den Fall, dass ich kein Visum für England bekommen würde, war, nach New York zu ziehen und den Rest meines Lebens mit meiner Lieblingstante zu verbringen. Den Großteil meines Lebens hatte ich im heißen Hollywood verbracht und träumte schon lange von der Ostküste. In meinen romantischen Visionen trug ich schicke Stiefel und Mäntel mit passenden Schals, verliebte mich unter den leuchtenden Herbstbäumen im Central Park und wurde von einer herzlichen Gemeinschaft mit offenen Armen aufgenommen, die sich abends vor dem Kaminfeuer im Pub versammelte, Witze erzählte und über ihre Probleme lachte. Ich hatte mir einfach zu viele Wiederholungen von *Cheers* angesehen.

Doch vor allem wollte ich unter den schützenden Flügeln meiner Tante Manhattan im Sturm erobern. Sie lud mich schon seit Jahren ein, mit ihr auf Partys von Liza Minnelli oder Lunches mit anderen Promis mitzukommen. Wer hätte da nein sagen können? Damals spielte Rue eine Hauptrolle in *Wicked* am Broadway. Und sie verhandelte gerade eine Rolle in einer neuen Comedyserie für den Schwulensender auf Hawaii aus. Sie zeigte keinerlei Ermüdungserscheinungen!

Also flog ich mit den Katzen nach New York, wo eine meiner Lieblingsschülerinnen schon darauf wartete, sie liebevoll aufzunehmen. Ich schaffte es gerade einmal bis zu einer Absteige in New Jersey. Dort erhielt ich die Nachricht, dass Rue im Krankenhaus lag und am

Herzen operiert wurde. Fünf Tage später erlitt sie einen Schlaganfall.

In jener Nacht kam ich als totales Nervenbündel im Krankenhaus an. Ich war so desorientiert und durcheinander, dass ich mich drei Stunden lang im U-Bahn-Netz verirrt hatte. Ich hatte sämtliche Fehler gemacht, die man nur machen kann, wenn man von Hoboken, New Jersey, zum Krankenhaus in Manhattan fahren will. Schließlich hatte ich mich verzweifelt an meinen Sitznachbarn gewandt und ihn flehentlich um Hilfe geben. „Meine Tante liegt im Krankenhaus. Sie hat in der Serie *The Golden Girls* mitgespielt. Können Sie mir helfen?“

Mit Fotos von Löwen und Tigern bewaffnet, erreichte ich Stunden später endlich das Krankenhaus. Mein Lieblingscousin, Rues Sohn Mark, hatte sich ohne Gepäck in den nächsten Flieger aus Austin in Texas gesetzt. Er kam nachts an und war äußerst beunruhigt. Wir saßen im Wartezimmer und beteten, als die Krankenschwestern hereinkamen und uns die schlechte Nachricht überbrachten. Rues gesamte rechte Körperhälfte war gelähmt, und wenn sie sie nicht in den nächsten vierundzwanzig Stunden bewegte, würde sie für immer gelähmt bleiben.

Als wir in ihr Zimmer auf der Intensivstation gingen, sahen wir, dass die Ärzte ihr einen Vorderzahn herausgebrochen hatten, als sie ihr den Beatmungsschlauch in die Luftröhre gesteckt hatten. Meine attraktive Tante war nicht wiederzuerkennen, als ich sie an diesem Abend bewusstlos in ihrem Bett liegen sah. Ihr Gesicht war totenblass und geschwollen, und sie sah nicht mehr aus wie ein lebendiger Mensch.

Hin und wieder kam eine Krankenschwester herein, nahm ihre schlaffe rechte Hand und flüsterte: „Rue, können Sie meine Hand drücken?“ Es gab keine Reaktion. Dann fragte sie: „Rue, können Sie Ihren Fuß bewegen?“ Nichts. Rues rechtes Bein war schlaff, und die Nerven starben langsam ab. Der Arzt hatte noch mehr schlechte Nachrichten: Wenn sie am nächsten Morgen, an dem der Schlauch aus ihrem Hals entfernt würde, nicht sofort sprechen könnte, würde sie vermutlich nie wieder sprechen können.

Meine Tante Rue verdiente sich ihren Lebensunterhalt damit, auf Wohltätigkeitsveranstaltungen (meist für den Tierschutz) Reden zu halten. Auch war sie Rechtshänderin und hatte mit dieser Hand unzählige Autogramme für Unmengen ihrer Fans geschrieben. Doch vor allem war sie sehr kommunikativ. Sie hatte ihr Leben lang Sprechunterricht genommen und spielte sogar ohne Gage in Theaterstücken. Sprache war ihre große Leidenschaft. Wenn sie die Fähigkeit zu sprechen verlor, würde sie nur noch schriftlich mit ihrer rechten Hand kommunizieren können. Der Verlust ihrer Fähigkeit, zu sprechen *und* zu schreiben, war absolut undenkbar. Dann könnte sie überhaupt nicht mehr kommunizieren und wäre dazu auch noch zu einem Leben im Rollstuhl verdammt. Das ging gar nicht. Sie hatte weder auf Mark noch auf mich reagiert, als wir Dinge wie „Rue, kannst du mich hören? Drücke meine Hand, wenn du mich hören kannst! Blinzle mit den Augen, wenn du weißt, dass wir hier sind!“ sagten. Nichts funktionierte. Wir waren dabei, den Kampf zu verlieren.

Mitten in der Nacht, nachdem Mark und ich sämtliche Gebete, die uns einfielen, gesprochen hatten und alle Meditationen, die wir kannten, gemacht hatten, ohne dass Rue sich rührte, ging Mark zur Wohnung eines Freundes, um dort ein paar Stunden zu schlafen. Ich überredete die Nachtschwester, mich mit meiner Tante eine Weile allein zu lassen.

Ein liebevolles „Rue, können Sie meine Hand drücken?“ in Babysprache oder „Rue, können Sie den Fuß bewegen?“ im ängstlichen Ton einer Krankenschwester, die meine Tante nicht kannte, funktionierte nicht. Ich kannte sie jedoch. Und es war an der Zeit, etwas zu riskieren.

Wie ich wusste, liebte sie Tiger. Und wie ich wusste, war sie Schauspielerin. Daher hatte ich Munition, die die Schwestern nicht hatten. Ich bat um etwas Klebeband. Damit klebte ich lauter Tigerfotos und

Fotos von mir, wie ich neben Tigern ging und mit ihnen schmuste an die Wand. Ich hatte diese Fotos seit meiner Rückkehr von dem betrügerischen Tigertempel überall mit mir herumgetragen. Außerdem hängte ich ein paar Fotos von afrikanischen Löwen, die ich kannte und liebte, und dazu noch ein Foto von Jesus an die Wand. Rue war Atheistin und bevorzugte die Gesellschaft intellektueller New Yorker. Einmal hatte sie zu mir gesagt: „Mimi, was ich am meisten an dir bewundere, ist deine Beziehung zu Gott. So was hatte ich nie."

Jetzt war die Zeit gekommen, auch das zu ändern. Nun ja, ich bin eine Schauspielerin und Tänzerin, die Tiger liebt, und meine Patientin war eine sterbende Schauspielerin, die auch tanzte und Tiger liebte. Außerdem kam ich gerade aus einem Löwenschutzgebiet in Afrika, wo ich mit einem Schamanen Shape-Shifting praktiziert hatte. Er hatte mir beigebracht, wie man sich in eine Löwin verwandelt. Wenn man den Geist und die körperlichen Eigenschaften eines wilden Tiers annimmt – insbesondere eines Raubtiers –, erweitern sich Geschwindigkeit und Volumen der eigenen Energie um ein Zehnfaches. Und diese Situation rief nach ungewöhnlichen Maßnahmen. Es war drei Uhr morgens, und die Uhr tickte. Wenn Rue in den nächsten Stunden ihren rechten Arm und ihr Bein nicht bewegte, würde sie diese Glieder nie mehr bewegen. Sie war bewusstlos und reagierte auf meine Worte noch nicht einmal mit einem Augenzucken. Ich spürte, wie meine Kehle sich dehnte, während ich ein Knurren unterdrückte. Es ist etwas, was man nicht in der Öffentlichkeit tun sollte – und schon gar nicht in einem Krankenhaus in Manhattan, aus dem sie mich mit Leichtigkeit in die psychiatrische Abteilung hätten abtransportieren können. Doch außer uns beiden war niemand im Zimmer, und daher ließ ich die Kräfte fließen.

Ich schluckte das Geräusch herunter und sammelte die unbändigen Kräfte, die wie ein Wildfeuer in meinem Körper hochstiegen. Dann brachte ich die Verwandlung auf eine noch höhere Stufe, um mich der Frequenz des elegantesten Entwurfs auf Erden anzupassen: der Verkörperung von Grazie, Kraft und Schönheit, dem Hüter des Tors zwischen Leben und Tod – dem Tiger. Ich channelte so viel seiner

Kraft in meinen Körper, wie ich nutzen konnte, und tankte sie von den Tigerfotos. Die Bilder hingen auf ihrer Augenhöhe, für den Fall, dass sie wieder aufwachen und die Augen öffnen würde. Ich betete zu meinen Tigerfreunden um Hilfe.

Dann brüllte ich sie wie eine Tigerin an: „Rue, du bist kein Mensch mehr! Du bist eine Tigerin! Du bist eine Tigerin, Rue!" Ich nahm ihre schlaffe Hand, scharrte wie mit der Pfote und brüllte: „Das ist keine Hand! Das ist eine Pfote! Du wirst sie jetzt ausstrecken und damit kratzen! Du hast jetzt Krallen! Du bist jetzt eine Tigerin, Rue! Streck sie aus und kratze damit! Strecke deine Krallen aus und kratze!"

Plötzlich bewegte sie die rechte Hand und machte die Bewegung einer Katze nach, die ihre Krallen ausstreckt. Es funktionierte tatsächlich! Sie konnte mich hören! Ich beschloss, an ihrem Bein so weiterzumachen. Wie wild schrie ich sie an, krümmte den Rücken und beugte mich wie eine Tigerin, die sich gleich auf ihre Beute stürzt, über sie.

„Rue, das ist kein Bein! Das ist eine Pfote! Wir werden jetzt auf einen Baum klettern! Beuge die Knie und spring! Kletter auf den Baum, Rue! Los, spring schon! Geh in die Hocke, krümm den Rücken und spring! Stoß dich mit dem Bein ab, Tante Rue!"

Und dann kickte sie mit dem rechten Bein in die Luft! Es war nicht nur eine leichte Bewegung, sondern ein starkes, hohes Kicken! Es war das kräftige, hohe Kicken einer Cancan-Tänzerin, und es war ein Moment des Triumphes, den ich nie vergessen werde. Leider war sie noch bewusstlos, daher würde sie sich nie an diesen Augenblick erinnern können. Aber ich machte so weiter, denn jetzt wusste ich, dass sie mich trotzdem hören konnte!

Ich blieb die nächsten Stunden bei ihr und wiederholte immer wieder sehr bestimmt: „Rue, wenn sie dir den Schlauch aus dem Mund nehmen, wirst du *perfekt reden*! Du wirst perfekt sprechen! Deine Lippen werden sich perfekt bewegen! Deine rechte Seite wird perfekt funktionieren! Du wirst schreiben und Autogramme verteilen können, und du wirst so reden können, als sei nie was gewesen. Gott wird dich wieder vollkommen gesund machen!“

Ich verbrachte die ganze Nacht damit, ihr zu sagen, was sie erwartete, wenn sie am nächsten Morgen aufwachen würde, auch wenn sie mir kein weiteres Zeichen gab, dass sie mich hören konnte. Um sechs Uhr morgens schleppte ich mich zurück in meine deprimierende Wohnung in New Jersey und ließ mich mit meinem dunkelbraunen Perserkater Doc aufs Bett fallen. Dann brach ich zusammen und heulte in sein weiches Fell.

Als Rue am nächsten Morgen aufwachte, nahmen ihr die Ärzte den Schlauch aus dem Mund, und sie konnte sprechen. Sie hatte keinerlei Erinnerungen daran, dass ich in der Nacht davor in ihrem Zimmer gewesen war, doch sie konnte die rechte Hand und den rechten Fuß schon wieder ein wenig bewegen. Nun begann für uns beide eine unangenehme Zeit, in der sie dreiundachtzig Tage im Krankenhaus verbrachte, und ich bei Regen, Schnee und Graupelschauern zwischen dem eiskalten New Jersey und dem noblen Manhattan hin- und herpendelte, teure Taxifahrten nahm und um ein Licht am Ende des Tunnels betete. Doch sie lebte, und Gott hatte mein Gebet erhört.

Der Höhepunkt des Jahres war bittersüß. Eines Tages kam ich elend und erschöpft in ihrem Krankenzimmer an. Die Frau, die ihr ganzes Leben lang überzeugte Atheistin gewesen war, befahl mir, vor dem Jesusbild, das mittlerweile einen festen Platz in ihrem Zimmer hatte, hinzuknien und zu ihm zu beten. Als sie kurz vor Ostern in ihre wunderschöne Wohnung in Manhattan zurückkehren konnte, schmiss sie eine kleine Party für Freunde und Verwandte. Und obwohl sie noch zu schwach war, um mit mir an diesem Sonntag in die Kirche zu gehen, sprach sie vor dem Osteressen ein Tischgebet.

Ihre Tigerseele und ihr neu gefundener Glaube an Gott hatten ihr das Leben gerettet und ihre Gesundheit wiederhergestellt. Dennoch frage ich mich, ob sie in jener Nacht, in der ich sie im Koma vorgefunden hatte, womöglich gestorben wäre, wenn meine Engel mich nicht an ihr Krankenbett geführt hätten. Ein bisschen Liebe kann wahre Wunder bewirken. Und diese Geschichte eröffnet Ärzten, Krankenschwestern und Familienangehörigen einen ganzen Diskurs über Heilung. Wieder einmal geht es um meine Arbeit mit nonverbaler Kommunikation, wenn auch diesmal mit einem Menschen und nicht mit einem Tier, da ich die Sprache der Patientin sprach. Hätte im Krankenbett mein Vater, der Flugzeuge entwirft, gelegen, dann hätte ich ihm einen Modellflugzeugkasten mitgebracht und ihn gebeten, den Flieger zu basteln. Wäre es meine talentierte Mutter gewesen, die unter anderem Klavierspielerin auf Konzertniveau ist, hätte ich ein Keyboard mitgebracht und sie aufgefordert, das Menuett in G-Dur von Bach zu spielen. Wenn der Mensch, der Ihnen nahesteht, Golfspieler ist, könnten Sie ihn bitten, seinen besten Schlag zu zeigen, oder wenn die Person gerne tanzt, könnten Sie ihre Lieblingsmusik spielen und sie zu einem Walzer auffordern. Einem gelähmten kleinen Jungen, der Basketball spielt, würde ich einen Basketball mitbringen, ihm den Ball zuwerfen und ihn dazu bringen, mir den Ball zurückzuwerfen. Es geht darum, die Leidenschaft des Patienten in die Physiotherapie einzubinden, um einen Wendepunkt im Heilungsprozess zu bewirken. Wenn der Patient tierlieb ist, könnte der Ersatz für sein Haustier das Hineinschlüpfen in das Tier („Shapeshifting“) sein, indem wir uns die Kraft und den Geist des geliebten Tiers in einer Krise „ausleihen“. Wir können Erstaunliches erreichen, wenn wir so tun, als wären wir ein Hund oder ein Frosch, ein Elefant oder ein Tiger.

Natürlich gehöre ich zu den stärksten Befürwortern der von Tieren unterstützten Therapie, und ich weiß aus Erfahrung, dass lebendige Tiere im Krankenhaus Patienten trösten können und manchmal sogar Leben retten. Medizinische Querdenker, wie beispielsweise meine Freunde Dr. Bernie Siegel und Dr. Larry Dossey, haben schon anhand von zahlreichen Studien belegt, dass der Patient weniger Blut verliert, sich schneller wieder erholt und weniger Gefahr läuft, einen Schock zu erleiden, wenn sich ein Tier im Krankenzimmer befindet. Menschen mit Haustieren verbringen weniger Zeit im Krankenhaus, weil sie so schnell wie möglich zurück zu ihren Tieren wollen. Dürften sie ihre Haustiere mit ins Krankenzimmer nehmen, würde sich ihre Genesungszeit mit Sicherheit noch mehr verkürzen. Ihr Herz würde sich öffnen und der Körper würde heilen. Tiere können unseren Blutdruck, Herzschlag und unsere Gehirnwellen regulieren. Die wahren Meister dieser mysteriösen Prozesse sind Katzen. Doch da ich meinen Kater Doc nicht mit auf die Intensivstation bringen durfte, nahm ich stattdessen die Fotos der großen Katzen mit. Die Tiger schenkten Tante Rue noch weitere neun Monate mit mir und anderen geliebten Menschen. Aber die Menschen, die ihr nahestanden, konnten sie nicht retten. Es bedurfte der Tiger, sie zurück ins Leben zu holen.

Rue und ich verlebten einen verzauberten Frühling voller herzlicher Momente und intimer Gespräche. Das Laufen fiel ihr noch schwer, und deshalb setzten wir uns aufs Sofa, sahen uns Dokus des Senders *National Geographic* über Tiere, Wissenschaft, Natur und Außerirdische an und lachten natürlich auch über viele Comedyserien, bis sie einen zweiten Schlaganfall erlitt. In diesen letzten Monaten ihres Lebens bekam sie Panikanfälle, wenn sie sich hinlegte. Das Einzige, was sie dann zum Lachen brachte, war, wenn ich einen Frosch imitierte. Dafür hockte ich mich vor ihr auf einen Schemel, machte Glubschaugen und blies die Backen auf. Sie meinte: „Mimi, so sieht doch kein Frosch aus!“ Dann gab sie ihre eigene witzige Frosch-Imitation zum Besten, bei der ich mich vor Lachen bog. Ich streckte die Zunge heraus und tat so, als würde ich Fliegen fangen. Woraufhin *sie* in Gelächter ausbrach. Das ist es, an was ich mich erinnere – an unser schallendes Gelächter, als wir uns wieder einmal aus Spaß in Tiere verwandelten. Die Tiger hatten ihr den rettenden Anker hingeworfen, aber die Frösche brachten sie zum Lachen. Wenn ich meine Frosch-Imitationen ausgeschöpft hatte, tanzte ich ums Sofa herum, auf dem sie den ganzen Tag über saß und sich langweilte, weil sie kaum stehen oder gehen konnte. Dabei tat ich so, als wäre ich ein exotischer Fisch. Ich schlug mit den Flossen, sauste durchs Wasser und klappte den Mund so langsam wie ein Karpfen auf und zu. Ich glaube, der Frosch gefiel ihr besser.

Als sie den zweiten Schlaganfall hatte, war ich noch in Amerika und stand kurz vor meiner jährlichen Europareise. Meine Mutter und Rues beste Freundin Sue Vacarro waren nach New York geflogen. Zum Glück hatte meine Mutter eine Patientenvollmacht, doch dafür musste sie – gemeinsam mit Rues Sohn – entscheiden, wann feststand, dass sich Rue von dem Schlaganfall nie mehr erholen würde. Wir drei Frauen – meine Mutter, Sue und ich – hielten uns an den Händen, die wir über Rues Körper hielten. Wir weinten, beteten und nahmen von ihr Abschied. Ich rief die Erzengel herbei und entließ ihren Geist in das Licht und die Arme ihres Herrn Jesus Christus. Ob er mich wohl gehört hat? Ob *sie* mich wohl gehört hat? Ich glaube, sie beide haben mich gehört.

Bis zum heutigen Tag – selbst auf meinen jährlichen Afrika-Safaris – begleiten mich Froschwitze, Stofffrösche und sogar lebendige Frösche auf all meinen Wegen. Sie überraschen mich, bringen mich zum Lachen und erinnern mich daran, dass meine Lieblingstante mir von oben aus zusieht und meine Bemühungen, Kinder zu unterrichten und bedrohte Arten zu retten, begleitet. Eines Morgens sprang tatsächlich ein Laubfrosch aus meinem Koffer, als ich mich im Dunkeln vor Tagesanbruch für meine Safari anziehen wollte.

„Rue, bist du das?“, fragte ich in die Dunkelheit. Rue war Tierfreundin, Tierschützerin und ein Riesenfan von witzigen Storys gewesen. Ich spüre, dass sie hinter meiner linken Schulter steht und mich anfeuert, während ich dieses Buch schreibe. Und das frechste Golden Girl, die Tigerin, steht in diesem Moment vielleicht sogar hinter Ihnen, während Sie es lesen.

Rue hat mir bewiesen, dass Tigermedizin wirkt, und es war Tigermedizin, die sie gerettet hat. Doch das ist die wahre Tigermedizin, bei der wir uns mit dem grenzenlosen Geist der Tiere verbinden und uns von ihrer Kraft heilen lassen. Wir müssen sie nicht umbringen und zerlegen, aus ihnen kleine Pillen machen, die wir schlucken können. Und die Vorstellung, dass Leute da draußen Tiger abschlachten und essen, und dass man nichts dagegen tun kann, ist eine Vorstellung, die keiner von uns länger schlucken sollte.

Tiger essen? Genau. Sie werden aufgegessen. In den nächsten zwei bis fünf Jahren werden Tiger aussterben, wenn wir nicht rasch handeln. Und warum? Weil manche Chinesen sie aufessen. In der herkömmlichen chinesischen Medizin gilt „Tigermedizin“ als das wirksamste Heilmittel für alle möglichen Krankheiten, und manche chinesischen „Ärzte“ haben jedem Teilchen des göttlichen Meisterwerks eine medizinische Heilwirkung zugeordnet – von ihren Knochen über die Barthaare bis hin zum Schwanz. Jedes Gramm des Tigers, selbst seine inneren Organe, gilt als medizinisch wertvoll. Wenn Sie im Internet recherchieren, werden Sie auf viele grauenhafte Bilder von halbierten Tigern oder Haufen von Gliedmaßen dieser Tiere stoßen. Bereiten Sie sich auf Horrorbilder vor. Die Aufnahmen haben mich so schockiert und entsetzt, dass ich sofort in wütende Tränen ausbrach. Es gibt auch viele Bilder von lebendigen Tigern, die gequält werden.

Allein die Vorstellung, dass diese Tiger ausgerottet und zerlegt werden, um gegessen zu werden, ist so grotesk, dass es unbegreiflich ist, wie das in unserer „zivilisierten“ Welt geschehen kann. Wie können wir als Erdbewohner so etwas zulassen! Wenn Sie Katzen lieben, werden Sie zuerst verzweifelt sein und dann – hoffentlich – wütend werden. Wenn es einen „Teufel“ gibt, dann ist er eifrig am Werk, aber wir dürfen ihn nicht länger unsere Welt beherrschen lassen, und wir haben das letzte Wort darüber, wie wir mit den Tieren auf unserem Planeten umgehen. Zuerst habe ich Ihnen die lustige Geschichte über meine Art von „Tigermedizin“ erzählt. Leider müssen wir uns nun mit dem realen Thema befassen. Stellen Sie eine Schachtel Papiertaschentücher bereit.

TIGER: DIE FAKTEN

Tiger lassen sich wegen ihres Umherwanderns und ihres scheuen Wesens nur sehr schwer zählen. Ich nahm Kontakt mit TRAFFIC in London auf, und Dr. Richard Thomas, der die globale Kommunikation koordiniert, war so freundlich, mir bei der Recherche der neuesten Fakten zu helfen. Er verwies mich an CITES, dieselbe Organisation, die mich aufgefordert hatte, nach meiner Rückkehr von dem Fiasko in Thailand die Werbung für den Tigertempel von meiner Webseite zu löschen. Ich hoffe, ihnen jetzt wenigstens ein bisschen helfen zu können, nachdem ich es damals nicht konnte.

Verlust des Lebensraums

Die Tiger, die einst in Asien, von der Türkei bis in den Osten Russlands beheimatet waren, sind im letzten Jahrhundert aus Südwest- und Zentralasien, aus Java und Bali in Indonesien und aus großen Teilen des Südostens und Ostens von Asien verschwunden. Tiger haben 93 Prozent ihres historischen Lebensraums und über 40 Prozent ihres Lebensraums in jüngerer Vergangenheit verloren.

Wilderei

Anfang der 1990er wurde der Handel mit Tigerteilen weltweit verboten, doch Tiger sind aufgrund des illegalen Wildtierhandels – der Wilderei – noch immer stark gefährdet. Sie werden hauptsächlich wegen ihrer Knochen gejagt, die in traditionellen asiatischen Medizinen verwendet werden, und wegen ihres Fells und sonstiger Körperteile, wie z. B. ihrer Zähne, Haut und Krallen, die als Schmuckwerk verkauft werden.

Auch werden viele Tiger aufgrund von Konflikten zwischen Mensch und Tier getötet – wenn die Menschen ihr eigenes Leben und das ihres Viehs schützen wollen. Eine Untersuchung, die TRAFFIC vor kurzem durchführte, brachte Körperteile von geschätzten dreiundzwanzig Tigern zum Verkauf in Sumatra zutage, wo der Bestand an Tigern auf die kritische Zahl von unter fünfhundert Tieren geschätzt wird – die letzten Tiger, die es in Indonesien noch gibt. In China sind mehrere Betriebe mit der intensiven Zucht von Tigern beschäftigt. Die Betreiber dieser Tigerfarmen üben Druck auf die Regierung aus, um die Erlaubnis zur Herstellung von Tigerprodukten zu erhalten. Auf der vierzehnten Konferenz der Parteien, die CITES angehören, forderten die Delegierten das Aus der Tigerzucht.

Von TRAFFIC durchgeführte Marktumfragen haben ergeben, dass sich die medizinische Ausbeutung von Tigerknochen verringert hat, seit China 1993 den Verkauf von Tigerknochen verboten hat. Die Aufhebung des Verbots würde jedoch einem Desaster für wilde Tiger gleichkommen. Sie würde die Nachfrage nach Tigerkörperteilen ankurbeln, die durch Wilderei viel billiger als durch die Zucht gefangener Tiere wären. Die Anzahl gefangener Tiger in China beträgt um die fünftausend Tiere; eine ähnliche Zahl findet sich auch in den Vereinigten Staaten.

Tiger werden im Anhang 1 von CITES, das sämtlichen internationalen Handel verbietet, aufgelistet, und auch alle Länder, in denen wilde Tiger beheimatet sind, sowie Länder mit Abnehmermärkten haben den Binnenhandel verboten. In einigen Ländern ist die Gesetzgebung jedoch schwach oder gar nicht vorhanden. In den Vereinigten Staaten beispielsweise stellte der Bericht über den Wildtierhandel in Nordamerika (TRAFFIC North America) für das Jahr 2008 mit dem Titel *Papiertiger? Die Rolle, die die in den USA gefangenen Tiger beim Handel von Tigerteilen einnimmt* fest, dass die Regierung keine Möglichkeit hat, herauszufinden, wie viele Tiger sich in Gefangenschaft befinden, wo sie von wem gehalten werden und was nach ihrem Tod mit ihren Körperteilen geschieht.

VORSICHT, TIGERSCHMUGGLER!

Ein Artikel mit dem Titel „CITES macht den Tigerschmugglern die Hölle heiß“, der am 14. März 2013 auf www.traffic.org veröffentlicht wurde, meldete Folgendes:

Eine neue internationale Gesetzesinitiative, die die Jagd auf und den illegalen Handel mit Tigern beenden soll, wurde heute von den Mitgliedsstaaten der Convention on International Trade in Endangered Species of Wild Fauna and Flora (CITES) in Bangkok unterzeichnet.

Es wurde vereinbart, Informationen über Vorfälle der Wilderei und des verbotenen Handels mit allen Arten asiatischer Wildkatzen seit

2010 zu sammeln und diese Informationen zur Weitergabe an zuständige Strafbehörden und betroffene Staaten zu analysieren.
Die Mitglieder von CITES haben zudem vereinbart, die Bemühungen, den illegalen Handel mit Tigern zu beenden, zu überwachen. …

Letzte Woche veröffentlichte TRAFFIC in Zusammenarbeit mit WWF [World Wildlife Fund] *Reduced to Skin and Bones Revisited*, einen Bericht, der in 12 der 12 betroffenen Staaten beschlagnahmte Tigerteile analysiert. Der Bericht enthüllt, dass zwischen 2000 und 2012 654 Beschlagnahmungen von Tigerteilen in den betroffenen Staaten stattfanden, was 1.425 Tieren entspricht – durchschnittlich 110 getötete Tiger pro Jahr. Der Bericht zeigt auf, wie detaillierte Informationen über Beschlagnahmungen dazu beitragen können, „Brennpunkte" des Handels aufzudecken, was die Bemühungen der Behörden offensichtlich erleichtert.
„Auch wenn einige Länder von der Kürze der Diskussionen über die asiatischen Wildkatzen während der Tagung frustriert waren, wurden dennoch mehrere wichtige Maßnahmen vereinbart, wie der verbotene Handel mit Tigern im Untergrund gestoppt werden kann", sagte Natalia Pervushina, die für das TRAFFIC-Programm gegen den Tigerhandel zuständig ist.

Lassen Sie mich ein paar der Fakten zusammenfassen: Ursprünglich gab es neun Unterarten von Tigern auf der Grundlage von eindeutigen Molekularzeichen. Drei Unterarten wurden so lange gejagt und verzehrt, bis sie ausstarben.

Das ist Tatsache. Sie werden nicht etwa bald aussterben, wenn wir nichts unternehmen. Sie sind schon ausgestorben. Der balinesische Tiger, der javanische Tiger, der kaspische Tiger und höchstwahrscheinlich auch der chinesische Tiger haben offiziell den Planeten Erde verlassen. Sie sind für immer verschwunden. Wir haben sie im Stich gelassen.

Tiger werden durch extremes Überzüchten in Gefangenschaft vermehrt, um dann auf brutale Weise geschlachtet und zu „Tigerwein" verarbeitet zu werden. Auch wenn die rund fünftausend Tiger in den Vereinigten Staaten in engen Käfigen vor sich hinvegetieren, werden sie nicht geschlachtet und gegessen. Die rund fünftausend Tiger, die in China gezüchtet werden, sind dagegen in großer Gefahr. Ich brauche Ihnen nicht zu sagen, dass ich beim Schreiben dieser Zeilen Tränen in den Augen habe. Und wenn Sie Tiger lieben, treiben Ihnen diese Zeilen wahrscheinlich auch die Tränen in die Augen. Aber trotzdem bitte ich Sie dringend, weiterzulesen. Halten Sie meine Hand. Lassen Sie es uns gemeinsam tun.

Die Tiger Sumatras, Bengalens, Indochinas, Amurs und Malaysias werden den drei ausgestorbenen Unterarten schon bald folgen, wenn wir keine drastischen Maßnahmen zu ihrem Schutz ergreifen. Wir dürfen sie nicht im Stich lassen. Wir müssen wieder ein Maß an Unantastbarkeit und gesundem Menschenverstand in unserem Leben und unserer Welt zurückgewinnen. Kommen Sie mit. Ich schaffe es nicht alleine. Ich brauche Ihre Hilfe. Holen Sie tief Luft und lesen Sie weiter.

Der folgende Ausschnitt stammt von der Seite „Panthera tigris" der von IUCN herausgegebenen Roten Liste gefährdeter Arten:

> Gemäß Kriterium A2abcd wird der Tiger als gefährdete Tierart gelistet. Eine vor kurzem erstellte Schätzung der Vermehrung ergab im Vergleich zu einer Schätzung aus dem Jahr 2006 einen Rückgang von über 50 %. … Im Jahr 1998 wurde der weltweite Bestand an Tigern auf 5.000 bis 7.000 Tiere geschätzt (Seidensticker et al., 1999). Der Vergleich mit dieser Schätzung aus den 1990er Jahren weist einen Rückgang von ca. 50 % auf (die obere Grenze von 7.000 als Anzahl der ausgewachsenen Tiger im Jahr 1993 ging bis 2014 auf ca. 3.500 zurück). ... Es besteht ein deutlicher Rückgang, wobei die Tiger aus einem Großteil ihrer Waldgebiete – vor allem im Südosten Asiens – fast vollständig eliminiert wurden ...

Es wird seit langem davon ausgegangen, dass Tigerknochen eine entzündungshemmende Wirkung hätten, was von medizinischen Untersuchungen in China in gewisser Hinsicht bestätigt wurde, doch viele Fachleute halten die Wirkung für eher psychologisch als pharmazeutisch (Nowell und Xu, 2007). Obwohl sämtliche Länder die Verwendung und Verarbeitung von Tigerknochen verboten haben, besteht die illegale Produktion in mehreren asiatischen Ländern, vor allem in China, Malaysia und Vietnam, weiter (Nowell, 2007). In China existieren mehrere Betriebe, die eine intensive Tigerzucht mit einer Anzahl von über 6.000 Tieren in Gefangenschaft betreiben. Diese Betriebe üben Druck auf die Regierung aus, um die Erlaubnis zu erhalten, Tigerprodukte herzustellen, und einige von ihnen stellen längst den verbotenen Tigerknochenwein her. ... Die Tigerzucht hält weiterhin an und droht, die Nachfrage der Konsumenten wieder anzukurbeln (Nowell und Xu, 2007). 2008 fasste CITES den Beschluss, dass „Tiger nicht für den Zweck, mit ihren Körperteilen und Produkten aus diesen zu handeln, gezüchtet werden sollten“ (CITES 2008). ... Verbote verdeutlichen nur einen Bruchteil des wahren Ausmaßes des illegalen Handels und zeigen, dass Tiger durch die Nachfrage auf dem Schwarzmarkt stark gefährdet sind.

TRETEN SIE DURCH DAS TOR ZU DEN STERNEN

Haben wir Menschen so große Angst vor den gefährlichsten Raubkatzen der Welt, die zugleich die herrlichsten und bewundernswertesten Geschöpfe sind, dass ihre Gegenwart alle Ängste und Unsicherheiten der Menschheit zum Vorschein bringt? Werden wir die gesamte Spezies ausrotten, weil wir sie so geringschätzen? Auf einer tiefen Ebene weiß der Mensch, dass Tiger mächtig sind und dass die „Tigermedizin“ eine Rolle im menschlichen Bewusstsein spielen sollte. Doch mir gefällt meine eigene Tigermedizin besser – es ist eine, die diese verspielten Kreaturen, die das Recht auf Gesundheit,

Glück und Freiheit haben, ehrt und schützt. Und ich bin sicher, meine Tante Rue wäre ganz meiner Meinung.

Die Herausforderung für uns Menschen bleibt, den Tigern zu helfen, immun gegen menschliche Tyrannei, Dummheit und Zerstörungswahn zu werden. Ich hatte so viele Fragen, auf die ich Antworten brauchte, dass ich mir Tag und Nacht den Kopf darüber zerbrach.

Um den richtigen Partner für eine Befragung zu finden, flog ich nach Johannesburg. Ich ging heute Vormittag von meiner Frühstückspension in den Zoo von Johannesburg, um herauszufinden, ob die Tiger dort mir sagen konnten, was sie den Menschen mitteilen wollen. Zu meiner Enttäuschung fand ich keine der Wildkatzen im Gehege vor. Doch dann sah ich, wie ein Tiger durch eine Tür in einen hölzernen Käfig verschwand. Zum Glück befindet sich im Untergrund ein Raum, von dem aus man die Tiger beobachten kann. Dort setzte ich mich hin und wartete geduldig, bis die Tigerin sich mir zeigte. Als sie endlich auftauchte, freute ich mich riesig.

Ich muss zugeben, dass ich meine Gedanken auf dem langen Fußmarsch zum Zoo schon vorausgeschickt hatte. Und dass schon beim Betreten des Zoos eine bizarre Änderung in meiner Wahrnehmung stattfand.

In meiner Wohltätigkeitsorganisation Ark Angel arbeite ich mit afrikanischen Kindern vor Ort zusammen. Dazu besuche ich Schulen in den ländlichen Gegenden Afrikas und spreche mit den Kindern über Wildtiere und ihre Gefühle, damit die Kinder nicht zu Wilderern heranwachsen. Der illegale chinesische Tigerhandel zu „medizinischen Zwecken“ ist so grauenhaft außer Kontrolle geraten, dass heutzutage sogar Löwen – meist in Gefangenschaft gezüchtete und mit der Flasche aufgezogene Tiere, die friedlich sind – hier in Afrika getötet werden und ihre Knochen als Tigerknochen verhökert werden. Wenn die Kinder über die Gedanken, Gefühle, Beziehungen und Rechte von Löwen und Elefanten aufgeklärt werden, wird dadurch ihr Bewusstsein des ansteigenden illegalen Handels mit Wildtieren indirekt geschärft. Ich liebe diese Arbeit an den Schulen mehr als alles andere, und das Zusammensein mit diesen verarmten Kindern erfüllt mich auf eine Weise, die sich mit Worten nicht erklären lässt. Sie steht gleich hinter dem Glücksgefühl, das mich überkommt, wenn ich mit den Wildtieren selbst allein bin.

Diese aufgeweckten Kinder mit ihren strahlenden Augen haben einen besonderen Platz in meinem Herzen. Doch als ich den Zoo betrat und von einer Horde kreischender kleiner Afrikaner in Schuluniform begrüßt wurde, hatte ich ein mir bisher völlig fremdes Gefühl. Mir wurde klar, dass ich sie aus einer mir fremden Perspektive heraus ansah – so als wären sie total unausstehlich. In diesem Moment sah ich zwei Löwen, die versuchten, im Freien zu schlafen. Sie waren von drei Gruppen Schulkindern umzingelt, die mit ohrenbetäubendem, schrillem Lärm im Zoo umherwuselten. Da wurde mir bewusst, dass ich die normale menschliche Realität hinter mir gelassen hatte und schon die Sichtweise der großen Katzen angenommen hatte.

Ich bin eine starke Befürworterin des Johannesburger Zoos und habe sogar Carte Blanche, Afrikas kritischsten Nachrichtensender, in diesen Zoo geholt, als der Sender eine Doku über meine Arbeit machte. Für die Reportage nahm ich ein paar afrikanische Kinder mit auf meine telepathische Tour durch den Zoo, damit Carte Blanche die Kinder dabei filmen konnte, wie sie lernten, mit den Tieren zu „sprechen“. Während der Dreharbeiten sprach ich nicht mit den Tigern und war ihnen auch noch nicht begegnet.

Während des Drehs sprach ich mit einer Orang-Utan-Dame, der ihr neuer Partner nicht gefiel, über ihre Probleme und tröstete einen alternden Eisbär, der seine große Liebe verloren hatte. Noch tragischer war das posttraumatische Stresssyndrom eines verwaisten Rhinozeros-Babys, das immer noch offene Schusswunden in der Brust hatte. Es hatte mitansehen müssen, wie seine ganze Familie und Gemeinschaft von chinesischen Wilderern getötet worden war, bevor der Johannesburger Zoo es per Hubschrauber in Sicherheit brachte. Ich versuchte mit all meiner Macht, ihm Gefühle der Ruhe, des Friedens und der Sicherheit zu vermitteln, obwohl es nach dem Massaker in der Hölle noch schwer traumatisiert war.

Unbeschwerter war die erstaunliche Tierkommunikation der Kinder mit einer verwaisten jungen Giraffe. Die kleine Giraffe schmiegte sich an ein Muttertier, doch auch wenn es nach allen Regeln der Logik so aussah, als wäre die erwachsene Giraffe seine leibliche Mutter, war meine Truppe kleiner Fachleute der Meinung, dass die Giraffendame nicht die Mutter, sondern die Tante des Kleinen war! Als ich die Kinder fragte, wo seine Mutter sei, sagte eines von ihnen: „Die läuft frei im Dschungel herum." Ein anderes Kind meinte: „Sie ist tot." Was für eine vollkommene Beschreibung des Giraffenhimmels ist „frei im Dschungel"! Wie der Pfleger uns bestätigte, war die erwachsene Giraffe tatsächlich die Tante des Babys und nicht seine Mutter, die vor kurzem gestorben war. Die Kinder hatten diese Information nicht zuvor erhalten. Sie hatten sich auf das Giraffenbaby eingestellt und die Visionen und Gefühle des Tiers durch ihre eigenen angeborenen Antennen empfangen – eine Intuition, die noch nicht durch Scham, dem Gefühl der Lächerlichkeit und der „Vernunft" der Erwachsenen eingedämmt war.

Daher kannte ich zwar schon die Giraffen, das Rhinozeros, die Löwen und die Orang-Utan-Affen in diesem Zoo, doch ich wusste nicht, wie viele Tiger hier lebten, da ich noch nie mit ihnen gearbeitet hatte.

Mein letzter Besuch in diesem Zoo lag schon ein paar Jahre zurück. Daher fühlte ich mich geehrt, als die Tigerin sich zu einem Treffen mit mir bereiterklärte. Als ich sie fragte, ob sie einen Partner habe, erzählte sie mir, sie habe einen großen Mann, der in seinem Versteck schlafe. Ich saß eine geschlagene Stunde vor der Glasscheibe, doch ich bekam ihn nicht zu Gesicht. Sie kam immer wieder in das Gehege hinter der Scheibe und verschwand dann wieder, wenn hinter mir Besucher mit schreienden Kleinkindern auftauchten. Ich ließ die Kinder und sogar die lauten Erwachsenen verstummen, indem ich mir den Finger auf den Mund legte und sagte: „Psst! Wir müssen still sein! Wenn ihr laut schreit, rennen sie weg." Es funktionierte erstaunlich gut. Die Kinder waren still, und die Erwachsenen schubsten sich wortlos gegenseitig aus dem Weg, um den Tiger mit dem Handy zu fotografieren.

Irgendwann verschwand die Menschenmenge, und wie in einem Traum war ich fast eine Stunde lang allein mit ihr, ohne Störungen, so still und friedlich, als wäre der Zoo geschlossen und ich der einzige Mensch in diesem Tigerhaus. Ich fragte die Tigerin, was ich Ihnen in diesem Buch von ihr mitteilen sollte. Sie antwortete jedoch nicht. Stattdessen tigerte sie nur aus ihrer Betonzelle heraus und hinein, immer wieder, so als hätte sie den Verstand verloren. Schließlich sang ich ihr ein Liebeslied vor. Sie blieb stehen und urinierte an die Glaswand. Das Geräusch, das Tiger machen, wenn sie glücklich sind und wenn sie einen anderen geliebten Tiger (oder Menschen) begrüßen, ist ein Zwischenton zwischen Brüllen und Schnurren. Ich grüßte sie auf diese Weise. Sie grüßte zurück.

Auf diese Weise entstand eine Art Beziehung zwischen uns, die sich jedoch auf einer so feinen Energieebene abspielte, dass sie wortlos blieb. Ich fragte immer wieder: „Was soll ich schreiben?“ Ich flehte sie an, mir zu sagen, was sie den Menschen mitteilen wollte, doch wir begegneten uns in einer Dimension, in der Worte nicht existieren, vielleicht, weil sie auf dieser Ebene überflüssig sind. Das Gefühl der Liebe geht so tief, dass es über das Bedürfnis, irgendetwas zu benennen oder zu beschreiben, hinausgeht. Schließlich kletterte sie auf einen Tisch hinter der Glasscheibe, legte sich hin und leckte sich genüsslich die Pfoten. Ich sang leise: „Ich weiß, Baby, ich weiß … ich weiß, wie sehr ich dich lieben könnte …“ Sie bedachte mich mit entzückenden Blicken und klimperte mit den Wimpern. Dann verdrehte sie den Kopf. Es passierte zwar etwas zwischen uns, aber sie gab mir keine Antworten auf meine Fragen. Niedergeschlagen wollte ich gehen. Ich verabschiedete mich von ihr und drehte dem Gehege den Rücken zu, um wieder den Hügel hinaufzugehen. Doch irgendwas ließ mich innehalten. Ich blieb bei einem Geländer stehen und schaute zum Gehege zurück. Dort war nur wenige Meter vor mir eine zweite Tigerin aufgetaucht, die mich intensiv ansah. Ich fing an, ihr das Liebeslied vorzusingen. „Ich weiß, Baby, ich weiß … ich weiß, wie sehr ich dich lieben könnte …“ Dann sagte ich ihr, dass ich unbedingt dieses Buch schreiben müsste und nicht wüsste, wie ich die ganze Tragödie auf informative Weise – geschweige denn in einem positiven Licht – herüberbringen sollte. Ich fragte sie, ob sie die Notlage ihrer Artgenossen kennen würde und ob sie wüsste, dass Tiger auf der Erde schon fast ausgerottet seien.

„Klar weiß ich das, Amelia“, sagte sie. Ich staunte darüber, dass sie meinen Namen kannte. „Aber sie können uns nicht töten.“

„Was meinst du damit? Genau das tun sie doch!!“

„Sie können zwar unseren Körper töten, aber nicht unsere Seele. Wir können zwar den Planeten verlassen, so dass kein Tigerkörper mehr auf der Erde lebt. Aber Tiger wird es immer geben. Tiger kann man nicht zerstören. Wir sind überall. Die Tigerseele ist unzerstörbar.“

Mir kam eine Offenbarung, die sich nur schwer beschreiben lässt, und es ist ziemlich unverfroren von mir, sie gleich im ersten Kapitel dieses Buches zu präsentieren. Doch sie erinnerte mich an meine letzte Unterhaltung dieser Größenordnung mit einem anderen König des Dschungels – und damit meine ich nicht etwa John Varty, den berühmten und kontroversen Wildkatzenschützer, den ich den Großteil meines Lebens über Fernsehberichte verfolgt habe. Nein, ich meine einen seiner Tiger.

Letztes Jahr hatte ich einen Tiger namens Corbett kennengelernt, der John zerfetzt hatte und fast getötet hätte. Auf Johns Bitte hin, Corbett zu „lesen“, nachdem der Tiger ihn auf die Intensivstation gebracht hatte, wo er beinahe gestorben wäre, flog ich nach Tiger Canyons, John Vartys Tigerschutzgebiet in Afrikas Free State. John schickte mir von der Intensivstation aus eine E-Mail, in der er mich bat, mit Corbett zu sprechen, obwohl John und ich noch nie miteinander telefoniert oder uns persönlich kennengelernt hatten. Damals schwebte Corbett in Lebensgefahr, weil John den Rest der Welt fragte – sie geradezu herausforderte –, ob er Corbett nach dem Angriff einschläfern lassen sollte oder nicht. Ich flehte John an, Corbett am Leben zu lassen, und klinkte mich bei Corbett ein, um seine Sichtweise der Geschichte zu erfahren.

Was geschah, als ich Corbett begegnete, war etwas so Verzauberndes, dass ich es noch nicht einmal John erzählen konnte. Nach einem weltweiten Aufschrei zugunsten des Tigers beschloss John, Corbett am Leben zu lassen. Daher flog ich in die Tiger Canyons, um von Angesicht zu pelzigem Angesicht mit Corbett zu sprechen.

Wie Corbett mir sagte, habe er John deswegen angegriffen, weil dieser es verdient habe. Diese Aussage zweifle ich keine Sekunde an. Da ich etwas Zeit mit John verbracht hatte, wusste ich, was der Tiger meinte. John ist die Art von Mensch, die man am liebsten hassen würde, aber trotzdem mag. Das war mir nichts Neues, doch was Corbett mir sonst noch mitteilte, waren mystische, metaphysische Weisheiten, die so neu waren, dass sie meine Sichtweise über Tiger und alle irdische Realität für immer veränderten.

Hoch oben auf dem Berg, der in den feuerroten Sonnenuntergang Afrikas eingetaucht war, erblickte ich den wilden, wütenden Tiger, der als gefährlich und unberechenbar galt. Er ist dominant und sehr groß. Daher wirkte sein sphinxartiges Profil auf einem hohen Felsen in der Ferne so majestätisch, dass mir vor Ehrfurcht fast das Herz stehenblieb. Ich bat ihn, zu mir herunterzukommen, und er kam.

Wenn ein wilder Tiger sich mir nähert, um mit mir zu sprechen, ist das Gefühl für mich irgendwo zwischen einem Orgasmus und einem Gebet. Ich spüre eine innere Symphonie der Freude, die in mir aufsteigt und jede Zelle meines Körpers durchdringt. Es ist, als würde jedes Teilchen meines Körpers anfangen zu singen. Als der Tiger sich von seinem Thron oben auf dem Felsen heruntergeschlichen hatte, sagte ich zu ihm: „Ich liebe dich. Ich liebe alles an dir, deine Wildheit, deine Sanftheit, deine Fähigkeit, dich durch den Zaun hindurch sanft an meiner Wange zu reiben.“

Oh Mann, wie auch er sich danach sehnte, seine Wange an meiner zu reiben! Hat er versucht, mich zu töten? Nein. Aber ich brachte ihm etwas entgegen, was er von niemandem sonst bekam: Respekt.

Ich verehrte den Gott in ihm, den heiligen Geist, der durch ihn hindurch strahlt, seine Fähigkeit, sein Bedürfnis und sein Recht, ein Individuum mit Gefühlen zu sein, das auch Wut empfindet, das Temperament hat, genauso wie sein menschlicher Vater … doch das ist eine andere Geschichte.

Ich sagte zu diesem gefährlichen Tiger: „Ich liebe dich. Ich verehre dich. Ich verstehe dich. Ich finde dich toll. Ich finde alles an dir toll. Ich bleibe an deiner Seite, ganz egal, was die Menschen denken. John wird dich nicht töten. Dazu müsste er zuerst *mich* töten. Ist mit dir alles in Ordnung?“

Aus seinem *Grrrr* wurde eine zärtliche Tigerbegrüßung. Das Ungeheuer verschwand, und an seine Stelle trat ein dreihundert Kilo schweres schnurrendes, lächelndes, unwiderstehlich warmes und verschmustes Wesen mit kürbisgelben Streifen. Plötzlich geriet ich in einen anderen Bewusstseinszustand, und in dieser Trance bewegten wir uns. Die Welt um mich herum verschwand und alles, was ich jemals gekannt hatte, fiel in sich zusammen. Ich befand mich in einem Wurmloch. In einer Welt des sich drehenden Klangs, der blendenden Farben, in der Liebe mich auf eine Reise schickte, auf der Zeit und Raum explodierten.

Die Tatsache, dass dieser scheue Tiger – der auf die Menschheit wütend war – von seinem Rückzugsort hoch oben auf der Bergkuppe heruntergerannt kam, als ich ihn rief, und der mir nun zu Füßen lag, war schon verzaubert genug, doch als ich ihn nun betrachtete, wurde mir so schwindlig, dass mir die Knie weich wurden. Er schien mich auf eine nie gekannte Weise in sich hineinziehen zu können, und ich befürchtete, dass mein Körper ganz verschwinden würde, wenn ich der Versuchung nachgab. Ich versuchte, das Gleichgewicht zu behalten und mich aus diesem interdimensionalen Strudel herauszuziehen.

Wir unterhielten uns über alltägliche Dinge und dass er sich ein größeres Gehege wünschte und sich nach einer Gefährtin sehnte. Als ich John diese Bitte vortrug, befürchtete er, dass dieser Tiger – seine gefährlichste und unvorhersehbarste Wildkatze – eine Artgenossin zerreißen würde. Corbett versprach mir jedoch, einer Partnerin kein Haar zu krümmen.

Ich konnte mich für Corbetts Leben und seine Würde einsetzen und seine Bedürfnisse John übermitteln, was ehrlich gesagt das größte Wunder war – nicht meine Übersetzung von Corbetts Wünschen, sondern die Tatsache, dass John darauf hörte. Mein Besuch wurde später im selben Jahr davon gekrönt, dass John Corbett eine Freundin und ein größeres Gehege verschaffte. Während ich dies niederschreibe, ist Corbett ein überaus glücklicher Tiger.

Diese Meister der Illusion sind die Zaubergeister des Universums, wie ich noch herausfinden würde. Während ich vor der Tigerin stand und wie in Trance dieses Gespräch aus einer anderen Welt mit ihr führte, mich in einem Strudel aus unbeschreiblicher Liebe drehte und mich in einer Matrix aus gefrorenem Licht auflöste, zerstörte das schrille Geschrei einer Touristin plötzlich den heiligen Zauber.

„Wo ist denn jetzt der Tiger?!“, kreischte eine schreckliche weibliche Stimme.

„Ich seh keinen!“, polterte eine männliche Stimme.

„Aber ich will den Tiiiger sehen!“, beharrte die blecherne Gänsestimme.

Auch wenn ich direkt vor der Tigerin stand und ganz schön in die Breite gegangen war, da ich auf dieser Tour zu viel gegessen hatte, war ich mit Sicherheit nicht dick genug, um den Blick einer gaffenden Touristin, die über meine Schulter lehnte, auf die riesengroße sibirische Tigerin zu versperren. Daher schickte ich diesen Gedanken an die Wildkatze: „Kannst du die Leute verschwinden lassen?“

Und dann geschah das Wunder. Plötzlich flackerte ein orangerotes Feuer auf. Atemlos und in den Augen der anderen versunken, vertieften wir beide uns noch tiefer in unseren hypnotischen Tagtraum. Außerhalb von Zeit und Raum versanken wir in Liebe. Wir befanden uns für alle Ewigkeit an einem Ort, an dem nichts und niemand sonst existierte. Die Tigerin zog mich immer tiefer in diesen leeren Raum hinein. Die nervige Stimme plapperte immer weiter: „Wo sind denn jetzt die Tiger? Gibt's in diesem Gehege denn keine Tiger?"

Die Stimme tönte in meinem Ohr. Die Frau blickte direkt auf die Tigerin. Die Stimme des Mannes dröhnte in meinem anderen Ohr: „Ich seh auch keinen!" Er schaute über meine andere Schulter direkt auf die Wildkatze. Schließlich stellte er fest: „Die scheinen sich zu verstecken. Ich kann hier keine Tiger sehen."

Irgendwann schlurften die beiden wieder den Hügel hinter mir herunter. Die ganze Zeit über hatte ich der Tigerin vor mir in die Augen gesehen. Wir hatten uns in einer Zeitfalte verloren. Ich spürte, wie sich etwas ganz leicht veränderte, und holte tief Luft. Wir waren wieder da.

„Wir sind die ultimative Realität", sagte sie.

„Was ist die Realität? Meinst du das Wesen des Tigers? Seid ihr das stärkste Wesen im ewigen Kosmos?"

„Wir sind die Stärke an sich. Kein Mensch kann Stärke zerstören. Er kann nur versuchen, uns zu überwältigen. Aber wir existieren. Wir werden immer existieren."

„Hör zu! Ich versuche, ein Buch darüber zu schreiben, wie wir euch retten können, und muss gegen Wissenschaftler ankämpfen, die das hier alles für Quatsch halten! Was soll ich schreiben? Und alle meine Leser wollen euch retten, und ich weiß nicht, was ich ihnen sagen soll! Ich komme mir schon blöd genug vor, und jetzt lässt du mich auch noch wie einen Idioten aussehen? Ich kann ihnen doch nicht sagen, ihr würdet herumphilosophieren und interdimensionales Verstecken spielen! Ich möchte ein ernstzunehmendes Buch über Tierkommunikation schreiben und nicht die nächste Episode von Star Wars!"

„Du musst das große Ganze betrachten", sagte sie. Plötzlich hatte ich eine Vision, wie Jesus aus dem Grab aufsteigt. Die Menschen töteten zwar seinen Körper, doch niemand konnte seinen Geist töten. Das Bewusstsein Jesu lässt sich nicht töten. Und offensichtlich lässt sich das Bewusstsein der Tiger auch nicht zerstören.

„Das kann ich den Menschen, die euch lieben, doch nicht erzählen! Wir alle wissen, dass ihr bald aussterben werdet. Und die wenigen Tiger, die noch übrig sind, leben schon in Käfigen!“

„Wenn ich es dir erklären würde, würdest du es trotzdem nicht verstehen. Ich bin nicht die Einzige, die in einem Käfig steckt, Amelia.“ Sie zeigte mir eine Szene aus meinem Leben in Los Angeles, wie ich mich durch den Betondschungel kämpfte, mich im Käfig eines kleinen metallenen Autos durch die Straßen quälte, während alle Fahrer in ihre Burgen – ihre überteuerten Häuser – zurückfuhren, die sie vor anderen Menschen schützten und die die Wildtiere völlig ausschlossen.

„Die Menschen sitzen in Käfigen“, sagte sie. „Sie bauen sich und anderen gerne Käfige.“

Wieder kam mir die Vision von Smog, Stahl, Luftverschmutzung, abgeholzten Wäldern. Sie führte zu einer zweiten, virtuellen Realität, in der die Menschen in ihren Smartphones und Fernsehern leben, statt draußen im Freien zusammen mit den Tieren, die sie brauchen.

„Wir sterben nicht aus, aber ihr“, sagte sie.

Daraufhin hatte ich die Vision, in der die Menschheit, wie wir sie kennen, ausstirbt, während sich ein paar hart arbeitende Menschen in etwas Schöneres, Höherentwickeltes verwandelten. Nicht alle Menschen werden die Verwandlung von der Raupe in den Schmetterling schaffen, doch viele von ihnen sind schon dabei. Auf der anderen Seite sind Tiger eine absolute Wahrheit der Schöpfung. Sie sind schon in jeder Hinsicht vollkommen. Daher müssen sie sich spirituell nicht mehr weiterentwickeln. *Wir* sind die kleinen Raupen, die die Verwandlung anstreben, die zu Schmetterlingen werden müssen.

Über diese Mysterien wollte ich auf meinem langen Rückweg zur Frühstückspension nachdenken. Also dankte ich der Tigerin, sang ihr noch ein letztes Liebeslied und blinzelte ihr zum Abschied zu.

Doch als ich mich umdrehen wollte, sagte sie: „Geh auf die andere Seite des Geheges und schau durchs Fenster. Er wartet dort auf dich und will dir auf Wiedersehen sagen.“ Ich befolgte ihren Rat und ging den Hügel hinunter auf die andere Seite des Geheges. Bei seinem Anblick geriet ich vor Begeisterung ins Stolpern und wäre fast hingefallen. Am Fenster wartete ein riesiger sibirischer Tiger auf mich, der fast schon die Schnauze an die Glasscheibe drückte. Sein massiver Kopf füllte das ganze Fenster aus.

Dieser Tiger hatte eine ganz andere Persönlichkeit als die Tigerin, die mich fast bedrohlich angestarrt hatte. Er war ein unwiderstehliches, dreihundert Kilo schweres Geschöpf, und alles, was ich mir wünschte, war, zu ihm ins Gehege zu gehen, um ihn zu umarmen und seine karamellfarbene Riesenschnauze abzuknutschen. Sibirische Tiger sehen aus wie tibetanische Mönche, und manche von ihnen haben auch eine ganz ähnliche Persönlichkeit. Ich blinzelte dem prächtigen Tiger zu, und er blinzelte zurück. Dann erklärte ich, dass ich da war, um ihn kennenzulernen, weil ich an einem Kapitel über Tiger schrieb und seine Sicht des gefährdeten Status der Tiger hören wollte, da die Menschen schon fast alle Tiger auf der Erde ausgerottet haben und sie in wenigen Jahren ausgestorben sein werden.

„Ich weiß!“, sagte er. Ich bereitete mich auf ein weiteres Verschwinden wie von Zauberhand oder irgendeinen neuen übersinnlichen Akt vor. Doch er stand nur keuchend und grinsend da. Dann bedachte er mich mit dem schnurrenden Brüllen, das die Begrüßung nach Tigermanier ist. Was für ein Charmeur!

Ich hielt den Atem an. „Hast du eine Botschaft für die Menschheit?“, fragte ich verzweifelt.

„Ja, hab ich“, sagte er. Er drehte sich um und streckte mir sein enormes pelziges Hinterteil entgegen.

„Sag den Menschen, sie können mich mal!“

Das war die Botschaft des Königs des Dschungels! Und leider muss ich ihm voll und ganz zustimmen. Ich habe jedoch eine bessere Idee: Lassen Sie uns damit anfangen, die Kinder in China zu schulen, damit ihre Generation, die Generation ihrer Kinder und deren Kinder lernen, Tiger zu schätzen und eine gefährdete Tierart in all ihren prächtigen Formen zu schützen.

WOFÜR STEHEN TIGER?

Unabhängigkeit.

Welche Bedeutung hat das für Sie? Für mich bedeutet Unabhängigkeit geistige und gefühlsmäßige Unabhängigkeit, insbesondere in Herzensangelegenheiten. Wahre Unabhängigkeit zu erreichen bedeutet, dass ich nie mehr einen Weg einschlage, der meine Integrität kompromittiert, und dass ich niemals zulasse, dass mein Instinkt durch Korruption unterdrückt wird, so dass ich meine innere Stimme nicht mehr hören kann. Meine Lektion in Unabhängigkeit – als ich mich gegen meine Seele, meine eigenen „Leute" (die Tiger) stellte, um mich den Falschen anzupassen, war schmerzhaft. Erst durch die Fehler, die ich gemacht habe, kann ich heute versichern, nie mehr vom richtigen Weg und der Klarheit, die er bringt, abzukommen – selbst wenn ich ihn alleine gehen muss.

Im Tigertempel versuchten mehrere Lehrmeister, mir Unabhängigkeit nahezubringen, um mich aus meinem Käfig zu befreien. Wir können die Tiger nicht aus ihren Käfigen befreien, solange wir uns nicht aus unserem eigenen Käfig befreit haben. Können wir unabhängige Denker sein, ohne auf die Stimmen unserer Väter, Mütter, Partner oder Altersgenossen zu hören, die in unserem Kopf erschallen? Können wir lernen, stattdessen auf Gottes Stimme zu hören?

Was werde ich tun, wenn ich gezwungen werde, mich zwischen der Wahrheit und einem minderwertigen Glaubenssystem entscheiden zu müssen? Ich werde springen. Ich werde mich dazu entscheiden, Täuschungen zu durchschauen. Ich werde mich für den Glauben an mich selbst und an all das, was aus mir geworden ist, entscheiden. Ich werde mich für die Unabhängigkeit entscheiden.

Wie mir heute klar ist, ist der einzige Weg, Frieden mit der Welt um mich herum und in meinem Inneren zu schließen, indem ich aus meinem authentischen Selbst heraus brülle. Es ist ein rebellisches wahres Selbst, das sich gegen die Konventionen früherer Generationen widersetzen muss, selbst wenn es unbequem ist. In dieser spirituellen Unabhängigkeit schwören wir, beständig auf Kurs zu bleiben, egal wie verzweifelt die Situation auch sein mag. Diese Form von Unabhängigkeit – dieses Vertrauen in Gott – ist, wofür der starke Tiger steht. Meine Tante Rue hat das in ihrem letzten Lebensjahr bewiesen. Bei ihren Lektionen in Unabhängigkeit ging es um die Unabhängigkeit von der Lähmung, von der Statistik der Patienten, die vor ihr einen Schlaganfall erlitten hatten, und sogar von einem potenziellen Todesurteil. Sie entschied sich dafür, weder an die Prognose der Ärzte zu glauben noch sich davor zu fürchten. Sie entschied sich, stattdessen Gott, mir und den Tigern zu vertrauen. Für mich ist das wahre Unabhängigkeit.

2. Elefanten

Gute Schwingungen

Trockne deine Tränen, Afrika! Wir haben schon aus allen Quellen des Unglücks und der Herrlichkeit getrunken. Und unsere Sinne sind nun für die Pracht deiner Schönheit offen. Für den Duft deiner Wälder. Für den Zauber deiner Gewässer. Für die Klarheit deines Himmels. Für die Zärtlichkeit deiner Sonne.

— BERNARD BINLIN DADIE, *Dry Your Tears, Afrika*, 1967

Heute Vormittag sitze ich vor meinem Zelt im Süden von Luangwa. Im Hof befinden sich Nilpferde, und auf meinem Schreibtisch klettern Affen herum und klauen meinen Toast. (Was ich gehofft hatte!) In den vergangenen vier Tagen schrieb ich wie eine Besessene am Tigerkapitel und an Geschichten über die Frösche, die ich täglich an den unglaublichsten Orten entdeckt habe – sogar im Inneren meiner Klopapierrollen.

Gestern saß ich nach dem Frühstück am Fluss und fing an zu schreiben. Plötzlich bemerkte ich, dass die Sonne schon unterging, ich fror und voller Mückenstiche war. Das Personal sagte mir, ich hätte über acht Stunden lang ohne Pause geschrieben. Ich hatte ganz vergessen, zu essen und zu trinken. Das war mehr, als ein Autor sich wünschen könnte.

Doch nachdem ich mir gestern Abend zum Ziel gesetzt hatte, das Tigerkapitel heute fertigzustellen, machte ich einen Spaziergang und traf in einem Nachbarcamp auf meinen Lieblingselefanten, Prinzessin Naughty Tusk, und vier ihrer Verwandten. Ich sagte den fünf Elefanten, dass ich im Camp nebenan in Zelt Nummer fünf untergebracht war, und bat sie, sich morgen früh hier an meinem Zelt mit mir zu treffen. Es ist für sie ein ziemlich langer Marsch bis zu meinem Zelt, denn Nummer fünf liegt am anderen Ende des Camps.

Heute früh wachte ich von donnerndem Lärm auf. Die ganze Elefantenherde hatte sich um mein Zelt versammelt! Zwar verbietet die Campverwaltung es uns Touristen, den Elefanten nahezukommen, aber ich nahm meine Kaffeetasse trotzdem nach draußen, setzte mich hin und rief sie herbei. Alle fünf Elefanten kamen bis auf anderthalb Meter an mich heran. Es war einer der berauschendsten Momente in meinem Leben. Nun ist das Camp in Aufruhr, da alle Mitarbeiter darüber reden, dass die Elefanten sich heute früh um Zelt Nummer fünf versammelten und nicht weichen wollten. Sie brachten mir ein winziges Elefantenbaby mit und schoben es nach vorne, damit ich es mir ansehen könne. Die Kleine stand nur einen Meter von mir entfernt. Mir kamen vor Rührung die Tränen. Ich war noch nie einem afrikanischen Wildelefanten so nahe gekommen, und schon gar nicht einem Elefantenbaby. Ich dachte, mein Herz würde gleich vor Begeisterung bersten!

Sogar mich machte es ein wenig nervös, als die fünf Riesen mich besuchten, um mit mir zu reden. Doch ich bemühte mich, ruhig zu bleiben, und ich fragte sie, was sie mir mitteilen wollten. Prinzessin Naughty Tusk, die Mutter der Herde, sagte: „Beende das Tigerkapitel heute! Jetzt sind wir an der Reihe!" Sechs Tonnen pure Freude sollte man nicht warten lassen! Also lassen Sie uns am Anfang beginnen. Ich erzähle Ihnen jetzt, wie es zu meiner Leidenschaft für Dickhäuter kam.

Gib Gott eine Erdnuss

Ich war damals vier Jahre alt. Es muss im Winter gewesen sein, weil ich mich noch daran erinnern kann, dass ich meinen Atem sehen konnte, während ich mich erwartungsvoll keuchend auf die Zehenspitzen stellte und über den Zaun schaute. Das war im Zoo von New Jersey. Ich erinnere mich daran, wie sich von hinten Arme um meinen warmen Mantel legten und mich aufhoben – ob die meines Vaters, meiner Mutter oder Großmutter, weiß ich nicht mehr –, damit ich dem Elefanten die Erdnuss vor den Rüssel halten konnte. Es war Anfang der 1970er, lange bevor die „gefährlichen“ Elefanten in die Hochsicherheitsgehege von heute gesteckt wurden, die sie von Kindern fernhalten. Ich werde das Gefühl nie vergessen – mein spontanes Jauchzen, als die warme, feuchte Rüsselspitze sich mir entgegenstreckte und sich um meine zitternden Fingerchen wickelte, um behutsam die Erdnuss entgegenzunehmen. Ich ließ die Nuss in die weiche, muskulöse Öffnung fallen, so als würde ich eine Kugel in den Lauf eines Gewehrs aus Samt stecken.

Dieser Augenblick, in dem Zeit und Raum stehen blieben, war meine erste Erfahrung mit Staunen, Ehrfurcht und unbeschreiblichem Entzücken. Es war der Augenblick, in dem mein Leben anfing. Es war der Tag, an dem ich auserwählt wurde. Der Elefant suchte zwischen all den anderen klebrigen Kinderfingern in der Menge meine Hand aus. In diesem Moment wurde ich in die Arme Ganeshas katapultiert. In dieser Sekunde berührte ich das Gesicht Gottes.

Seitdem setze ich alles daran, noch einmal die Chance zu bekommen, Gott noch eine Erdnuss geben zu können. Und mein Lebenswerk ist der Versuch, diese wundervollen Tiere zu schützen, damit auch andere Vierjährige an der Pracht und Herrlichkeit der verzaubertsten wilden Geschöpfe Gottes teilhaben können. Helfen Sie mir, Visionen von einer Zukunft zu erschaffen, in der dieses zerbrechliche Glück erhalten werden kann?

Im Laufe der letzten zehn Jahre hatte ich immer wieder beim Einschlafen dieses Bild vor Augen: Elefanten marschieren an mir vorbei – nicht in einer lustigen Parade wie im Zirkus, sondern ernst, majestätisch und würdevoll. Sie wirbeln Staubwolken auf und verschwinden hinter dem Horizont. Ich kann ihnen nachschauen, während sie diese Welt verlassen. Sie sind gekommen, um Abschied zu nehmen. Warum wurde ich für diesen wehmütigen Segen auserkoren? Elefanten sind Zeit meines Lebens meine Leidenschaft, doch wie die Gorillas, die mich auch beim Einschlafen besuchen, sind sie erst seit kurzem zu meiner Besessenheit geworden. Ich vermute, sie besuchen mich – wie die Gorillas –, *damit ihre Geschichte erzählt wird,* bevor sie für immer von uns gehen. In den verborgenen Winkeln meines Bewusstseins höre ich sie trompeten; es klingt wie der Schlachtruf eines Camelot aus ferner Vergangenheit. Diesmal suchen sie sich eine neue Welt, in der sie vollständig und unversehrt leben und gedeihen können, ohne von Menschen bedroht zu werden.

„Noch zwanzig Minuten“

Mein erstes wundersames Erlebnis mit afrikanischen Elefanten hatte ich, als ich zu einem Wildpark namens Pilanesberg hinauffahren wollte, der ungefähr zwei Autostunden nördlich von Johannesburg liegt. Die Fahrt mit meiner witzigen Workshop-Organisatorin Sandy erinnerte mich an eine Episode von *I Love Lucy*, da wir immer wieder in die unmöglichsten Situationen gerieten. Auf der gefährlichsten Straße Südafrikas, auf der man die Fenster hochkurbelt, die Türen verschließt und über die Ampeln fegt, um einen Überfall im Auto zu vermeiden, verfuhren wir uns und hielten vor einem Pub am Straßenrand, wo wir uns nach dem Weg erkundigen wollten. Im Pub fanden wir mitten am Nachmittag ungefähr ein Dutzend sturzbetrunkene Afrikaner vor. Alles, was ich wollte, war, Elefanten zu begegnen und ihnen zu sagen, dass ich sie lieb habe, während Sandy versuchte, mir dabei zu helfen. Es war, als wären wir aus einer Episode von *I Love Lucy* gefallen und hätten uns in einem Film von Quentin Tarantino verirrt.

Zwei eklige Tankstellen weiter bekamen wir schließlich eine Wegbeschreibung und rasten auf eines der Tore von Pilanesberg zu. Wir hatten uns so verspätet, dass wir Glück hatten, noch rechtzeitig anzukommen, bevor der Park geschlossen wurde. Nach der anstrengenden Fahrt in der Hitze wollten wir auf keinen Fall enttäuscht umdrehen müssen. Sandy kreischte mit ihrem köstlichen afrikanischen Dialekt: „Sag den Elefa-anten, dass wi-ir kommen! Sag ihnen, dass wi-ir kommen! Sie sollen auf uns wa-arten!“ Also raste ich einen holprigen Weg hinauf, während ich Staub einatmete und mir der Schweiß von der Stirn tropfte, und während ich versuchte, geistigen Kontakt zu den Elefanten aufzunehmen und sie zu bitten, uns entgegenzukommen. Man kann nämlich stundenlang durch den Wildpark Pilanesberg fahren, ohne einen einzigen Elefanten zu Gesicht zu bekommen. Es war also auch ohne unsere dreistündige Verspätung schon riskant genug gewesen, überhaupt herzukommen. Doch ich sandte meinen Radar aus und schickte den Elefanten die Bitte, sich mit uns am Tor zu treffen, ohne zu wissen, ob ich damit Erfolg haben würde. Ich war noch keinem von ihnen je begegnet, und daher schickte ich in Gedanken meine Liebe in den Park – in der Hoffnung, dass jemand mit einer sehr langen Nase und großen Ohren zufällig „online“ war.

Sandy und ich kamen am verkehrten Tor an. Man sagte uns, wir sollten zu einem anderen Tor weiterfahren – das ist etwas, worauf man in Afrika Gift nehmen kann: Irgendein strenger Beamter schickt einen immer woanders hin – und so fuhren wir wie die Irren zum anderen Tor. Als wir dort eintrafen, bekam Sandy vor Staunen den Mund nicht mehr zu, und mein Herz machte vor Freude einen Sprung. Am Haupttor wartete ein Elefantenbulle. Der Wärter sagte, ein solches Verhalten habe er noch nie erlebt. „Dieser junge Bulle kam ans Tor, als würde er jemanden erwarten.“ Offensichtlich hatte der Elefant meine Botschaft schon lange vor unserer Ankunft aufgefangen und hatte sich zum Tor aufgemacht, um uns zu empfangen. Ich nahm geistigen Kontakt zu dem riesigen Elefantenbullen auf und dankte ihm dafür. „Fahre zwanzig Minuten weiter, dann triffst du auf die Herde“, erklärte er mir. „Sie warten schon auf dich.“

Ich sagte Sandy Bescheid, und dann fuhren wir weiter. Der Park würde in weniger als einer Stunde schließen. Wenn dieser Bulle uns in die Irre führte, wären wir umsonst hingefahren. Doch die Elefantenherde enttäuschte uns nicht. Genau zwanzig Minuten Fahrt auf der kurvigen Straße kamen uns drei Elefanten entgegengetrottet. Dann waren es plötzlich vier, dann fünf und schließlich sechs Tiere, die auf die Straße liefen. Ich bekam vor Überraschung eine Gänsehaut. Sandy ist zwar eine ganz Coole, doch als ich einen Blick auf sie warf, sah ich, dass sie vor Freude zitternd auf dem Fahrersitz saß. Ihre großen, staunenden Augen werde ich nie vergessen. Sie war wieder eine Fünfjährige. Sie stellte den Motor ab, und wir blieben still sitzen, während die Herde unseren Wagen umkreiste.

Elefanten bewegen sich beim Gehen anmutig tänzelnd. Es ist eine Mischung aus Kraft und uralter Schönheit, die in der modernen Welt ihresgleichen sucht. In ihrer Gegenwart zu sein ist, als würde man sich im Beirat eines Gottes des Altertums befinden. Sie vermitteln einem das Gefühl, etwas sehr Ursprüngliches und Wichtiges zu spüren; die Atmosphäre, die sie ausstrahlen, ist mit vibrierender Magie aufgeladen. Es war ein Augenblick des Staunens und der Ehrfurcht, der erhörten Gebete, der gehaltenen Versprechen, des manifestierten Zaubers, des Nachweises für die Kommunikation zwischen verschiedenen Arten, der mein Leben für immer veränderte. Es war nur meine erste unfassbare Begegnung mit diesen herrlichen Geschöpfen. Das Elefantenwunder hatte erst begonnen.

SIE IST AUF DEM WEG ZU MIR. Sie kommt, um sich von mir zu verabschieden, weil es mein letzter Abend hier in meinem Zelt im Busch von Sambia ist. Die Eigentümer des Camps waren nicht sonderlich begeistert, als die ganze Herde den Fluss durchquerte und schnurstracks auf mein Zelt zusteuerte, doch selbst der skeptische Verwalter hatte ein Zwinkern in den Augen und ein Lächeln auf den Lippen, während er rief: „Sie sind gekommen, um Ihnen Auf Wiedersehen zu sagen!“

Daher muss ich Ihnen die Geschichte der frechsten Elefantendame der Welt erzählen, während ich den letzten Abend hier bei ihr verbringe. Vor Jahren fielen mir die Fotos eines Elefanten, der durch die Empfangshalle einer Holzhütte marschierte, in einer Ausgabe von National Geographic ins Auge. Ich hängte sie mit Reißzwecken an meine Zimmerwände, um sie jeden Tag betrachten zu können.

Die Fotos sind frech, und die Elefantin scheint mit dem Rüssel über die Schultern der Gäste nach ihren Cocktails zu greifen. Nichts auf der Welt hätte mich mehr begeistert, als die Ehre zu haben, von einem wilden Elefanten berührt zu werden. Es wurde zu meiner tollsten Vorstellung – das Hotel zu finden und dabei zu sein, wenn diese Elefantengöttin durch die Lobby geht.

Als ich mit meinen Safariführungen anfing, sagte man mir, dass diese berühmte Elefantin, die Queen Wonky Tusk hieß, schon gestorben sei. Sie hatte einen krummen Rüssel. Die Hütte, die sie öfter aufsuchte, befindet sich hier im selben Nationalpark, in dem ich meine Safaris durchführe. Sie ist nur ein paar Meter weiter. Es soll in der Lobby einen Mangobaum geben, den die Elefanten lieben. Deswegen laufen sie jeden November durch, weil die Hütte direkt auf ihrem Weg liegt und weil sie gerne Mangos – die Lieblingsfrucht der Elefanten – zum Lunch verspeisen.

Im letzten Jahr wohnte ich in einer günstigen Hütte, um den Schulen, an denen Ark Angel arbeitet, näher zu sein. Wie schon gesagt: Ich gehe in die Schulen, um mit den Kindern über Elefanten zu sprechen, damit sie später nicht zu Wilderern werden. In den Schulen tanzen wir wie Elefanten, malen Elefanten und veranstalten Theateraufführungen über Wilderer, die Elefanten töten, und Pfadfinder, die Elefanten schützen. Ich hatte zwar noch nie in dieser Hütte gewohnt, doch sie lag näher an den Büros von Chipembele, in denen ich ehrenamtlich arbeite. An dem Abend, an dem ich eincheckte, hatte ich nicht vor, am nächsten Morgen um fünf an den Wildfahrten teilzunehmen, weil ich für meine Arbeit in der Schule fit sein wollte und Schlaf brauchte. In der Abenddämmerung sah ich eine Elefantenherde am anderen Flussufer. Sie war ziemlich weit weg vom Camp. Ich winkte ihnen zu und sagte ihnen, dass ich am nächsten Morgen nicht mitkommen könne, um ihnen zu begegnen. Könnten sie stattdessen vielleicht zu mir kommen?

Am nächsten Tag lag ich in meiner Hütte und schrieb an einem Drehbuch, in dem es unter anderem um die Erhaltung der Elefanten ging. Die Hütte lag abseits vom Weg und noch nicht einmal in der

Nähe des Flusses, an dem ich sie gesehen hatte. Plötzlich hörte ich ein dumpfes Getrampel vor meinem Fenster. Vor Freude setzte mein Herz aus. *Sie sind da! Sie sind gekommen! Du lieber Himmel! Danke, lieber Gott!* Ich sprang atemlos auf, zog mir Schuhe an und öffnete vorsichtig die Tür. Draußen stand die Elefantenmutter auf meiner Türschwelle und wartete schon darauf, dass ich die Tür aufmachte! Ich erspähte hinter einem ihrer riesigen Ohren die ganze Horde, die sich um meine Hütte herum versammelt hatte! Ganz langsam und vorsichtig ging ich auf die Vorderveranda und entdeckte die Wächter, die wie erstarrt auf der anderen Seite des Hofs standen. Ängstlich starrten sie zu mir herüber. Die Elefanten traten von der Veranda herunter und ermöglichten es mir so, die Hütte zu verlassen. Also ging ich hinüber zu der offenen Lobby, setzte mich an die Bar und bestellte eine Cola. Außer dem Besitzer und ein paar Wachleuten war ich allein in der Lobby. Es war mitten am Nachmittag; die Mittagsgäste waren schon weg und die Abendgäste würden erst später auftauchen. So hatte ich die ganze Bar für mich – na ja, fast. Zum Glück hatte die Lobby ein sehr hohes, reetgedecktes Dach, so dass sich meine Teegesellschaft nicht die Köpfe an der Decke stieß.

Zuerst erschien die Elefantenmutter. Sie brachte mir ihr Baby. Dann kam ihre Schwester, die mir *ihr* Baby präsentierte. Zum ersten Mal in meinem Leben konnte ich mich mit wilden Elefanten unterhalten. Die zweite Mama und ihr Kleines scheuten sich, in die Lobby zu kommen. Als die schüchterne Mutter ihr Kind durch den Raum führte, damit ich es kennenlernen konnte, hörte ich die Kleine fragen, während sie mich neugierig ansah: „Ist sie das?“ Ihre Mutter versicherte ihr, dass ich diejenige war, über die alle Elefanten gesprochen hatten. Ich kam mir ein bisschen wie Marilyn Monroe vor, die wiederauferstanden war – wie die Marilyn der Elefanten. Mittlerweile war der Eigentümer des Parks nahe dran, sich in die Hose zu machen, während die erste Elefantenmutter durch seine Lobby spazierte. Er befahl allen, sich ja nicht zu rühren, während die Elefantendame auf die Kaffeetheke zusteuerte und sich bedachtsam umdrehte.

Ich glaube, sie fand es extrem unhöflich von ihm, ihr und ihrer Familie keinen Kaffee anzubieten, und ich teile natürlich ihre Meinung. Sie musterte mich, während sie friedlich an ihrer fünften Fußmatte kaute und er immer noch zischelte: „Rührt euch bloß nicht! Bewegt euch nicht!“

Das Zischen wurde lauter, als ein riesiger Elefantenbulle hinter den Elefantinnen auftauchte und seinen gigantischen Kopf in die Bar steckte, um mich zu begutachten. Ich bat ihn in Gedanken, sich mir nicht zu nähern, da der kleine Mann, der das Camp betrieb, drauf und dran war, einen Nervenzusammenbruch zu erleiden.

Trotz seines beschwörenden „Nein, Naughty! Nicht!“ kam die Elefantenmutter immer näher. Sie spazierte durch die Lobby und blieb fast eine Dreiviertelstunde, während wir Menschen uns nicht vom Fleck rührten. Ich traute mich nicht, mich ihr zuzuwenden, und sah nur aus dem Augenwinkel ihr mächtiges Hinterteil. Doch trotzdem konnte ich sehen, dass sie sanft schaukelte, den schönen Rüssel hin und her schwenkte und kaum merklich mit den riesigen sensiblen Ohren wackelte. Sie wartete geduldig auf eine Einladung. Würde ich wieder einmal auf einen instinktlosen Mann, der mich vor lauter Angst beherrschen wollte, hören und dafür mein Herz und mein besseres Wissen verleugnen? Schließlich kam ich wieder zu Sinnen und mir wurde klar, dass ich unhöflich war, weil ich sie nicht einlud, zu mir zu kommen. Wo waren meine guten Manieren?

„Naughty, wenn du mich hören kannst, dann komm her und küss mich aufs Gesicht“, bat ich sie stumm.

Mir schlug das Herz bis zum Hals, als sie mir den massiven Kopf zuwandte. Ein Auge war auf mich gerichtet. Ich spürte, wie meine Wangen heiß wurden. Ihre Ohren schlugen wie Türen, die auf- und zugehen. Sie hatte für fast eine geschlagene Stunde auf dem Abstellgleis gestanden, während ich wie eine Bescheuerte auf den kleinen Mann gehört hatte, statt auf mein Herz und die geliebte Elefantin zu hören. Hatte sie mich gehört? Oder hatte ich *sie* endlich gehört? Sie machte einen Schritt auf mich zu. Sofort kreischte der Betreiber des Camps hysterisch: „Rühren Sie sich nicht, Amelia! Rühren Sie sich nicht von der Stelle!“ Er ahnte natürlich nicht, was ich beruflich mache, und er hätte es auch sicher nicht geglaubt, dass ich sie hergerufen hatte. Sie durchquerte die Lobby und kam auf mich zu, als wäre sie auf einer Mission. Ich wagte kaum, mich ihr zuzuwenden. Aber eines kann ich Ihnen sagen: Als ihre Schritte näher kamen, schoss mir das Adrenalin durch den Körper und ich dachte, mir würde das Herz aus der Brust springen. Wie berauscht blickte ich auf den Boden und sah ihre Zehen – ihre wunderschönen großen Zehen – direkt neben meinem Sitzplatz stehen.

Sie blieb nur ungefähr einen halben Meter vor mir stehen. Ich konnte kaum atmen, so sehr begeisterte mich ihre Gegenwart. Am liebsten hätte ich mich an ihre Brust geworfen und die Arme um sie gelegt, doch stattdessen hörte ich immer noch auf den Betreiber und blieb starr wie eine Statue sitzen. Sie stieß mich sanft mit dem Rüssel in die Rippen, als wollte sie sagen: „Ist alles in Ordnung mit dir? Was ist los? Bist du tot?“ Meine natürliche Reaktion wäre natürlich gewesen, ihren Rüssel zu umarmen, doch stattdessen saß ich nur wie erstarrt da. Ich rührte keinen Finger, während mir die Tränen die Wangen herunterliefen.

Ihr Rüssel kam mir immer näher. Dann spürte ich ihn. Ich machte die Augen fest zu, als ich ihre Berührung fühlte. Ich wagte es nicht, die Augen wieder aufzumachen. Ich spürte, wie ein samtiger Saugnapf mir die Tränen im Gesicht wegküsste. Ich bebte vor Glück. Ich explodierte vor Freude, als würden sich alle Eiswaffeln, alle Wildblumen und Honigtöpfe dieser Welt zu meinen Füßen häufen, während uns ein Engel ein Menuett von Bach auf der Harfe vorspielte. Der Himmel hätte nicht näher sein können. Ich saß auf meinem Barhocker, wandte mich wohlig unter ihren warmen, kräftigen Küssen, und weinte.

Sie wickelte ihren Rüssel sogar in einer Umarmung um mich. Dann entschied sie, dass sie ihr Vorhaben beendet hatte, führte ihre Familie aus der Lobby heraus und alle marschierten weg. Aber falls Sie sich fragen, wie sich ein Elefantennasenkuss anfühlt – nun ja, im

Gegensatz dazu kann ein Staubsauger einpacken. Ich fühlte mich wieder wie in meiner Kindheit: der liebevolle Kuss einer Seeanemone, eines samtigen Gewehrlaufs. Mir war, als wäre ich vom Blitz getroffen, so stark war die elektrische Strömung zwischen uns, doch die Sanftheit, mit der ihre Nase mein Gesicht abgetastet hatte, war wie eine von einem Tornado herangetragene Rosenblüte. Auch nachdem die Elefanten verschwunden waren, blieben die großen, starken afrikanischen Männer, die den Kuss mitangesehen hatten, zu Statuen erstarrt, wie gelähmt vor Angst. Erst als die Elefanten außer Sichtweite waren, kam wieder Bewegung in die Männer. Sie rannten herbei, um mir zu gratulieren.

„Hatten Sie denn keine Angst?“, fragten sie mich. „Natürlich nicht“, sagte ich. „Ich liebe Elefanten, und Elefanten lieben mich. Ich habe keine Probleme mit ihnen. Probleme habe ich nur mit den Menschen.“ Das brachte mir sogar von den Ortsansässigen, die kaum Englisch sprachen, ein wissendes Kopfnicken und Lachen ein. Vielleicht liebten sie die Elefantendame ja auch – oder vielleicht mochten sie auch einfach ihren Boss nicht.

Wie einer der Manager mir später erzählte, ist Princess Naughty Tusk die Tochter der berühmten Queen Wonky Tusk. Sie hat den Platz ihrer Mutter als Starelefant eingenommen, der jedes Jahr im November durch die Lobby von Mfuwe Lodge marschiert, um Mangos zu klauen und die Bewunderung der Menge einzuheimsen. Ich nehme an, da ich es mir nicht leisten konnte, in der schicken Mfuwe Lodge zu nächtigen, kam Naughty mich stattdessen in meinem billigen Camp besuchen. Und mit diesem Kuss wurde mein wildester Traum wahr. Mein Wunsch wurde erfüllt. Vielleicht war es der Geist ihrer Mutter oder der Kuss aller Elefanten und ihrer Vorfahren. Wieder einmal hatte mich Ganesha auf die Wange geküsst. Es sind solche Momente im Leben, die mich weitermachen lassen: solche Wunder, solche engelhaften Kommunikationen, dieses göttliche Eingreifen, das mich *sicher* macht, dass die Tiere mich hören können und dass Gott dabei zusieht.

Leider setzte der Verwalter dem allen am nächsten Tag ein Ende, indem er einen elektrischen Zaun um die Lobby errichten ließ, um die „gefährlichen Elefanten" von mir fernzuhalten. Und als Naughty sich beim Versuch, unter dem heißen Draht hereinzukriechen, das Ohr böse verbrannte, hatte dieser Mann auch noch den Nerv, damit anzugeben, was für eine schlimme Verbrennung er ihrem Ohr zugefügt hatte. Er freute sich regelrecht darüber, ihr wehgetan zu haben. Wie ich später erfuhr, hegte er einen Groll gegen sie, seit sie zu seinem Haus spaziert war, ein Fenster zerbrochen, mit dem Rüssel hineingelangt und eine Flasche Schnaps herausgeholt hatte. Was für ein tolles Mädchen! Immer auf der Suche nach einer Party am Samstagabend!

Durch diesen ersten Kuss von Naughty wurde mir der empörende Konflikt zwischen Mensch und Elefant hier in Afrika bewusst, und wie fantasielos und primitiv die Versuche der Menschen sind, sich die Elefanten von ihren Häusern fernzuhalten – nicht etwa von den Häusern der Menschen, sondern denen der *Elefanten*, denn die waren zuerst da. Die Elefanten hatten entschieden, dass unsere Camps ihre Küchen sind. Recht so! Sie bauen ja auch keine Häuser mitten auf unseren Autobahnen, doch hier, wo ich heute übernachte, ist es so, als hätte ein Idiot mitten auf der Stadtautobahn von Los Angeles – der verkehrsreichsten achtspurigen Autobahn in Amerika – ein Safaricamp aufgestellt. Die Zelte, die den Tieren so schamlos in den Weg gestellt wurden, sind für sie nur ein paar kleine Hürden, und wenn die sanften Riesen die Geduld verlieren, entfernen sie die Straßensperren, die auf ihren Wegen errichtet worden sind, manchmal halt selbst. Würden Sie das nicht auch tun? Ich habe den Großteil meines Lebens im Stau auf der Stadtautobahn von Los Angeles verbracht. (Wenn Sie nicht brav waren und Petrus Sie nach Ihrem Ableben nicht durchs Himmeltor hereinlässt, könnte er Sie an einem Freitagnachmittag auf die Stadtautobahn von L. A. Richtung Süden schicken.) Die Eigentümer dieses Safariparks können sich glücklich schätzen, dass die Elefanten nicht längst alle Hürden entfernt haben und die Camps dem Boden gleichgemacht haben.

Letzte Woche verwüstete Naughty ein Zelt, um ein paar Hot-Dog-Brötchen auszugraben, und die wütenden Bewohner drohten, die Parkverwaltung zu verklagen, obwohl in jedem Zelt ein Schild hängt, das es den Gästen untersagt, Lebensmittel in ihren Zelten aufzubewahren. Doch die Menschen hier schieben den Elefanten die Schuld in die Schuhe. Elefanten haben den stärksten Geruchssinn aller Tiere; dies sollte man berücksichtigen, bevor man die Campregeln missachtet. Nicht nur haben die Menschen mitten auf der Autobahn der Elefanten ein Hotel gebaut, sondern sie hatten auch noch die Frechheit, dort eine Bäckerei zu eröffnen, und verbieten den Tieren, sich jemals der Backwaren zu bedienen! Wer kann schon erwarten, dass die Elefanten nicht gelegentlich vorbeischauen, um sich einen Donut zu nehmen?

Nachdem ich letztes Jahr das Camp des fiesen kleinen Mannes verlassen hatte, blieb mir nur eine Nacht vor meinem Rückflug nach Los Angeles. Diese Nacht wollte ich in der schönen Hütte in Kafunta verbringen, wo ich meine Safaris leite. Ich sagte den Elefanten, dass ich am nächsten Tag abfliegen würde, und bat sie, sich mit mir an der Kafunta River Lodge zu treffen. Kafunta ist selbst für Elefanten einen langen Fußmarsch vom Billigcamp mit dem elektrischen Zaun entfernt. Ich fuhr in einem Laster die lange, staubige Strecke zur Kafunta River Lodge, während mir das Herz bei dem Gedanken, Naughty und ihre Familie verlassen zu müssen, schwer wurde. In Kafunta checkte ich ein und bezog ein Zimmer für Mitarbeiter, das im hinteren Teil des Camps lag, an einer Stelle, an der ich noch nie übernachtet hatte. Ich glaubte, dass die Elefanten mich dort nie finden würden.

Nachts wachte ich von lautem Getrampel auf und strahlte. *Danke, Gott!* Sie hatten mich doch gefunden. Ich rannte hinaus. Die ganze Horde stand im ersten Morgenlicht vor meiner Tür und wirkte so fantastisch wie eine Familie freundlicher Drachen aus einem Märchenbuch. Die Elefanten warteten mit sanften Augen darauf, mich vor meinem Abflug nach Los Angeles noch ein letztes Mal zu sehen. Wie sie mir durch ihr Auftauchen bewiesen, konnten sie mich überall finden; sie hatten mich verstanden, als ich sie darum bat, sich mit mir an einem neuen Ort zu treffen, hatten die Verabredung eingehalten. Sie zeigten mir auf eine mystische, unbeschreibliche Weise, dass *wir uns etwas bedeuten.* Sie konnten mich hören, und ich konnte sie hören, aber darüber hinaus entwickelte sich noch etwas Tieferes. Wir waren nicht mehr nur Bekannte. Dieses Gefühl lässt sich nicht so leicht erklären, wie es sich empfinden lässt. Es fühlt sich an wie wahre Liebe.

Die Elfenbeinschlüssel zum Nullpunkt-Energiefeld

Elefanten sind nicht meine erste Liebe. Vor langer Zeit war meine Mutter Melinda Lou so klug, meinen zweijährigen Po auf eine Klavierbank zu setzen. Ich war kaum aus den Windeln heraus – oder steckte noch in ihnen –, als ich mich in ein Musikinstrument verliebte, das mich so verzauberte, dass seine Klänge mich bis zum heutigen Tag faszinieren. Auch wenn ich als Kind noch nicht wusste, dass zur Herstellung dieses vollkommenen Instruments Elefantenzähne geopfert worden waren, kann ich heute ihre Ähnlichkeiten erkennen. Wäre ein Klavier ein Tier, dann wäre es ein Elefant. Und wäre ein Elefant ein Musikinstrument, wäre er ein Klavier.

Und was sind beide? Himmlische Entwürfe, die die Harmonie der Erde spiegeln – heilige Harmonien, die auf Mathematik aufgebaut sind, die Muster und die Schönheit kosmischer Harmonien wiedergeben, welche der menschliche Verstand nicht begreifen kann. Lassen Sie mich das näher erklären. Als meine Mutter meinen kleinen runden Hintern auf die Klavierbank setzte, tat sie das in der Hoffnung, dass ich ihre große Liebe, das Klavier, lieben lernen und eines Tages Duette mit ihr zusammen auf Konzertniveau spielen könnte. Warum sollte ich ihren Traum ruinieren? Ich verbrachte meine Kindheit damit, es zu versuchen, und auch wenn ich ihr Können auf Konzertniveau nie erreicht habe, genoss ich jede Berührung meiner kleinen Finger auf den Elfenbeintasten.

Meine Liebe zu Bach, Beethoven, Chopin und Mozart wurde zur Besessenheit – zu meiner Identität –, und in der zweiten Klasse hatte ich schon zehn klassische Stücke für einen Wettbewerb auswendig gelernt. Es war jedoch nicht mein Ego, das mich fesselte, sondern es waren die Harmonien, die Melodien, die Gefühle, die hinter einem Menuett, einer Sonate, einem Walzer stecken. In jeder Note von Mozart steckt etwas so Heiliges, das die Harmonien der Sphären spiegelt, wie Engelschöre, die in unermüdlicher Perfektion singen. Und Chopins Musik muss wohl die Stimme Gottes sein.

Was Musik mit Elefanten zu tun hat? Alles oder nichts – doch alles ist wahrscheinlicher.

Eine Gitarre gleicht in ihrer Struktur dem Inneren eines Klaviers. Die Saiten sind die Gleichen, und in der Welt der professionellen Gitarrenspieler sind viele Gitarrenplättchen aus Elfenbein, was Umweltschützer wie der Rockstar Slash von Guns N' Roses bestätigen und gegen die er zugleich protestieren würde (er gehört zu den bekanntesten Elefantenschützern der Welt). Hier findet sich also wieder die traurige Tatsache, dass Elfenbein irgendwie mit Musik verknüpft ist. Wir spielen Musik, indem wir die Saiten mit Plektren zupfen, die aus toten Elefanten hergestellt werden? Das ergibt keinen Sinn. Aber warum tun wir es dann? Gibt es irgendeine Verbindung zwischen der starken Elefantenseele und der Musik?

Das Buch *The Mozart Effect* (Avon Books, 1997) von Don Campbell bezieht sich auf Forschungsergebnisse, die darauf hindeuten, dass das Hören von Mozarts Musik eine kurzzeitige Verbesserung bestimmter geistiger Aufgaben, die man als räumlich-zeitliche Logik bezeichnen kann, herbeiführt. Das bedeutet, dass gut komponierte klassische Musik eine Harmonie der Hirnhälften herstellt und dem Gehirn helfen kann, Konzentrationsprobleme zu verringern. Der Mozart-Effekt wurde für Experimente mit autistischen Kindern und solchen, die unter ADS leiden, angewandt. Wie ich bestätigen kann, fühle ich mich sofort besser, bin motivierter und kann klarer denken, sobald ich meine Lieblingsmusik höre. Die Musik scheint in meinen Körper zu fließen, mich leichtfüßiger zu machen und mir zu helfen, meine Gedanken besser zu organisieren. Es ist erwiesen, dass die Schwingungen der Musik in jeder Körperzelle widerhallen und unsere Betriebsfrequenz verändern. Unser Körper besteht zu 83 Prozent aus Wasser, und auch wenn wir unsere Knochen für dicht und hart halten, sind sogar sie voller Wasser. Wir haben im Rückgrat Flüssigkeit, und dieser Fluss enthält alles Wissen, das im Körper steckt, und zirkuliert es ständig. Jedes Molekül im Körper kann sich aufladen, wenn die Wassermoleküle anfangen, mit der Musik zu schwingen, die zu ihnen vordringt. Sie funktionieren wie eine Stimmgabel. Wenn man eine Stimmgabel anschlägt, fangen alle Moleküle um sie herum an, auf derselben Frequenz zu schwingen. In der Sprache der Quantenphysik wird dieses Phänomen *Kohärenz* genannt. Die Fähigkeit, etwas zusammenzuhängen, ist die Fähigkeit der Musik, alles um sie herum zu beeinflussen, indem sie hindurchfließt, hineinfließt und es tatsächlich verändert, so dass die anderen Objekte oder Wesen auf derselben Wellenlänge vibrieren. Ich bin ein absoluter Musikfreak. Einmal sah ich ein Interview mit John Cusack, der zu meinen Lieblingsschauspielern gehört. Er wurde nach dem Schlüssel seines Erfolgs gefragt und antwortete: „Ich nutze Musik als meinen Antrieb." Das halte ich für einen der besten Tipps, die ich je gehört habe. Da wurde mir bewusst, dass auch für mich die Musik schon immer als Antrieb gedient hat. Wenn man zur Musik tanzt, wird sie dadurch verstärkt und verteilt sich in Ihrem ganzen Körper. Eine der besten Tanzlehrerinnen, mit denen ich je in Hollywood zusammengearbeitet habe, sagte einmal: „Wenn du zur Musik tanzt, *bist* du die Musik, die körperliche Darstellung der Musik. Wenn also Musik nie einen Fehler machen kann – wie kann dann dein Körper jemals einen Fehler machen? Als Tänzerin müsstest du also den Gleichschwung mit der Musik aufgeben, um einen Fehler machen zu können."

In meinen früheren Büchern habe ich über das Reich des Absoluten geschrieben: Nachts beim Einschlafen höre ich Bachs Menuette unablässig in meinem Kopf spielen. Keine Note fällt je aus dem Rahmen, und sie fließt immer weiter in einer Melodie der reinen Vollkommenheit. Hätte ich die Begabung, ans Klavier zu rennen und die Musik, die ich höre, zu komponieren, dann wäre ich Bach. Aber ich habe sie nicht. Deshalb muss ich mich damit zufriedengeben, seine Interpretation der Musik zu spielen – nicht das, was er erschaffen hat, sondern das, was er gehört hat. Was ich höre, könnte die Musik sein, die er gehört hat, bevor er sie in Notenform niederschrieb. Ich bin auch schon bei einigen donnernden Beethoven-Symphonien aufgewacht, als die Musik so schwer in der Luft hing, als würde sie aus der Atmosphäre selbst kommen. Kein Wunder also, dass das Genie mit dem Wahn rang, während er diese Musik hörte, die sonst niemand hören konnte.

Wer kann schon sagen, dass andere Lebewesen so etwas nicht auch erleben? An unserem letzten lebenden riesigen Landsäugetier ist etwas Magisches und Bemerkenswertes. Und ihm wohnen viele Geheimnisse des Universums inne. Es wandert auf uralten Ley-Linien und erschafft eine heilige Geometrie; es bereichert die Erde mit einer Beständigkeit und Harmonie, die Menschen nicht verstehen können. Manche Schamanen sagen sogar, Elefanten würden die Erde ruhig halten und Erdbeben verhindern. Stimmt das? Was glauben Sie? Stellen Sie sich vor, Sie könnten die Erde aus dem Weltraum sehen und die Muster der Trampelpfade der Elefanten erkennen – so uralte geometrische Formen, dass wir Menschen keine Ahnung haben, wann diese Tiere damit anfingen, ihre heiligen Ley-Linien zu erschaffen, ganz zu schweigen vom Grund dafür.

Ich stelle daher die Vermutung an, dass Elefanten Muster kreieren und Harmonien orchestrieren, die mit ihrer Wiederholung – wie das tägliche Üben auf dem Klavier – ein Gefühl der Harmonie und Ordnung auf unserer Erde erschaffen. Sie sind Gewohnheitstiere, und Gewohnheit könnte der Diener der Ordnung sein, einer himmlischen Ordnung der Natur, nach der sich die Menschen sehnen und die sie anscheinend verloren haben. Aus mystischer Sicht wird der hinduistische Elefantengott Ganesha immer mit einem Musikinstrument, auf dem er spielt, dargestellt. Doch die neuesten Erkenntnisse eines Biologen aus Stanford deuten darauf hin, dass diese Verbindung zur

Musik eine buchstäbliche ist. Kann es sein, dass Elefanten nicht nur Schwingungen aufgreifen und mit den Füßen „hören", sondern durch ihre Füße auch elektromagnetische Frequenzen in die Erde weiterleiten können? *Machen sie tatsächlich Musik?* Mark Shwartz des Stanford News Service hat einen Artikel über die Untersuchungen verfasst, bei dem mir erst ein Schauer über den Rücken lief und ich anschließend nach meinen Salsa-Tanz-Sandaletten griff („Elephants Pick Up Good Vibrations – Through Their Feet," (Elefanten greifen gute Schwingungen auf – durch ihre Füße), 5. März 2001):

> Nur wenige Anblicke in der Natur sind so gigantisch wie eine sechs Tonnen schwere Elefantenmutter, die ihr Baby vor einem hungrigen Raubtier schützt. Statt Rückzug wird die bedrohte Mutter vermutlich einen Angriff vortäuschen – ein einschüchterndes Schauspiel, bei dem sie auf den Boden stampft, mit den Ohren flattert und wilde Schreie ausstößt, um Löwen und Hyänen in die Flucht zu schlagen.
>
> Wie Elefantenforscher jedoch herausgefunden haben, ist das Schauspiel weitaus mehr als nur ein vorgetäuschter Angriff. Laut einer neuen Studie, die im *Journal of the Acoustical Society of America (JASA)* veröffentlicht wurde, generiert das Trampeln und tiefe Grollen der Elefanten auch seismische Wellen in der Erde, die sich um die 30 Kilometer weit auf der Erdoberfläche ausbreiten können. Noch erstaunlicher ist die Entdeckung, dass Elefanten diese Schwingungen möglicherweise durch die Füße wahrnehmen und sie als Warnzeichen einer Gefahr in der Ferne deuten können.
>
> „Elefanten könnten in der Lage sein, den Stress aus einer Herde, die viele Meilen entfernt ist, herauszuhören", sagt Dr. Caitlin O'Connell-Rodwell, der in der Pediatrics-Abteilung des Center for Conservation Biology der Universität Stanford tätig ist.
>
> „Sie können über weitaus größere Entfernungen als gedacht miteinander kommunizieren", fügt O'Connell-Rodwell, die Autorin der *JASA*-Studie, hinzu.

Unterirdische Tests

Zur Überprüfung der Theorie, dass Elefanten unterirdische Mitteilungen übermitteln und erhalten, haben O'Connell-Rodwell und ihre Kollegen zuvor mehrere neue Experimente mit Dickhäutern in Afrika, Indien und in einem Elefantengehege in Texas durchgeführt.

„Wir sind zum Nationalpark Etosha in Namibia gefahren und haben drei akustische Rufe, die bei Wildelefanten häufig vorkommen, aufgenommen", berichtet sie. „Einer ist ein Warnruf, einer eine Begrüßung und der dritte ist der Elefantenausdruck für ‚Los jetzt!'"

Die Forscher wollten herausfinden, ob Elefanten auf elektronische Aufnahmen, die durch die Erde gesendet wurden, reagieren würden. Daher installierten sie in einer Einrichtung für Touristen, in der acht trainierte junge Elefanten untergebracht sind, seismische Sender.

Der Plan war, hörbare Rufe für „Hallo!", „Vorsicht!" und „Los jetzt!" in unterirdische seismische Wellen umzuwandeln, die ein Elefant zwar spüren, doch nicht direkt durch die Luft hören konnte.

„Zum Vergleich verwendeten wir eine Mischung aus Elefantenrufen, erzeugten Tieffrequenztönen, Rockmusik und Stille", sagt O'Connell-Rodwell. „Als die Warnrufe abgespielt wurden, wurde eine Elefantin so unruhig, dass sie sich herunterbeugte und in die Erde biss. Das ist zwar ein äußerst ungewöhnliches Verhalten für Elefanten, doch unter extremen Stressbedingungen wurde es auch schon in der Wildnis beobachtet."

Das junge Weibchen zeigte bei jeder Wiederholung des Experiments dieselbe Reaktion. Die Forscher spielten auch sieben Elefanten in Gefangenschaft aufgezeichnete Rufe vor.

„Auch die Bullen reagierten, doch ihre Reaktion war weitaus subtiler“, führt O’Connell-Rodwell an. „Wir gehen davon aus, dass sie diese unterirdischen Schwingungen durch die Füße wahrnehmen“, fügt sie hinzu. „Seismische Wellen könnten von ihren Fußnägeln über die Knochen oder durch somatosensorische Rezeptoren im Fuß, die denen im Rüssel gleichen, in den Gehörgang geleitet werden. Wir denken, es könnte eine Kombination beider Möglichkeiten sein.“

Rufe über weite Entfernungen

Andere Lebewesen produzieren seismische Signale – darunter die Goldmulle, der Seeelefant (der mit dem Landelefanten nicht verwandt ist) und zahlreiche Arten von Insekten, Amphibien, Reptilien und Fischen.

„Viele Organismen nutzen Schwingungen in der Erde, um Partner oder Beute zu finden oder um Gebiete zu erforschen“, sagt O’Connell-Rodwell.

Auch die Fähigkeit großer Säugetiere, über weite Entfernungen hinweg miteinander zu kommunizieren, ist erwiesen. So produzieren beispielsweise Rufe der Finnwale, die auf einer Frequenz von 20 Hertz – die so tief ist, dass sie für das menschliche Ohr kaum wahrnehmbar ist – mehrere hundert Meilen weitergetragen werden.

Wie Forscher Ende der 1980er Jahre herausfanden, produzieren Elefanten auch ein kräftiges Brummen auf einer Niedrigfrequenz von 20 Hertz, das bei idealen Wetterbedingungen bis zu zehn Kilometer durch die Luft weitergeleitet wird. Neuere Studien zeigen, dass Elefanten diese Rufe auf Niedrigfrequenz anwenden, um ihre Bewegungen mit anderen Herden, die weit weg sind, zu koordinieren.

Anfang der 1990er ahnte O’Connell-Rodwell zum ersten Mal, dass das Brummen nicht die einzige Elefantenkommunikation über weite Strecken ist.

„1992 fing ich an, mit Elefanten im Nationalpark Etosha zu arbeiten“, erinnert sie sich. „Ich beobachtete sie damals an einem Wasserloch, als mir ihr seltsames Verhalten auffiel. Sie beugten sich vor, hoben ein Bein hoch und blieben aus einem unbekannten Grund wie erstarrt stehen.“

Nach ihrer Vermutung reagierten die Elefanten auf Schwingungen im Boden, die von sich nähernden Herden verursacht wurden.

„Als ich an die Universität von Kalifornien in Davis zurückkehrte, tat ich mich mit meiner Doktormutter Lynette Hart und dem Geophysiker Byron Aranson zusammen, um herauszufinden, ob seismische Kommunikation tatsächlich unter Elefanten stattfindet“, sagt sie.

Das Ergebnis war eine Reihe geophysikalischer Experimente mit Elefanten in Gefangenschaft. Das erste Experiment im Jahr 1997 bestätigte O'Connell-Rodwells Vermutung, dass akustisches Brummen von Schwingungen in der Erde begleitet wird.

„Wenn ein Elefant Laute auf Niedrigfrequenz (20 Hertz) durch die Luft übermittelt“, berichtet sie, „dann wird eine entsprechende seismische Welle in die Erde geleitet.“

Um herauszufinden, wie weit solche seismischen Wellen reichen, führten O'Connell-Rodwell und ihre Mitarbeiter Experimente an zwei weiblichen asiatischen Elefanten auf einem privaten Trainingsgelände in der Nähe von Jefferson in Texas durch.

Dafür installierten sie zwei Mikrofone vor dem Elefantengehege – eines ca. 10 m entfernt, das andere in einer Entfernung von ungefähr 40 m. Außerdem vergruben die Forscher direkt unter jedem der Mikrofone ein Geophon, um die unterirdischen Schwingungen zu messen. Wann immer die Elefanten Laute ausstießen oder einen Angriff vortäuschten, machten die gepaarten Geophone/Mikrofongeräte akustische und seismische Aufnahmen davon.

„Wie unsere Forschungsergebnisse zeigen, werden die Brummtöne der Elefanten separat durch die Luft und die Erde geleitet“, schreibt O’Connell-Rodwell in der Dezemberausgabe von *JASA*.

Sie weist darauf hin, dass vorgetäuschte Angriffe Signale bei Frequenzen von ca. 20 Hertz durch Luft und Erde senden – ideal für die Kommunikation über weite Strecken.

„Aufgrund unserer mathematischen Modelle gehen wir davon aus, dass die seismischen Signale der Elefanten zwischen 16 und 32 Kilometer in der Erde weitergeleitet werden können, während akustische Signale nur eine Reichweite von ungefähr 9 km durch die Luft haben“, führt O’Connell-Rodwell aus …

Vorgetäuschte Angriffe und Partner

Die Ergebnisse der von O’Connell-Rodwell durchgeführten Experimente sind von weitreichender Bedeutung. In ihrem JASA-Artikel erwähnte sie etwas Erstaunliches: „Elefanten können möglicherweise über viel größere Entfernungen als gedacht mit ihrer eigenen und anderen Herden kommunizieren.“

Weiter heißt es im Artikel des Stanford News Service:

Die in Texas durchgeführten Experimente zeigten, dass Schwingungen, die bei Rufen auf Niedrigfrequenzen und bei vorgetäuschten Angriffen entstehen, die indirekte Wirkung haben, andere Elefanten vor potenziellen Raubtieren und anderen Gefahren zu warnen.
„Seismische Signale könnten auch eine Rolle bei der Vermehrung der Elefanten spielen“, stellt O’Connell-Rodwell fest. „Wie wir wissen, spielt die Kommunikation über Laute

in der Luft eine wichtige Rolle bei der Suche nach einem Partner oder einer Partnerin. Vielleicht schicken sie ja auch seismische Signale an potenzielle Partner in weiter Ferne aus."

„Elefanten können ihre Umwelt womöglich besser spüren, als wir denken", schreibt O'Connell-Rodwell … „Wenn es in Angola regnet, fangen Elefanten, die 100 Meilen weiter in Etosha sind, an, sich auf der Suche nach Wasser in Richtung Norden zu bewegen. Es könnte sein, dass sie unterirdische Schwingungen wahrnehmen, die durch Donner entstehen."

Ihre Forschungsergebnisse enthalten auch Hinweise darauf, wie Menschen und Elefanten miteinander umgehen – vor allem in Gebieten wie Südafrika, in denen schrumpfende Lebensräume Wildhüter dazu bringen, Elefanten aus Hubschraubern abzuschießen, um zu große Herden zu reduzieren. „Wie berichtet wird, löst das Töten von Elefanten im nördlichen Ende des Krüger-Nationalparks Unruhe bei den Elefanten im südlichen Ende aus, das viele Meilen entfernt ist", sagt sie. „Das Geräusch der Helikopter ist für sie traumatisch. Vielleicht nehmen die Tiere Niedrigfrequenzsignale der Propeller oder der Schreie und des Getrampels der angegriffenen Herde in der Ferne auf."

Ihre Forschungsergebnisse sind auch für die Art und Weise, wie wir mit Elefanten in städtischen Zoos umgehen sollten, von Bedeutung.

„Wenn Elefanten tatsächlich so sensibel auf seismischen Lärm reagieren", merkt sie an, „sollten sie besser vor Großstadtlärm geschützt werden."

O'Connell-Rodwell hofft, noch dieses Jahr in den Nationalpark Etosha in Namibia zurückkehren zu können, um noch mehr seismisch übertragene Rufe in der Wildnis aufzunehmen und wiederzugeben. Ihr Ziel ist, festzustellen, wie weit seismische Signale tatsächlich durch die offene Steppe getragen werden und wie wilde Elefanten auf diese unterirdischen Schwingungen reagieren.

„Wenn Elefanten die seismischen Eigenschaften von Niedrigfrequenzrufen, Bewegungen anderer Herden und Wettermuster erkennen können", schlussfolgert sie, „dann können seismische Signale den Umfang ihrer Fernkommunikationsfähigkeiten erweitern und eine starke Komponente ihrer Sinneswahrnehmung sein."

NAUGHTY GIBT IHREM NAMEN ALLE EHRE

Wir Menschen müssen noch viel über die Elefantenkommunikation lernen. Ich vermute, ihr ganzer Körper funktioniert bei der Art und Weise, wie sie Informationen aufgreifen, lesen und deuten, wie ein Klavier. Und so faszinierend diese Forschungsergebnisse über Elefanten, die Signale in der Erde wie eine großfüßige Brailleschrift lesen, auch sind – meine eigenen Erfahrungen bringen mich dazu, darüber nachzudenken, wie Frequenzen durch die Erde gesendet werden, so wie Delfine, Haie und Wale ihre Laute im Wasser weiterleiten. Dazu kommt die offensichtliche telepathische Fähigkeit der Elefanten, Quanteninformationen durch das Nullpunkt-Energiefeld zu senden. Das könnte erklären, wie sie mich immer finden können, ganz egal, wo ich mich auch aufhalte – es sei denn, sie hören einfach nur meinen grummelnden Magen, wenn ich das Leitungswasser in ihrem Land getrunken habe, oder sie hören mich in meinem Zelt schnarchen.

Genau das werde ich jetzt herausfinden. Dieses Jahr bin ich an einem ganz anderen Ort, nachdem ich eine tolle Safari in Kafunta geleitet habe. Jetzt wohne ich in einem anderen Camp für Rucksacktouristen – nur weil ich gehört habe, dass meine Elefantenfamilie durchs Camp gelaufen ist und der Besitzer sie nicht mit elektrischen Zäunen beleidigt hat. Leider kam er letzte Woche beunruhigt zu mir, weil Naughty ein Auto umgeworfen hat, und die Behörden drohten, sie zu erschießen. So ist es. Sie wollten die Elefanten umbringen, wegen denen wir Touristen aus der ganzen Welt herfliegen. Er flehte mich an, sie zu bitten, sich vom Camp fernzuhalten. Ich glaube, der Mann hat Herz. Ich konnte den Schmerz in seinen Augen sehen und hörte den Frust in seiner Stimme, als er mir sagte, ich solle sie bitten, nicht mehr herzukommen. Aus diesem Grund musste auch er einen elektrischen Zaum ums gesamte Camp aufstellen lassen.

„Es ist nur, um ihr Leben zu retten“, sagte er. „Sagen Sie ihr, dass ich versuche, ihr Leben zu retten. Sie dürfen sie nicht töten! Sie hat doch ein kleines Baby!“

Es würde mir das Herz brechen, ihr sagen zu müssen, dass die hirnlosen Menschen sie töten, wenn sie noch mehr Unsinn anstellt, und dass sie und ihre Familie sich deswegen sogar von Zelt Nummer fünf fernhalten müssen. Doch schon am nächsten Morgen kam sie um vier Uhr mit der ganzen Familie wieder. Sie umstellten mein Zelt und weckten mich, um mich zu sehen. Als ich das Zelt öffnete und hinausschaute, stand sie direkt vor mir. Ich flüsterte: „Die Menschen sind gewalttätige Idioten! Sie werden euch erschießen, wenn ihr hier noch weiter herumlauft! Bitte bleibt für eine Weile außer Sichtweite und wartet, bis sich die Schwachköpfe wieder beruhigt haben.“

Die ganze letzte Woche hat sie sich vom Camp ferngehalten. Daher weiß ich, dass sie mich verstanden hat. Es ist für uns beide ein elendes Opfer. Ich habe mich nur deshalb in diesem Camp einquartiert, weil ich gehört hatte, dass sie hindurchgelaufen ist, und jetzt, nachdem ich ihr winziges Baby zu Gesicht bekommen habe, bringt es mich um, sie und ihr Kind nicht täglich sehen zu können. Sie hat auf mich gehört und ist weggeblieben. Es war eine sehr traurige und öde Woche, in der ich unter elektrischen Zäunen hinaus- und hineinkriechen musste und meine Lieblinge mit den langen Nasen vermisst habe. Wenn man jeden Tag sechs Tonnen Spaß verpasst, entsteht ein riesiges Loch im Leben!

Heute Abend ist meine letzte Chance, sie zu sehen, bevor ich für ein Jahr abreisen muss. Doch noch während ich auf einer Holzbank am Fluss sitze und diese Worte schreibe, wirbelt eine Staubwolke am anderen Ufer auf. *Gott sei Dank!* Sie sind gekommen! Naughty macht ihrem Namen wieder einmal alle Ehre. Die Elefanten durchqueren jetzt den Fluss, während sich ihre Silhouetten in der Abendsonne spiegeln. Den sechs Elefanten haben sich drei weitere zugesellt. Sie waten durchs Wasser, helfen dem kostbaren Baby beim Überqueren des Flusses und schützen es vor den Krokodilen. Nun marschieren neun Elefanten in Richtung Dorf, um sich einen schönen Abend zu machen, also wird gleich die Hölle los sein. Vermutlich wollten die drei Freunde meine Abschiedsparty nicht verpassen!

Ich habe sie umbenannt, um ihr die gleiche Auszeichnung wie die ihrer Mutter zu verleihen und um ihr den königlichen Respekt zu zollen, den sie verdient. Prinzessin Naughty Tusk (Frecher Zahn) wird die Parade durchs Zeltlager anführen, um mich in den frühen Morgenstunden zum Abschied zu küssen. Heute Nacht werden die Elefanten auf einer neunspurigen Autobahn durchs Camp marschieren, und alle werden vor dem Zelt Nummer fünf feiern! Sie wissen, dass ich im Zelt keine Lebensmittel habe, und es erstaunt mich, dass den Menschen noch nie der Gedanke gekommen ist, dass es gar nicht um Essen geht. Diese Tiere sind einfach nur freundlich. Und sie sind neugierig auf andere Lebewesen und wollen mit uns auf eine Weise interagieren, auf die wir Menschen nicht mit anderen Arten interagieren. Könnte es nicht sein, dass sie einfach nur gute Manieren haben? Und dass Menschen keine haben? Und ist es nicht verräterisch, dass alle Männer in diesem Camp und selbst die Elefantenexperten spüren, dass sie es nicht wert sind, von Elefanten besucht zu werden, solange es bei dem Besuch nicht um Hamburgerbrötchen geht? Vielleicht geht es hier doch um eine Art Freundschaft. Und möglicherweise sogar um Liebe. Könnte das nicht sein? Man mag mich sentimental nennen, aber ich habe in diesem Zelt keine einzige Erdnuss – und trotzdem kommt die ganze Herde vorbei!

Naughty versammelt ihre ganze Mannschaft, und ich sammle all meine Kräfte. Was für eine wunderbare Zeit wir in den nächsten Jahren haben werden!

Ihr winziges Baby mag zwar vor Krokodilen sicher sein, aber wer wird es vor den Menschen schützen?

Und was hat mir Naughty an dem Morgen, an dem sie und ihre Truppe darauf warteten, bis ich aufwachte, so Dringendes sagen wollen?

„Das menschliche Design ist fehlerhaft. Es muss neu entworfen werden."

„Das weiß ich", sagte ich. „Aber ich weiß nicht, wie das passieren soll." Ich werde die Geister von Walt Disney und Leonardo da Vinci anrufen, um herauszufinden, ob es eine Möglichkeit gibt, Menschen neu zu entwerfen, damit sie zu etwas Schönerem, etwas Sensiblerem werden – zu etwas Nachhaltigem. Es fängt bei ihren Gedanken und Gefühlen an; es wird der Versuch sein, sie mit dem schönen, magischen, kreativen göttlichen Bewusstsein, das in ihnen schlummert, und dem engelhaften christlichen Bewusstsein, das sie entwickeln könnten, zu vereinen. Ich werde mein Bestes versuchen, die Menschen neu zu „entwerfen". Dieses Buch ist mein bescheidener Versuch, unsere Welt neu zu entwerfen.

Im nächsten Kapitel geht es um Löwen und ihre spektrale Verbindung zum Löwen von Juda. Wir sprechen von der Art von Menschen, die Gott eigentlich geplant hatte: liebevollen, mitfühlenden, respektvollen, treu ergebenen, beschützenden, sich weiterentwickelnden, leidenschaftlichen und freien Menschen. Doch zuerst wollen wir ein wenig Spaß mit einem Anhängsel haben, das mich dazu bringt zu fragen: „Ist das ein Finger? Eine Trompete? Ein Löschschlauch? Und kann sie mich damit küssen?"

Lustige Fakten über Naughtys Rüssel

Der Elefantenrüssel ist eine verwandelte Kombination aus der Oberlippe und der Nase. Am Ende des Rüssels befinden sich zwei fingerartige Auswüchse, mit dem das Tier große und kleine Futterteile und Gegenstände aufgreifen kann. Der Rüssel besteht aus mehr als hunderttausend einzelnen Muskeln, die ihn zu einem äußerst kräftigen

Körperteil machen. Er ist eine erstaunliche Umbildung, wenn man bedenkt, dass der menschliche Körper weniger als achthundert einzelne Muskeln hat und es in der gesamten Tierwelt keinen Körperteil gibt, der so speziell ist wie ein Elefantenrüssel.

Elefanten saugen mit dem Rüssel Wasser auf und blasen das Wasser in den Mund, um zu trinken, oder sprühen es sich auf den Körper, um zu baden und sich abzukühlen. Sie können jedoch nicht direkt durch den Rüssel trinken.

Zusätzlich zum Futtersammeln, Trinken und Baden wird der Rüssel auch noch für das soziale Miteinander in der Herde benutzt. Elefanten stellen regelmäßig mit dem Rüssel Kontakt zu den anderen Tieren her. Sie begrüßen einander mit dem Rüssel, tauschen Zärtlichkeiten aus und demonstrieren ihre Dominanz oder Unterwerfung durch subtile Stellungen und Bewegungen des Rüssels. Mit ihm geben sie auch Laute von sich, wie zum Beispiel das typische Trompeten oder ein leises, schwingendes Brummen als Teil ihrer Kommunikation.

Einer der vielleicht interessantesten und unbekanntesten Fakten ist, dass ein Elefantenrüssel ein hundertfach feineres Riechorgan ist als jede Hundenase! Der Geruchssinn eines Elefanten gehört zu seinen am besten ausgebildeten Sinnen – und er befindet sich im Rüssel.

Magische Kartenleser

Elefanten sind Pfadfinder und Wegebauer. Wenn wir von unserem eigenen Polarstern auf den richtigen Weg geführt werden, kann Wunderbares geschehen. Dann können wir eine Synthese mit der Schöpfung eingehen, in der sich die Zeit-Raum-Lücke schließt. Dann brauchen wir nur an das zu denken, was wir möchten – vorausgesetzt, es dient anderen Menschen, Tieren, dem Planeten –, und nichts steht unserer Fähigkeit, es zu manifestieren, im Weg. Nennen Sie es Synchronizität. Ich glaube – frei nach Einstein –, dass „Zufall die Methode Gottes ist, anonym zu bleiben“. Jesus nannte es „Gnade“. In einem Akt von Gnade bestieg ich soeben ein Flugzeug und nahm die neueste Ausgabe von Sawubona, der Zeitschrift der South African Airways, in die Hand. Das Thema des Artikels auf der Seite, auf der ich die Zeitschrift aufschlug? Queen Wonky Tusk.

Der Artikel offenbart mir noch mehr Einsichten in die Familie, die ich gerade kennengelernt habe. Denn auch wenn Naughty im Bericht nicht namentlich genannt wird, erwähnt er, dass Wonkys Tochter den Gang über den roten Teppich, der zum Mangobaum Mfuwe Lodge führt, übernommen hat, und zum ersten Mal erfahre ich die Namen, die die liebevollen Menschen in dieser Hütte meiner Lieblingselefantenfamilie, den Tusks, gegeben haben. Der Elefantenbulle, der den Kopf in die Lobby gesteckt hat und dem kleinen Besitzer beinahe einen Herzkoller verschafft hätte, ist Naughtys Onkel und Wonkys Bruder Wilber. Sein vollständiger Name lautet demnach Wilber Tusk. Naughtys Bruder Wellington Tusk war auch unter der Gruppe, die sich vor Zelt Nummer fünf versammelte. Doch laut diesem Artikel war der Kleine, der mir in der Lobby präsentiert wurde und der fragte: „Ist sie das?“, Wonkys Enkel und Naughtys ältester Sohn Wilkenson, der 2013 zur Welt kam. Das unwiderstehliche winzige Baby, das letzte Nacht zu meinem Zelt gebracht wurde, ist so klein, dass es noch keinen Namen hat. Es ist das süßeste Wesen, das ich jemals gesehen habe.

Babyelefanten erinnern uns daran, dass es auf der Welt Unschuld und Gutes gibt. Elefanten werden als Embleme auf den Kleidern unserer Babys und Kleinkinder verwendet, vielleicht als unbewussten Schutz, da wir unseren Kindern damit ein Zeichen setzen, dass Elefanten ein wichtiger Teil ihres Lebens sein werden, und sicherlich in der Hoffnung, dass Elefanten immer noch auf der Erde leben werden, wenn diese Kinder groß sind. Es ist meine Mission, diese Hoffnung wahr werden zu lassen.

Während ich das in diesem Moment hier in Afrika schreibe, drohen die Behörden und die Eigentümer des Safariparks, meine Lieblingselefantin in ihrem eigenen Haus zu töten – denn Afrika ist ihr Zuhause, und wir sind es, die eingedrungen sind und die sie und ihre Familie zum Ausziehen zwingen.

Ich sage, Elefanten sind die Meister der heiligen Harmonien, der Geometrie, der Muster, des Entwurfs, und ganz egal, wie oft oder wie fieberhaft Menschen sie aus den Dörfern und Safaricamps vertreiben – am Ende des Tages gibt es nur eine „Autorität“ hier in Afrika. Und das ist der Elefant.

Ich stamme von den Cherokee-Indianern und den Choctaw ab und glaube wie meine Vorfahren, dass das Land den Menschen nicht gehört. Wir gehören dem Land, und ich bin sicher, die Elefanten würden mir zustimmen.

Ein Nachwort über Naughty, das mir das Herz gebrochen hat

Bei meiner Rückkehr in den Süden von Luangwa ein Jahr später erfuhr ich eine Neuigkeit, bei der mir das Herz in tausend Stücke zerbrach. Leider ist das Postskriptum von Naughtys Geschichte ein tragisches. Nachdem ich den Tag in der Luft damit verbracht hatte, Naughtys Familie zu bitten, sich vor Zelt Nummer fünf mit mir zu treffen, wurde ich nach meiner Landung auf dem Flughafen von Mfuwe von einem Taxifahrer in Empfang genommen, der mich umarmte und aufgeregt berichtete, dass die Elefanten ins Camp gekommen seien (was ziemlich ungewöhnlich ist) und schon den ganzen Tag dort auf mich warten würden. Wir kamen nach Einbruch der Dunkelheit an, und als das Taxi vor meinem Zelt hielt, wartete Naughtys Familie tatsächlich inmitten einer Baumgruppe vor meinem Zelt. Ich erkannte das winzige Baby von damals, das ein Jahr später nicht mehr so winzig ist, und auch den Teenager Wilkenson, doch ich war überrascht zu sehen, dass sich nun eine junge Ziehmutter um die Kinder kümmerte. Ich spürte zwar Naughtys Gegenwart, doch ich konnte sie nirgendwo entdecken.

Nach diesem Abend verschwand die Elefantenfamilie und besuchte mich kein zweites Mal. Ich verbrachte die Woche niedergeschlagen und ohne Naughty. Ich war selbst über meine Ängste, Wellen der Depression und Albträume überrascht, während ich mich verzweifelt fragte, wo sie war und warum die Elefanten sich nicht länger vor Zelt Nummer fünf versammelten. Als beharrliche und wütende Visionen von Naughty mich nachts vom Einschlafen abhielten, fürchtete ich mich vor der Nachricht, die mein Ohr zwar noch nicht vernommen hatte, doch die mein Herz längst kannte. Am Ende der unglücklichen und elefantenlosen Woche überbrachte der Campbesitzer die schreckliche Nachricht, die jedoch zugleich die Antwort auf die Frage war, warum meine Gefühle so aufgewühlt worden waren. Im Herbst 2016, kurz nachdem ich mich von ihr verabschiedet hatte, brach Naughty in die Häuser der drei obersten Beamten, die für den Wildpark zuständig sind, ein. Daraufhin erschossen sie die Elefantendame.

Sie hat niemandem etwas zuleide getan. Sie hatte diesen Menschen eindeutig etwas zu sagen, und sie haben sie offensichtlich nicht verstanden. Die Nachricht stürzte mich in einen Abgrund der Verzweiflung. Man sagte mir, ihr tödlich endender Besuch hätte am Ende einer wilden Zerstörungstour gestanden, bei der sie in zahlreiche Häuser eingebrochen sei. Sie krümmte keinem Menschen ein Haar, sondern suchte nur nach Futter (wie erzählt wird) – oder aus meiner Sicht: Sie war nur auf der Suche nach Verständnis.

Ich besuchte die Lodge von Mfuwe, wo ihre Mutter ihr das berühmte Erbe des Besuchs zur Teezeit hinterlassen hatte und Naughty gelehrt hatte, dass die Menschen ihr nicht wehtun würden. Ich bin sicher, Wonky brachte ihrer Tochter bei, dass sie Berühmtheiten seien, die von den Menschen bewundert und mit Aufmerksamkeit überhäuft würden. Wenn die Elefanten die Häuser der Menschen betraten, machten aufgeregte Touristen, die um die halbe Welt geflogen waren, um sie zu sehen, Schnappschüsse von ihnen. Stellen Sie sich vor, wie überrascht Naughty gewesen sein muss, als sie sich nicht vor einem Fotoapparat, sondern dem falschen Ende eines Gewehrs wiederfand!

Ich traf mich mit Amy, der Managerin der Mfuwe Lodge. Sie erzählte mir, dass Naughty nach meinem Abflug in siebzehn Häuser eingebrochen sei und sogar Amys Haus heimgesucht habe, aus dem sie Zucker und ein teures italienisches Salatdressing entwendet hatte. Sie war dabei erwischt worden, als sie mit einem Kasten teuren Champagners das Weite suchen wollte. So kenne und liebe ich sie.

Wie Natalie, die Eigentümerin des Luxusspas der Lodge, mir berichtete, war Naughty auch in ihr Haus eingebrochen und hatte Eier, Butter und Mehl mitgehen lassen. Natalie scherzte, dass Naughty morgens bei ihr vorbeigeschaut und sich die Zutaten für ihre Frühstückspfannkuchen geholt hätte. Später hätte sie Amys Haus aufgesucht, um sich ihre Abendcocktails zu organisieren. Ganz im Ernst: Wenn Naughty mich auch nur einen Bruchteil von dem vermisst hat, wie sehr ich sie vermisst habe, könnte sie von Tür zu Tür gewandert sein, um mich zu suchen oder jemanden zu finden, der mich anrufen und mir sagen würde, dass ich wegen ihr zurückkommen sollte. Doch für die Menschen begab sie sich nur auf die Suche nach Gourmetfutter. Ihnen war nicht klar, dass ihre Einbrüche der Versuch gewesen sein könnte, Trauer oder Frust loszuwerden. Auf der anderen Seite der Erdkugel ging es mir genauso; ich unterdrückte meine Trauer in kulinarischen Genüssen, doch kein Versuch, meinen Hunger auf Zucker zu stillen, konnte es mit ihren zärtlichen Küssen auf meinem Gesicht aufnehmen.

Was auch immer ihr Interesse an feinem Essen und Alkohol gewesen sein mag – ich glaube, ihre Besuche bei allen drei Parkverwaltern waren ihr wichtiger, als deren Bierflaschen zu klauen. Finden Sie es nicht seltsam, dass sie ausgerechnet die drei obersten Beamten, die für den Wildbestand im gesamten Park zuständig sind und die alle endgültigen Entscheidungen treffen, auf sich aufmerksam gemacht hat?

Letztes Jahr wurde kurz vor Naughtys Einbruchsserie im Süden von Luangwa unter dem Vorwand, dadurch Anthrax einzudämmen, die Tötung von zweitausend Nilpferden durch Erschießen beschlossen. Wäre dies auf tierfreundliche Weise durch professionelle Wildhüter erfolgt, dann hätte ich die Notwendigkeit, den Restbestand der Nilpferde zu schützen, noch widerwillig hinnehmen können. Doch leider stellte die Born Free Foundation, die von der wunderbaren Virginia McKenna geleitet wird, auf ihrer Webseite einen Link ein, auf dem gegen die Werbung für „groß angelegte Wildsafaris“ protestiert wurde, bei denen „Jäger“ aus aller Welt anreisen und ihr eigenes Nilpferd erlegen könnten. Auf einem unverschämten Foto war ein Jäger abgebildet, der stolz auf seinem frisch ermordeten Nilpferd stand. Wäre eine notwendige Tötung korrekt durchgeführt, dann hätte das Fleisch der Tiere viele hungrige Dorfbewohner ernährt. Auch das hätte ich noch verstehen können. Doch mich erreichten weitere Gerüchte über Jäger, die das Nilpferdfleisch an die Einwohner zu Preisen verkauften, die diese sich nicht leisten konnten. Statt dass die Wildhüter die Tötung leise und respektvoll vornahmen, kassierten die Beamten die Touristen für die Jagd auf die Nilpferde ab. Überall herrscht Korruption.

Im letzten Monat schrieb ich auf der Reise nach South Luangwa einen verzweifelten Brief an den Präsidenten von Sambia und den Leiter des Ministeriums für Tourismus und flehte sie an, das Abschlachten zu stoppen. South Luangwa hat den Ruf, die Jagd auf Wildtiere zu verbieten, und dieses blutige Grauen (bei dem die Nilpferde gehäutet werden) würde dem Tourismus im Wildpark mit Sicherheit schaden. In meinem Appell sagte ich voraus – noch bevor ich von Naughtys Ermordung wusste –, dass die Erschießung von zweitausend Nilpferden die anderen Tiere im Park beunruhigen würde, da sie noch nie dem Lärm von Schießgewehren ausgesetzt waren und daher am Straßenrand für die Touristen posierten.

Wie könnte irgendeiner glauben, die Tiere würden nicht reagieren, wenn die Menschen, denen sie immer vertraut haben, plötzlich mit Gewehren bewaffnet auftauchen und in ihrem Gebiet losballern? Ich schrieb, dass ein solch schockierender Angriff die Elefanten sogar aggressiv werden lassen könnte. War das vielleicht die Botschaft, die Naughty den Wildparkverwaltern unbedingt überbringen wollte? Versuchte sie womöglich, für die Elefanten oder sogar für alle Tierarten über den Vertrauensverrat und die Verletzung ihres Friedensvertrags mit den Menschen zu sprechen?

Ich schickte per Facebook eine Petition gegen die Massentötung der Nilpferde los. Wir brauchten zweitausend Unterschriften. Schon am nächsten Tag wurde das Töten aufgrund unseres „öffentlichen Aufschreis“ gestoppt. Auch wenn wir diesmal erfolgreich waren, ist der Protest gegen das Töten von Nilpferden ein anhaltender Kampf. Wie ich später herausfand, wurde der Leiter des Ministeriums für Tourismus, der gegen die Jagd auf Großwild ist, im letzten Jahr gefeuert und durch einen Beamten ersetzt, der die Löwenjagd in Sambia legalisiert hat. Es sind zwar nur Tiere außerhalb des Parks in Gefahr, doch davon gibt es zahlreiche. Bei meinem jüngsten Aufenthalt in einem Camp außerhalb des Wildparks ließ sich mein Lieblingslöwe Ginger (Der Vater von Doc, der in Kapitel 3 erwähnt wird) direkt neben meiner Hütte nieder und brachte jede Nacht mehrere seiner Löwinnen mit, die meine Schlafstätte patrouillierten. Doch durch diese neue Bestimmung könnten Ginger und jede seiner Löwinnen abgeschlachtet und geköpft werden. Auch Naughtys Familie ist gefährdet, da die Elefanten die Trampelpfade bevorzugen, die sie außerhalb des Parks geformt haben. Ich verbrachte meine letzte Woche in Sambia damit, meine Löwen- und Elefantenfreunde davor zu warnen, ja nicht den Wildpark zu verlassen.

Am Ende tröstete es mich zu erfahren, dass ein anderes junges Elefantenweibchen Naughtys Kind und ein weiteres Elefantenbaby adoptiert hat. Sie war es, die mich bei meiner Ankunft im Camp begrüßte. Und es freute mich zu hören, dass Naughtys kleiner Bruder Wellington und Queen Wonky Tusks andere Familienmitglieder noch immer jeden Herbst auf ihrem Ausflug zu ihrem Lieblingsmangobaum durch die Halle der Mfuwe Lodge spazieren. Mfuwe Lodge befindet sich auf dem Parkgelände, und dort sind sie vor den Jägern sicher. Ich unterhielt mich mit Andy, dem Besitzer der Lodge und einem echten Elefantenfreund, der keine elektrischen Zäune um die Hütte herum errichten lässt und nicht zulässt, dass irgendjemand die Elefanten verscheucht. Sie sind bei ihm willkommen, ganz egal, wie sehr sie das Personal stören. Sie dürfen sogar in den Wellnessbereich hineingehen! Ich musste lachen, als Natalie mir erzählte, wie sich die Masseusen mit angstvollen Blicken auf den Toiletten versteckten, bis die Elefanten wieder verschwanden.

Aus Respekt zu Naughty und ihrer Mutter werde ich von nun an Safaris an der Mfuwe Lodge leiten, wo Wonky ihr Erbe hinterlassen hat, und ich werde versuchen, sie immer im Oktober oder November zu veranstalten, damit die Safariteilnehmer Naughtys Bruder Wellington, ihren Onkel Wilber und den Rest von Naughtys Familie kennenlernen können, vielleicht auch ihren kleinen Sohn Wilkenson und seine neue Adoptivmutter – wenn ihre Mangobäume Früchte tragen und sich meine Lieblingselefantenfamilie mit uns zum Tee trifft.

WAS VERBIRGT SICH IN *MEINEM* RÜSSEL?

Sie erfahren meine Lebensgeschichte über Umwege, doch nun werde ich eines der wichtigsten Konzepte, das ich in meiner Kunstausbildung am American Animation Institute gelernt habe, vorstellen. Vielleicht fragen Sie sich – so wie ich mich schon immer gefragt habe –, warum ich eine andere Sichtweise als „normale Leute" auf die meisten Dinge im Leben habe. Wenn zum Beispiel meine Schüler einen „Hund" sehen, sehe ich eine Matrix aus starrem Licht. Auch wenn die aufgebrachten Parkbesitzer hier einen „Elefanten" sehen, sehe ich eine Matrix aus starrem Licht. Da, wo andere das Äußere der Dinge betrachten und ihre eigenen Meinungen, Erfahrungen und emotionalen Reaktionen mitbringen, lasse ich diese Dinge zu Hause.

Ich verbinde mich über eine Brücke aus bedingungsloser Liebe von meinem Herzen zum Herzen des Tiers und versuche, das jeweilige Problem mit so viel Flexibilität meines Bewusstseins anzugehen wie nur möglich. Genau diese Flexibilität des Bewusstseins ermöglicht das Hellsehen. Wäre ich in einer Perspektive gefangen, in der ich Elefanten nur als zweidimensionale Objekte ohne Gefühle sehen würde, dann könnte ich sicher nicht ihre Gedanken hören und ihre Emotionen spüren und schon gar nicht in ihren Körper hineinsehen.

Hellsehen ist eine Kunst, und daher werde ich Ihnen eine Geschichte über meine unvergesslichste Kunststunde erzählen.

WIE ICH WALLACE ZEICHNETE

Am Anfang meines Kunststudiums in Los Angeles belegte ich Aktzeichnen, worüber ich nur wenig wusste. Nichts hatte mich auf das vorbereitet, was ich in diesem Kurs lernen würde. Ich wusste nur, dass die Modelle stundenlang nackt vor einem stehen, während man versucht, einen kühlen Kopf zu bewahren und sie zu zeichnen. Als wären die Zeichenstunden für eine junge Künstlerin nicht schon einschüchternd genug gewesen, wurde ich auch noch aufgefordert, jede intime Kurve und Falte des Nacktmodells zu zeichnen. Anfangs posierten junge Möchtegern-Schauspielerinnen und Fotomodelle, deren kurvenlose Körper sich leicht zeichnen ließen.

Doch eines Abends kam ein Mann in den Unterricht, der mindestens fünfundsiebzig sein musste. Er wurde uns als Wallace vorgestellt. Für die Zeichnung der bleistiftdünnen, knochigen Körper der Schauspielerinnen brauchte ich ungefähr fünfzehn Minuten. Doch als Wallace sich auszog und splitternackt vor mir stand, dachte ich: „O je. Das wird eine Weile dauern." Ich erwähne Wallace deswegen in diesem Kapitel über Elefanten, weil er deutliche Ähnlichkeiten aufwies. Die komplexen Falten und Fältchen, die Fülle von Hell und Dunkel hätten mich wochenlang beschäftigt. Die jungen Twiggy-Modelle zu zeichnen war so kompliziert, wie einen Trinkhalm zu malen, während Wallace so komplex und zeitaufwändig wie die Zeichnung eines Elefantenbabys – oder wenigstens eines großen Mopses – war.

Ich lernte mit Bleistift und Tinte eine Technik, die Schraffieren genannt wird, bei der man Hunderte von winzigen Linien aufs Papier bringt und die Linien dann in einem Waffelmuster kreuzt, um an dunklen, nicht gut sichtbaren Stellen, die durch Falten verdeckt werden, Tiefe und Schatten anzudeuten. Wallace wurde rasch zu meinem König dieser Technik.

Während ich fieberhaft versuchte, Wallace zu zeichnen, machte mein hervorragender Kunstlehrer Karl Gnass, der die Animateurkünstler bei Disney, DreamWorks und Warner Brothers unterrichtet, die Aufgabe noch schwerer, indem er uns eine Lektion im Perspektivenzeichnen erteilte, die ich nie vergessen werde. Wie ich über die Jahre herausgefunden habe, trifft diese Idee wunderbar auf die Tierkommunikation zu und sogar auf all unsere Beziehungsprobleme, darunter auch den Konflikt zwischen Mensch und Elefant.

Wie bekommen wir eine andere Perspektive?

Karl sagte, es gebe drei Arten, wie wir unsere Sichtweise verändern können und dadurch auch das Bild, das wir sehen. Und was sind diese drei Arten?

1. Das Modell bewegt sich

Um die Sache noch schwieriger zu machen, drehte sich Wallace alle dreißig Minuten oder so um neunzig Grad mit dem Gesicht an eine andere Wand. Auf diese Weise konnten wir alle seine Ecken und Kanten aus jedem nur möglichen Winkel näher untersuchen. Wenn die linke Seite des Modells beleuchtet wird, braucht es bloß den Körper zu drehen. Dadurch ändert sich die Perspektive des Künstlers völlig. Der Künstler hat keine Kontrolle über ein Modell, das sich bewegt. Der Dozent bittet einen einfach, das zu zeichnen, was einem präsentiert wird, und während sich das Modell dreht, muss sich der Künstler ihm anpassen. Wenn Sie nur das wahrnehmen, was Sie vor Augen haben, ohne dass es sich bewegt, sehen Sie nur das Leben, wie es sich darstellt, und können nichts – auch Wildtiere nicht – aus einem anderen Blickwinkel betrachten.

Wenn „sich das Modell bewegt", geschieht womöglich etwas Außergewöhnliches mit dem Tier, und in einem Augenblick der Offenbarung verändert das Ihre Sichtweise auf das Tier. Sagen wir mal, Ihr Hund rettet Ihnen das Leben oder verlässt auch nur das Zimmer und kommt mit der Leine im Maul zurück, bevor Sie auf irgendeine Weise gezeigt haben, dass Sie mit ihm spazieren gehen wollen, außer es gedacht zu haben. Vielleicht hat Ihr Tier etwas getan, was Ihnen beweist, dass es intelligenter, liebevoller, wachsamer, intuitiver und vernünftiger ist, als Sie dachten. Die meisten Menschen erleben nie den Luxus zu sehen, wie „sich das Modell bewegt". Ihre Wahrnehmungen ändern sich erst, wenn ein Tier etwas Unglaubliches tut und damit beweist, dass es tatsächlich denken, fühlen, intuitiv spüren und kommunizieren kann. Das ist jedoch nicht die Norm. Wie können wir also dasselbe Objekt ansehen und ein ganz anderes Bild davon bekommen?

2. *Das Licht bewegt sich*

Hier erhalten wir das gleiche Ergebnis wie wenn sich das Modell bewegt. Was dunkel war, ist jetzt hell, und Sie können das Licht nutzen, um das, was im Dunkeln lag, zu beleuchten und zu untersuchen. Dadurch erhalten Sie ein ganz anderes Bild, wenn Sie das Modell aus einer anderen Perspektive betrachten. Wenn wir das Wort Licht durch das Wort Bewusstsein ersetzen, kann man sich vorstellen, dass das Licht des Bewusstseins aus dem Inneren heraus leuchtet. Mit Hilfe dieser neuen Taschenlampe in Ihrem Inneren können Sie entscheiden, wie Sie die Welt wahrnehmen, und das beleuchten, was bisher immer im Dunkeln lag. Ich „beleuchte" das Innere der Tiere, so dass ich ihr Herz, ihren Geist und ihren Körper sehen und fühlen kann. Das Bewusstsein auf diese Weise anzuwenden ist eine Wahl, und mit diesem neuen Werkzeug haben Sie nun zwei Arten, wie Sie Tiere betrachten können: nicht nur von außen nach innen, wie uns beigebracht wurde, sondern auch von innen nach außen. Nun haben Sie schon zwei verschiedene Wachsmalfarben in Ihrem Kasten. Es gibt jedoch noch mehr Farbtöne des Bewusstseins, die man sammeln kann. Und das macht es noch besser. Wie können wir sonst noch dasselbe Objekt betrachten und eine ganz andere Sichtweise bekommen?

3. *Sie bewegen sich*

An diesem Punkt bat Karl nicht das Modell, sich umzudrehen. Stattdessen forderte er uns auf – und das ist der Grund, warum er so hervorragend ist –, in Gedanken zur Rückseite des Modells zu gehen und sie zu zeichnen.

Interessanterweise brachte diese Anweisung die professionellen Animateurzeichner zum Stöhnen. Bis zu diesem Zeitpunkt, an dem ich schon vier Jahre lang Kunst studierte, wirkten die meisten meiner Sketche so, als hätte ich sie mit den Füßen gemalt. Ich kämpfte immer noch mit meinem Cartoon und zeichnete grobe Strichmännchen. Wenn ich meine Fähigkeiten nicht verbesserte, würden die Protagonisten meines Kinderbuchs nie geboren werden. Mein Ziel war hochgesteckt, doch meine Zeichenfiguren waren noch stark verbesserungswürdig. Kurz und gut: ich war schlecht.

Wenn ich aufgefordert wurde, das Modell aus Perspektive Nummer eins (das Modell bewegt sich) zu zeichnen, konnte ich es nicht. Die Angst schnürte mir die Kehle zu, und die Überzeugung „Ich kann nicht zeichnen" aus meiner Kindheit spukte mir im Kopf herum. Wenn ich gebeten wurde, aus Perspektive Nummer zwei (das Licht bewegt sich) zu zeichnen, versagte ich auch da, denn die Lernkurve aus dieser Sicht ähnelte immer noch zu stark der ersten, furchteinflößenden Übung. Es war dieselbe Vorstellung, nur aus einer anderen Richtung. Also war ich immer noch wie gefangen: Angst von links und Angst von rechts. Doch als wir aufgefordert wurden, unsere Vorstellungskraft anzuwenden und hinter das Modell zu „fliegen", um es von der anderen Seite aus zu zeichnen, wobei wir uns etwas vorstellen mussten, was keiner sehen konnte, war ich die Einzige im Raum, die das konnte. Wie ich dadurch feststellte, kann ich wirklich zeichnen – na ja, wenigstens ein bisschen –, aber nur, wenn ich meine Fantasie anwenden und Eigeninitiative zeigen soll. Zum ersten Mal im Leben machte Zeichnen mir keine Angst mehr. Es fing sogar an, mir Spaß zu machen. Ich schlage daher vor, diese Elemente in Konflikten zwischen Mensch und Tier anzuwenden.

Das neueste Gesumm

Mitten in diesem Wildpark, der jetzt mit elektrischen Zäunen umgeben ist, um meine Lieblingselefanten fernzuhalten, buchte ausgerechnet ein Wissenschaftler, der Elefanten in Afrika erforscht, das Zelt nebenan. Als Umweltschützer, der sich ausschließlich mit dem Konflikt zwischen Mensch und Elefant in Botswana beschäftigt, erklärte er Folgendes: Während elektrische Zäune und sogar Chilischutzwälle Elefanten niemals fernhalten werden – selbst wenn die Chilischoten verbrannt werden oder als Spray verwendet werden, um bei den Elefanten Augen- und Nasenbrennen hervorzurufen –, bewirkt eines der kleinsten und zauberhaftesten Geschöpfe Gottes Wunder. Es gibt nur eines, wovor sich Elefanten so sehr scheuen, dass sie Camps voller Hotdog-Brötchen und anderen lecker duftenden Lebensmitteln vermeiden und sich auf ihre eigenen Grassteppen zurückziehen. Und was ist diese abschreckende Gefahr, die das größte Landsäugetier der Erde in Angst und Schrecken versetzt?

Die Biene. Elefanten mögen keine Bienen.

Da Bienenstöcke Honig herstellen und daher eine großartige Einkommensquelle für Farmer sind, wäre nichts perfekter, als in Gebieten, in denen Elefanten nicht zum Abendessen erwünscht sind, Bienen zu halten. Und obwohl man glauben könnte, dass die Elefanten keine Bienenschwärme mögen (wenn sie den Bienenstock mit dem Rüssel umschmeißen, schwärmen die Bienen aus), weil sie sich nicht gerne von Bienen stechen lassen, haben kluge Umweltschützer herausgefunden, dass es das Summen der Bienen ist, was Elefanten nicht ausstehen können. Bei ganz schlauen Versuchen wurde das Summen der Bienen aufgezeichnet und wird von den Bäumen abgespielt, an denen Elefanten nicht willkommen sind. Vielleicht ist es der Ton, der ein Tier mit den größten Ohren der Welt und daher dem feinsten Gehörsinn irritiert. Stellen Sie sich jedoch vor – und das ist reine Spekulation –, dass es hier womöglich um etwas viel Unterschwelligeres geht als darum, Bienensummen oder Bienenstiche nicht zu mögen. Die Natur hat dafür gesorgt, dass unser größter, furchterregendster Riese vor einem unserer kleinsten Lebewesen Angst hat. Vielleicht werden diese winzigen intelligenten Wesen ja auf die Trampelpfade der Elefanten geschickt, wenn den Elefanten Gefahr durch Menschen droht, und vielleicht wissen die Bienen das und sagen den plündernden Elefanten: „Haut bloß ab hier, sonst bringen die Menschen euch um!“

Höchstwahrscheinlich mögen Elefanten das Summen der Bienen einfach nicht. Ich liebe alle Tiere, und mein Ruf wäre ruiniert, wenn ich es nicht täte. Doch wenn eine dicke, fette Biene mich summend ansteuert, renne sogar ich in die andere Richtung.

Die Lösung mit den Bienen ist so innovativ, dass sie beweist, was passieren kann, wenn man querdenkt. Hier hat also ein kreativer Geist eine friedliche Lösung für ein Problem gefunden, mit dem die Farmer schon seit Jahren zu kämpfen haben. Unser Engagement, die Sichtweise zu ändern und auf diese Weise neue Lösungen zu finden, muss rigoros sein, doch wenn wir die Probleme so betrachten, wie wir sie schon immer gesehen haben – aus der Perspektive eines jeden außer des Tiers selbst –, werden wir immer wieder die alten Probleme haben und nie neue, positive Ergebnisse erzielen. Ich meine, es ist an Ihnen, an Ihnen allen mit Ihrer Weisheit und Kreativität, auf neue Weise zu experimentieren, um die Konflikte zwischen Mensch und Tier zu lösen. Und ich schlage vor, gleich damit anzufangen, während ich noch eine Weile hier bleibe und Wallace zeichne.

ELEFANTEN: DIE FAKTEN

Ginette Hemley, die Vizepräsidentin für Artenerhaltung bei WWF, teilte mir die folgenden Fakten des Netzwerks zur Erhaltung von Wildtieren über die tolle Arbeit, die der Elephant Crisis Fund leistet, mit:

> Eine neue, tödliche Welle der Wilderei bedroht Afrikas Elefanten, indem diese wegen ihrer Stoßzähne getötet werden. Jedes Jahr werden mindestens 33.000 Elefanten illegal erlegt. Das bedeutet alle zwanzig Minuten ein Elefant … Eine Welt ohne Elefanten wäre das tragische Scheitern unserer Menschheit. Der Elephant Crisis Fund geht diese Krise an …

Der Handel mit Elfenbein wird hauptsächlich von der aufkeimenden Nachfrage nach Elfenbein in China angetrieben. Elfenbein spielt seit Jahrhunderten eine Rolle in der chinesischen Kultur und wird als wichtiger Bestandteil der Kunst und als Symbol des Wohlstands angesehen … Die rasch wachsende Mittelschicht in China kurbelt die Nachfrage an und lässt den Preis von Elfenbein immer höher werden … Gut vernetzte kriminelle Banden – dieselben Gruppen, die auch Waffen, Menschen und Drogen schmuggeln – betreiben Wilderei und Elfenbeinschmuggel. Bemühungen, der Wilderei auf dem Boden Einhalt zu gebieten, wird mit Tricks und Schusswaffen begegnet. Die Grenzen sind zu durchlässig und unbewacht, um den Elfenbeinstrom zu stoppen. Die Nachfrage in China scheint unbegrenzt …
Mittlerweile ist die Elefantenkrise zu groß, als dass eine einzelne Organisation oder Regierung sie lösen könnte. Es bedarf einer vielschichtigen Reaktion aus einem Zusammenschluss von effektiven Anführern, NGOs, Einrichtungen, Wissenschaftlern, Medien und Regierungen. Ein solcher Zusammenschluss muss an allen Aspekten der Krise arbeiten. Um die Elefanten zu retten, müssen wir effektive Partner, die das Angebot an Elfenbein, den illegalen Handel damit und die Nachfrage danach angehen, finden und finanzieren ...
Bemühungen, gegen die Wilderei vorzugehen, sind unabdingbar, um das Töten der Elefanten in Afrika zu beenden. Die Nachfrage nach Elfenbeinprodukten muss in China und anderen Ländern gestoppt werden, um auf diese Weise den Elfenbeinpreis zu senken und somit den Anreiz, Elefanten zu töten, wegzunehmen. Diese Mittel bedürfen eines Zusammenschlusses aus wirksamen Organisationen, die schnellstens Projekte zur Rettung der Elefanten auf dem Boden umsetzen.

Die folgenden Tatsachen sind Teil eines wortreichen Antrags, den Ginette Hemley von WWF vor dem amerikanischen Senat gestellt hat, um die Gesetze von 1997 zum Schutz afrikanischer und asiatischer Elefanten zu honorieren:

> Bei einem Gesamtbestand von nur 35.000 bis 50.000 wilden Elefanten existiert heute nur noch ein Zehntel an asiatischen Elefanten im Vergleich zu Elefanten in Afrika … Die Notwendigkeit, den asiatischen Elefanten vor dem Aussterben zu bewahren, drängt, wenn Menschen das Überleben der Tiere sicherstellen wollen …
>
> Möglicherweise hat kein anderes wildes Tier eine so enge Beziehung zum Menschen. In Asien gibt es seit ungefähr 4.000 Jahren, als Elefanten zum ersten Mal gefangen und als Zugtiere, für religiöse Feiern und Kriegsführung benutzt wurden, eine tiefe Beziehung zwischen den Tieren und den Einwohnern. Ihre kulturellen Beiträge sind besonders erwähnenswert. In uralten hinduistischen Schriften werden Elefanten häufig erwähnt. Auch wird der elefantenköpfige Gott Ganesha überall in Indien verehrt, und der weiße Elefant hat für Buddhisten in ganz Asien eine besondere religiöse Bedeutung …
>
> Über diese einzigartige Beziehung zum Menschen hinaus ist der asiatische Elefant ein Aushängeschild für den Erhalt der tropischen Waldgebiete, in denen er lebt. Elefanten bewegen sich über weite Entfernungen und leben in einer Vielzahl von Lebensräumen, in denen auch zahlreiche andere Wildtiere angesiedelt sind. Da sie zum Überleben große Territorien brauchen, kann der effektive Schutz und die Pflege der Elefanten auch anderen gefährdeten Tierarten, wie Tigern, Nashörnern, Kouprey-Rindern, Nebelpardern, asiatischen Wildhunden, Gaurn, Malaienbären, Weißbrauengibbons und zahllosen anderen Wildtieren, die in den Gebieten zu Hause sind, von großem Nutzen sein ...

> Auch wenn die illegale Jagd auf asiatische Elefanten zum Gewinn von Elfenbein in Asien von weit geringerem Ausmaß ist, ist sie in Teilen von Südindien, Kambodscha, Vietnam, Myanmar und Laos dennoch ein Problem ... In Thailand und China wird Elefantenhaut zu Taschen und Schuhen verarbeitet, und Knochen, Zähne und andere Körperteile werden in der traditionellen chinesischen Medizin als Heilmittel für allerlei Beschwerden und Krankheiten verwendet. In Vietnam stellt die Wilderei selbst für die Elefanten, die als Nutztiere gehalten werden, sich jedoch frei in den Wäldern bewegen dürfen, eine Gefahr dar.

Elfenbein. Es gibt immer noch Teile dieser Welt, in der nutzlose Zierobjekte aus Elfenbein so hohe Preise erzielen, dass Elefanten dafür brutal abgeschlachtet werden, um sie ihrer Zähne zu berauben. Klaviertasten, Gewehrläufe, Gitarrenplättchen, Parfümfläschchen und – was am perversesten von allem ist – religiöse Ikonen sind häufig aus Elfenbein hergestellt. Der Vatikan ist ein Großimporteur von Elfenbein, und die schockierende Wahrheit ist, dass aus den Stoßzähnen von ermordeten Elefanten kleine Statuen, die Jesus und den Heiligen Franziskus darstellen, geschnitzt werden. Ich bin mir sicher, dass sich beide das Gegenteil gewünscht hätten. Die Chinatowns der USA, vor allem die Chinatown in San Francisco, sind so gut mit Verkaufsartikeln aus Elfenbein bestückt, dass Elefantenschützer Protestmärsche durch die Straßen veranstaltet haben. Amerika bleibt jedoch weiterhin einer der größten Importeure von Elfenbein. Doch warten Sie. Es gibt einen Funken Hoffnung. Viele Tierschutzorganisationen arbeiten unermüdlich daran, die Elefanten vor dem Aussterben zu bewahren und ihre natürlichen Lebensräume zu erhalten.

Der Asian Elephant Conservation Fund (Stiftung zur Erhaltung des asiatischen Elefanten) unterstützt den Schutz des restlichen Bestands an Elefanten und ihren natürlichen Lebensraum vor weiteren Verlusten und Abwertung der Schutzwürdigkeit. Der World Wildlife Fund

(WWF) und andere internationale Tierschutzverbände, wie beispielsweise die International Union for Conservation of Nature und die Wildlife Conservation Society, arbeiten daran, die wichtigsten Lebensräume der restlichen Elefanten zu identifizieren und die Errichtung von Korridoren und speziellen Schutzgebieten zu fördern.

Wie Jane Goodall gesagt hat, ist der einzige Weg, wie Wildtiere geschützt werden können, es für die Eingeborenen profitabel zu machen. Wie die bedrohten Schimpansen hängt auch das Überleben der Elefanten vom mächtigen Dollar ab. Solange hungernde Menschen Tiere umbringen können, um ein bisschen Geld zu verdienen, werden sie das tun. Sie dafür zu bezahlen, die Wilderei zu beenden, indem sie andere Möglichkeiten des Überlebens lernen, scheint die einzige wirksame Lösung zu sein.

Wenn Sie Zugang zum Internet haben, sollten Sie sich die Fotos von hungernden Elefantenhütern und Elefantenbabys in den Straßen von Bangkok ansehen und sich fragen, ob Ihr Herz bei diesem Anblick noch intakt bleiben kann. Versuchen Sie, Ihr Herz intakt zu halten, aber holen Sie Ihren Geldbeutel aus der Tasche. Nehmen Sie die zweihundert Eier, die Sie für eine teure Handtasche ausgeben wollten, und spenden Sie sie.

Ich wette, wenn jeder gut genährte Mensch in Amerika, Kanada, Europa, Australien und so weiter – der noch nicht einmal wohlhabend sein muss, sondern nur aus der Mittelschicht kommt – auf eine Autowäsche, eine wöchentliche Maniküre oder einen Designer-Lippenstift verzichten würde und die gesparten fünfzehn Euro stattdessen an eine Tierschutzorganisation spenden würde, dann gäbe es wahrscheinlich noch Wildtiere auf unserem Planeten, wenn unsere Kinder erwachsen sind. Ihre teure Handtasche wird nicht so lange überleben, aber die Elefanten vielleicht schon.

Sind Sie ein Ark Angel?

Ich werde für den Rest meines Lebens in Afrika ehrenamtlich tätig sein. Meine Non-Profit-Organisation Ark Angel wurde geboren, als ich wegen der Not der Elefanten meditierte, betete und weinte. Es gibt schon wundervolle Tierschutzorganisationen, die den Elefanten vor dem Aussterben retten. Was könnte ich also tun, um etwas zu bewirken? Es dauerte Jahre der Seelenforschung, bevor ich mir eingestehen musste, dass die Arbeit, die notwendig ist, um Tiere und den gesamten Planeten zu retten, nicht bei den Tieren beginnen kann. Sie muss bei den Kindern beginnen – den Menschenkindern. Daher zog ich meine Kreditkarte heraus und beschloss, in die Wildnis von Sambia zu fliegen, nach meiner Safari dort zu bleiben und ehrenamtlich an den Schulen zu arbeiten. Aber was könnte ich den Kindern beibringen? Für diese Kinder ist der Job als Wilderer dasselbe wie ein Drogenhändler in den USA. Ein Mann kann von dem Geld, was er mit einem toten Elefanten und dem Verkauf seiner Stoßzähne verdient, seine Familie ein ganzes Jahr lang ernähren. Und das sind keine normalen Familien. Es sind Familien in bitterer Armut, die in Hütten mit gestampften Böden leben, in Dörfern, in denen die Hälfte der Bewohner HIV-infiziert sind und an AIDS sterben, in denen Babys verhungern und in denen die Großeltern in derselben Hütte leben, die meist krank sind und auch ernährt werden müssen.

Woher kommt das Geld für diese Menschen? Ich bin nicht arrogant genug, um zu glauben, dass wohlhabende Leute das Recht hätten, solche Eingeborenen zu verurteilen und ihnen ihre Ressourcen wegzunehmen. Doch ich vertraue darauf, dass sich neue Jobchancen auftun, vor allem in der modernen Welt, die diesen Männern und – vor allem – Frauen neue Berufe in der Welt des Umweltschutzes ermöglichen, zum Beispiel Pfadfinder oder Reiseführer. Selbst geläuterte Wilderer könnten als Beschützer unserer geliebten Elefanten arbeiten. Neue Aufgabengebiete finden sich auch im Dienstleistungsgewerbe. So werden aufgrund der Safaris schöne junge Kellnerinnen und knackige afrikanische Kellner und Barmänner – von denen ich schon ein paar gesehen habe – gebraucht, so wie auch hochqualifizierte Leiter, die auf geführten Afrika- und Tiersafaris als Experten arbeiten. Die Zukunft ist voller Jobchancen für Afrikaner, bei denen sie keinen Elefanten erschießen und ihm beim langsamen Sterben zusehen müssen.

Die meisten Leute wissen nicht, dass von Wilderern getötete Elefanten langsam zugrunde gehen. Wir stellen uns vor, dass ein Wilderer dem Elefanten sein Gewehr an den Kopf hält, abdrückt und der Elefant auf der Stelle tot ist. Aber so funktioniert das nicht. Vor drei Jahren fuhr ich sieben Stunden mit dem Auto quer durch Afrika. Ich startete in Nairobi, wohin ich geflogen war, um mich mit Daphne Sheldrick und der Autorin Kuki Gallmann, die den Bestseller *Ich träumte von Afrika* (Droemer Knaur, 2013) geschrieben hat, der mit Kim Basinger in der Hauptrolle als Kuki verfilmt wurde. Eine meiner Schülerinnen hatte vorgeschlagen, mit der berühmten Schriftstellerin Kontakt aufzunehmen, was ich auch ohne Umschweife tat. Ich hätte nie gedacht, dass sie mir antworten würde. Doch als ich eines Morgens ihre E-Mail vorfand, in der sie mich in ihr Elefantenschutzgehege einlud, hörte ich die Engel singen. Sofort schrieb ich „JA!" zurück. In den drei Tagen, die ich bei ihr in Kenia verbrachte und von ihrem Pavillon aus in strömenden Regen schaute, erzählte Kuki mir mehrere Geschichten, die ihr am Herzen liegen. Sie berichtete mir, wie sie eines ihrer Elefantenweibchen mit einem Gewehrschuss im Bein fand. So machen Wilderer es nämlich. Sie töten den Elefanten nicht schnell, sondern schießen auf eine beliebige Körperstelle und warten darauf, dass er an der Entzündung der Wunde zugrunde geht. Kuki folgte der verwundeten Elefantendame drei Tage und Nächte lang, schlief bei ihr, bis das vereiterte Bein so angeschwollen war, dass das Tier nicht mehr laufen konnte. In der dritten Nacht lag Kuki neben dem Elefantenweibchen, bis es endlich starb und sein von Menschenhand verursachtes Leiden endete.

Mittlerweile stellt Kuki geläuterte Wilderer als Pfadfinder ein. Wer kennt die Tricks der Wilderer schon besser als ein ehemaliger Wilderer? Doch meine Strategie hier in Mfuwe war, die Kinder zu erreichen, solange sie noch klein sind, noch bevor ihr Herz und ihre Psyche, ihre Familien und Finanzen und insbesondere die Elefanten Schaden genommen haben.

Mein erstes Schulprogramm war äußerst erfolgreich. Ich ließ die Kinder wie Elefanten tanzen, Elefanten zeichnen, die Beziehungen miteinander hatten, und sogar Theaterstücke entwickeln, in denen die Wilderei thematisiert wurde. Es war unglaublich. Als ich die Kinder fragte, ob sie glaubten, dass ein Elefantenbaby seine Mutter vermisst, wenn sie getötet wird, sagten alle: „Nein!“

Daraufhin ließ ich ein Mädchen die Elefantenmama spielen. Ein anderes Mädchen spielte die Tante, und ein Junge spielte das Elefantenbaby. Ein Schüler erklärte sich bereit, den Wilderer zu spielen. Er erschoss die Mama und die Tante des Elefantenbabys, woraufhin beide Mädchen sich auf den Boden fallen ließen. Der kleine afrikanische Junge ging nun zu seiner toten Mutter und Tante und stieß beide sanft mit der Hand an, die seinen Rüssel darstellte. Er trauerte rührend um den Verlust und ließ ihn auch ohne Worte sehr traurig wirken.

Dann fragte ich die Schulklasse: „Glaubt ihr jetzt, dass ein Elefantenbaby seine Mutter vermisst, wenn sie von Wilderern getötet wird?“ Alle Kinder riefen: „Ja!“ Ich ließ sie schreien, so laut sie konnten: „Wilderer – nein! Beschützer – ja! Wilderer – nein! Beschützer – ja!“

Es wurde ein riesiger Erfolg, und ich kann es kaum erwarten, weltweit an den Schulen tätig zu werden – und auch Sie zu aktivieren. Wie Sie sich sicher vorstellen können, lassen sich Elefanten nicht leicht zählen. Doch ich wollte Ihnen die neuesten Zahlen nennen, damit Sie sich ein Bild darüber machen können, wie sehr ihr Bestand im letzten Jahrhundert aufgrund der Wilderei zurückgegangen ist.

Was verbinden wir mit Elefanten?

Ausdauer. Als Gott, der Hindernisse entfernt, kennt Ganesha keine Grenzen in seiner Fähigkeit, seine Ziele zu erreichen. Die Botschaft der Elefanten: „Bleib auf dem richtigen Weg“ und „Behalte festen Boden unter den Füßen“. Finden Sie den Weg, den Gott und die Natur für Sie in diesem Leben bestimmt haben, und bleiben Sie unter allen Umständen auf diesem Weg. Bewegen Sie sich weiter, entfernen Sie alle Hindernisse und halten Sie zusammen. Der Gemeinschaftssinn der Elefanten zeigt uns, dass wir in Gruppen weitaus stärker sind, mit sicherem Schritt gehen und von anderen auf demselben spirituellen Weg begleitet werden. Die Elefanten demonstrieren Beständigkeit, vernünftige, gute Gewohnheiten, von denen sie sich durch nichts auf der Welt ablenken lassen, und ein freudiges Gefühl der Stabilität und der Zugehörigkeit zu Gottes Reich und dieser Erde. Sie zeigen uns auch, dass in Zahlen Kraft steckt.

Was lehren sie uns sonst noch? Die Bedeutung von Familie und die Kraft starker Frauen. Wenn ein Elefant krank wird, wird ihm eine „Pflegerin" zugewiesen, die sich um den Elefanten kümmert, damit er nicht einsam leidet. Elefanten können uns viel über eine erfolgreiche Gemeinschaft und gut geführte politische Systeme lehren und uns zeigen, wie wir Ordnung in unser Leben bringen. Und sie ermutigen uns zur Neugier – egal was es kostet! Sie lehren uns, miteinander und mit anderen Spezies freundlich umzugehen, aufeinander zuzugehen und Neugier auf unsere Umwelt zu entwickeln.

3. Löwen

Könige und Königinnen

Vor einigen Jahren hatte ich eines meiner unvergesslichsten Erlebnisse mit Löwen, als Wynter, eine meiner südafrikanischen Schülerinnen, mir bei einem schwierigen Fall helfen wollte. Sie mailte mir das Foto eines weißen Löwenbabys namens Zintle, das gerade aus mysteriösen Gründen gestorben war. Das Löwenbaby hatte völlig gesund gewirkt, bevor es nur wenige Stunden später starb. Der Besitzer des Drakenstein Lion Park in Kapstadt, Paul Hart, machte sich große Sorgen, dass auch Zintles Schwester Ziyanda an dieser unerklärlichen Krankheit ohne Vorwarnung sterben würde. Er war vor Trauer und Sorgen außer sich. Ich werde nie vergessen, wie ich den Anhang öffnete und das herzergreifende elfenbeinfarbene Pelzgesicht sah. Ich ließ kurz vor Weihnachten alles stehen und liegen, um diesem armen Mann zu helfen, und um herauszufinden, woran sein kostbares Löwenbaby gestorben war.

Wynter schilderte mir in einer kurzen E-Mail den Hintergrund der beiden kleinen Löwen: Zintle und Ziyanda waren beide am 10. Dezember 2008 geboren und drei Monate später, am 11. März 2009, in Pauls Naturschutzgehege gebracht worden. Zintle war in den frühen Morgenstunden des 12. August unerwartet krank geworden, und trotz der Notbehandlung durch einen Tierarzt war sie noch am selben Tag gestorben. Warum, wusste niemand. Sie war erst neun Monate alt gewesen. Ich betete für ein paar Minuten zu Gott und betrachtete ihr flauschiges Gesicht. Dann machte ich einen Körperscan und führte medizinische Gestalttherapie per Foto mit ihr durch. Dabei versetzte ich mich in Trance, um mit dem verstorbenen Löwenbaby im Himmel zu sprechen. Ich nahm blitzschnell Kontakt zum Geist der jungen Löwin auf und tippte ihre Antworten ohne nachzudenken auf meiner Tastatur ein – bevor mein analytischer Verstand das, was meine Intuition mir sagte, leugnen konnte. Auch als etablierte Hellseherin kämpfe ich selbst nach all den Jahren noch immer gegen meinen inneren Kritiker an. Doch als meine rechte Seite anfing zu schmerzen und ich mir die Hand auf die Leber drückte, wusste ich, dass sie dort ein Problem gehabt hatte. Ich zwang mich, den geistigen Autopiloten einzuschalten und weiter zu forschen, während ich diese Worte channelte:

> Mein Eindruck ist, dass sich ihre inneren Organe nicht richtig entwickelt haben. Wenn ich „hineinschaue", sehe ich ein Problem mit dem Darm. Zintles Körper wurde mit ihrer unbändigen Energie nicht fertig. Ihre Probleme waren angeborene Fehlbildungen im Dickdarm und der Darmstruktur. Die Darmwand war zu dünn, und ich spüre, dass die Fehlfunktion an der Stelle saß, wo Dickdarm und Dünndarm aufeinandertreffen. Es gibt da eine Biegung, an der die Nahrung gegen die Schwerkraft ankämpfen muss. Dort verknotete sich ihr Darm, schwoll an und platzte.

Als Antwort schrieb Wynter mir, dass Zintle obduziert würde. Die Ergebnisse meiner intuitiven Sitzung würden also innerhalb von zwei Wochen bestätigt oder widerlegt werden. Wie sie mir mitteilte, war meine E-Mail an den Besitzer des Naturschutzparks, Paul Hart, weitergeleitet worden, der äußerst skeptisch war.

Ich schickte das Foto von Zintles süßem Gesicht an meine amerikanische Schülerin Heidi. Das Wissen, dass der Tierarzt in Südafrika eine Obduktion vornehmen würde, verursachte ein Flattern in meinem Bauch. Ich war zwar ein wenig nervös, doch zugleich unheimlich aufgeregt, eine solche wissenschaftliche Bestätigung zu erhalten. Daher ergriff ich die Gelegenheit, mit einer meiner hellseherisch begabtesten Schülerinnen, einer ehemaligen Polizistin, ein Doppelblindexperiment vorzunehmen. Ich schickte Heidi das Foto und fragte sie, woran das Löwenbaby Zintle gestorben war. Dabei verriet ich meine eigene Meinung mit keinem Wort. Heidi schrieb Folgendes zurück: „Das Erste, was mir kam, war das Bild eines Darms mit einer zu dünnen Darmwand. Es sah aus wie eine Blase im Darm, ein Aneurysma oder eine Embolie, ich kenne den genauen medizinischen Begriff nicht. Ich bin nicht sicher, ob sie einen Darmbruch hatte, aber er war unausweichlich."

Die große Herausforderung bei dieser Aufgabe war für uns beide, dass wir nicht um einen Körperscan an einem lebenden Tier gebeten worden waren, sondern eine gedankliche Autopsie an einem Tier vornehmen sollten, das im Himmel war. Es tröstete mich zu erfahren, dass Heidi und ich voll und ganz übereinstimmten, obwohl ich meine eigenen Eindrücke mit keinem Wort erwähnt hatte, um ihr intuitives Reading nicht zu beeinflussen. Heidi beeindruckte mich noch mehr als zuvor, und ich war stolz auf meine Schülerin.

Vierzehn Tage später schickte Wynter den offiziellen Obduktionsbericht des Tierarztes, der die Autopsie an Zintle in Südafrika durchgeführt hatte: „Obduktion und Laborresultate haben ergeben, dass Zintle einen angeborenen Darmdefekt hatte, der degeneratives Leberversagen auslöste. Ihr Zustand war unheilbar."

Eine der größten Belohnungen in meinem Leben war, nach Südafrika zu fliegen, um den Löwenpark und den mürrischen, umstrittenen, wunderbaren Paul Hart kennenzulernen. Er erzählte mir die Geschichte des tragischen Verlustes seines geliebten Löwenmädchens Zintle. Wie er mir sagte, hatte er unzählige Nächte nicht schlafen können, weil er sich solche Sorgen machte, dass auch Ziyanda an der mysteriösen Krankheit sterben würde. Er hatte meine E-Mails aus Los Angeles erhalten, die ihm die Sicherheit gaben, dass Zintles Gesundheitszustand angeboren war und dass ihre Schwester Ziyanda die Krankheit nicht geerbt hatte und ein langes Leben als kräftige, gesunde Löwin haben würde.

Der große, bullige Südafrikaner Paul war den Tränen nahe, während er mir erzählte, wie überrascht er war, als die Tierärzte meine Intuition bestätigten. Ziyanda schwebte nicht in Gefahr, und er war nicht für Zintles Tod verantwortlich. Ich sagte ihm, dass Zintle darauf bestanden hatte, ich solle ihm sagen, dass das Problem ein angeborener Darmfehler und nicht die Folge der Behandlung sei, die sie unter seiner liebevollen Pflege erhalten hatte. Seinen Blick werde ich nie vergessen. Auch wenn sich Staunen, Verwirrung und Ungläubigkeit in seinen Augen spiegelten, drückte sich in seinem Gesicht Erleichterung aus. In diesen zarten Momenten, in denen ich mit Zweifeln konfrontiert werde und meine Angst überwinden muss, ist es mir möglich, selbst die skeptischsten Tierfreunde auf Erden zu trösten. Für mich sind das angsteinflößende Augenblicke. Schließlich habe auch ich Gefühle, und ich will mich nicht irren. Doch wenn ich einen Mann wie ihn – einen Tierfreund und Helden – trösten kann, egal wie skeptisch er Hellsehern gegenüber eingestellt ist, dann wird mir klar, dass Mut und nicht Begabung der Hauptaspekt meiner umstrittenen Arbeit und ihres Wertes ist.

Natürlich hat mein Beruf auch noch andere grenzenlose Höhen zu bieten. Während einer Privattour durch Pauls Wildpark durfte ich die kleine Ziyanda persönlich kennenlernen und mit ihr sprechen. Sie ist das süßeste, lebhafteste weiße Löwenbaby in Kapstadt. Falls Sie in der Nähe wohnen, dann helfen Sie Paul bitte bei seiner Rettungsarbeit.

Meine nächste Geschichte ist sogar noch mysteriöser, weil sie von einem Löwen handelt, der gar kein Löwe ist – noch nicht.

TRÄUM WEITER, HAYLEY

„Dieser Kater! Dieser Kater! Sie müssen sich diesen Kater ansehen. Er ist der größte Kater, den man je gesehen hat! Er ist riesig! Und er humpelt nur, wenn man ihn ansieht! Sie müssen den Kater nehmen!"

Die Worte kamen von Albert, meinem Masseur, meinem Heiler, einem argentinischen Medizinmann, dem ich so sehr vertraue, dass ich alles tun würde, was er mir sagt, außer den Kater zu nehmen. Ich wollte nicht noch eine Katze. Und selbst die Vorstellung, den größten Hauskater der Welt zu haben, der nur humpelt, wenn man hinsieht, konnte mich nicht dazu bringen, einen weiteren Kater zu adoptieren, während ich beruflich in der Welt herumreise.

„Kommen Sie her. Sie werden sich in diesen Kater verlieben."

Genau das wollte ich nicht.

„Sie müssen ihn nehmen. Er wird sonst getötet."

O Gott.

Wie sich herausstellte, verwaltete mein Masseur einen Wohnblock im Norden von Hollywood, in dem keine Katzen erlaubt waren. Einer der Hausbewohner hatte den Kater mitgenommen und ihm so das Leben gerettet. Nun war der verbotene Kater dem Verwalter übergeben worden, der in seiner Wohnung auch keine Katzen halten sollte. Unser Geheimnis war jedoch, dass Albert den Katzensitter der berüchtigten Flo (Ol' Aunt Flo), dem Star meines zweiten Buchs, *Tierisch einfach* (G. Reichel Verlag, 2006), gespielt hatte und meine zehn Pfund schwere Katze Florabelle versorgt hatte, während ich in der Weltgeschichte herumreiste und Tierkommunikation lehrte. Selbst als die alte Dame schon in Leben neuneinhalb steckte, liebte er sie noch genauso wie ich und konnte ihre brüchige Stimme nachmachen, wenn sie ankündigte, dass sie ihr Katzenklo aufsuchen würde („Ich gehe jetzt auf mein Katzenklo, um zu pinkeln!") wie auch das anschließende Miau, mit dem sie sagen wollte: „Ich bin jetzt mit Pinkeln fertig und habe mein Katzenklo erfolgreich verlassen." Er ahmte das schüchterne „Vorher" (mi-ri-au) und das stolze „Nachher" (mri-auuu!) amüsiert und mit aufrechter Fürsorge nach und achtete nicht nur auf ihre Bedürfnisse, sondern freute sich auch über ihre Fähigkeit, ihre intimsten Momente mitzuteilen.

Albert ist nicht nur mein wichtigster Vertrauter, wenn es um Heilung und Medizin geht, sondern auch eine Autorität in meinem Leben, wenn es um Katzen geht. Und er war sicher, dass ich den größten Hauskater der Welt unbedingt kennenlernen sollte. Woher wusste er bloß, dass ich bei großen, dicken Katern dahinschmelze?

Als ich zu dem heruntergekommenen Haus in Nordhollywood fuhr, hatte ich nicht vor, noch eine Katze zu adoptieren. Doch dann schaute Gott auf eine Tasse Tee vorbei. Ich warf einen Blick auf den größten schokoladenbraunen Perserkater, den ich je gesehen habe, und er äugelte mich wie ein amüsierter Rockstar. Als Backup-Tänzerin für Smokey Robinson und Ray Charles habe ich in meinem Leben schon ein paar kennengelernt. Er musterte mich von Kopf bis Fuß, kicherte trocken und sagte dann: „Ich komm nach dem Essen zu dir." Dann stolzierte er in die Küche. Ich musste laut über seine Einstellung lachen. Der Frechdachs ließ seine Retterin warten, obwohl sein Leben in Gefahr war! Er war sich so sicher, dass ich ihn mitnehmen würde, dass er erst noch den Futternapf leerte, bevor er seine Sachen packte. Nach seinem Snack spazierte er wieder ins Zimmer und musterte mich erneut mit einem ansteckenden, breiten Lächeln der Zustimmung im massiven Gesicht – ich habe wirklich noch nie eine so große Hauskatze gesehen. „Also gut, Babe … dann woll'n wir mal den Abgang machen", sagte er dann.

Ich hob ihn hoch und hätte mir dabei fast die Bandscheibe ausgerenkt, und er legte wie ein großer Koalabär Pfoten und Beine um mich. Dann schmiegte er das Gesicht an meinen Hals, leckte mir das Kinn ab und versuchte, seine Zunge in mein Nasenloch zu stecken. Ich brüllte vor Lachen und sagte zu ihm: „Du bist ein ganz schön frecher Kater. Keiner, den ich meiner Mutter vorstellen kann."

Ich rüttelte den Riesenkater sanft, um meine Theorie zu testen, und fand dabei heraus, dass er das Tanzen liebte – nämlich wie ein Riesenbaby auf und ab geschaukelt zu werden. Ja, er war wirklich eine dreizehn Kilo schwere Spaßfellbombe. Je mehr ich mit ihm wippte und ihn Hiphop tanzen ließ, umso lauter schnurrte er. Seine Riesenschlegel wippten in die eine Richtung, während seine Vorderpfoten sich in die andere drehten, so wie ein DJ, der bei einer Hausparty um Mitternacht den Sound mischt. Offensichtlich hatte der Katzenkönig des Funk den Weg zu seiner neuen Tanzpartnerin gefunden. Schon unser erstes Tänzchen machte mich süchtig nach ihm.

„Ich nehme ihn mit!“, sagte ich zu Al. Und zum Kater sagte ich: „Also gut, Babe … dann packen wir’s.“ Das war’s. Von diesem Augenblick an gehörte ich ihm. Und es sollte ein wilder Ritt werden.

Ich kann nicht behaupten, diesen Kater gerettet zu haben. Im Rückblick muss ich sagen, dass er mich gerettet hat. Und ich sollte nie seine „Besitzerin“ werden. Ich war glücklich, einfach nur eine seiner „Tussis“ zu sein. Doch an diesem ersten Tag wusste ich nur, dass ich einen Hauskater in der Größe eines Mopses mit nach Hause brachte. Da ahnte ich noch nicht, dass jeder Mops vor seiner Wildheit auf dem Bauch kriechen würde. Sie fragen sich vielleicht, warum ich in einem Kapitel über Löwen eine Geschichte über einen Hauskater erzähle. Nun, das Chaos hat Methode. Nur Geduld!

Ich nahm den Riesenkater mit in meine Wohnung in Nordhollywood, die zum Glück katzenfreundlich war, da sie auch das Zuhause von Flo und Hopkins war, solange sie noch lebten. Außer dem lebhaften Verkehr vor dem Haus war die Wohnung für Katzen sicher. Wie schon erwähnt, war dies meine erste Hauskatze, die gern tanzte. Wenn ich Tanzmusik auflegte – und es ein Lied war, das ihm gefiel, was nur klassische Funksessions waren –, stieß er mit dem Kopf gegen mein Schienbein und rief so lange „Rah! Rah!“, bis ich ihn aufhob und in meinen Armen tanzen ließ. „Tanzen! Tanzen!“, hörte ich ihn rufen. Ich stützte ihn wie einen Kartoffelsack auf der Hüfte ab, und dann begann das Liebesfest mit dem schokoladenbraunen Perserkater, bei dem er Hiphop in meinen Armen tanzte. Wir tanzten jeden Abend buchstäblich stundenlang und ließen nie seinen Lieblingssong aus, der da lautet: „Comin’ to you directly from the mother ship, top of the chocolate Milky Way, home of the extraterrestrial brothers ... Make my funk to P. Funk, I wantsta get funked up ...“

Das Zweite, was mir auffiel, war, dass er keinen Namen hatte. Alle Tierseelen haben Namen, doch als ich mich auf seine Seele einstellte, um seinen Namen herauszufinden, kam nichts. Was auch immer mir einfiel, es fühlte sich falsch an, und er reagierte auch nicht, wenn ich ihn bei einem der neuen Namen rief. (Michael Jackson? Luther Vandross? Barry White? Ice T? Kanye? Chris Brown?) Wie mein Masseur mir erklärte, würde der Kater nur auf ein bestimmtes Zungenschnalzen reagieren, das wie „Ksl! Ksl!" klang. Egal wie sehr ich mich bemühte, seinen Seelennamen herauszufinden – er reagierte nur auf „Ksl, Ksl".

Das Dritte, was ich feststellte, war, dass dieser funkige Kater nie „Miau" sagte. Stattdessen sagte er „Rah!" Nur wenn er träumte und im Schlaf redete, was er jede Nacht laut tat, sagte er: „Rahah-ra-bädäbäbäh-rar-rah-riii-rah!" Und noch etwas Merkwürdiges bemerkte ich: Abends, wenn er in meinen Armen einschlief (wobei er seine kräftigen Arme um meinen Rücken legte), nahm er manchmal die Gestalt eines Zulu-Häuptlings an. Dann wachte ich neben einem großen, kräftigen Mann auf, der Federschmuck auf dem Kopf und einen Gürtel, an dem lauter Medizinsäckchen hingen, um die dicke Taille trug und der laut schnarchte. Das Leben einer Hellseherin wird halt nie langweilig. Zum Glück fühle ich mich in der Gegenwart von moppeligen Zulu-Häuptlingen oder Katern, die unbeabsichtigt ihre Gestalt annehmen, wie zu Hause, und daher machte es mir nichts aus. Aber es war dennoch ein leiser Schock, als sich mein Perserkater zum ersten Mal in einen Zulu-Häuptling verwandelte. Wahrscheinlich war ich in einem früheren Leben eine seiner vielen Frauen, und nun hatte er mich wiedergefunden, weil wir immer noch verliebt waren, auch wenn ich damals wie heute nur eine seiner „Tussis" war. Dennoch war ich froh, als ich herausfand, warum er so bizarr war. Ich seufzte erleichtert auf und sagte zu ihm: „Ach, jetzt weiß ich wieder, wer du bist. Aber könntest du das Schnarchen und das Reden in der Stammessprache bitte etwas herunterschrauben?"

So begann unsere epikureische Liebesaffäre. Eine Liebesaffäre, die diesen Hauskater aus Los Angeles nach London, von London nach

New Jersey und schließlich nach New York City brachte – und vielleicht sogar in seine „Heimat“ Afrika.

Das Shapeshifting oder Gestaltwandeln war jedoch nur der Anfang. Der skandalöse Kater entwickelte sich auch noch zu meinem Bademeister, der mir jeden Abend ins Bad folgte und mir die Zehen ableckte, während ich auf dem stillen Örtchen saß, weil er überzeugt davon war, dass ich allein im Bad nicht sicher sei. Als ich ihn danach fragte, erklärte er: „Da ist Wasser drin“, als wäre ich ein Schwachkopf, der die Gefahr nicht erkennt. Mit den Jahren sind mir zahllose Katzen und Hunde – vor allem Chihuahuas – begegnet, die ihren Herrchen oder Frauchen aufs Klo folgen. Letztes Jahr wohnte ich bei einer meiner Schülerinnen, deren zwei Chihuahuas mich treu auf die Toilette begleiteten, die Tür aufstießen, sobald ich mich gesetzt hatte, und mich so intensiv wie zwei kleine Wasserspeier aus Stein zu meinen Füßen anstarrten, während ich mein Geschäft verrichtete. Von ihrem starren Blick eingeschüchtert, fragte ich sie, warum ich das Klo nicht ohne ihre Begleitung aufsuchen dürfte, woraufhin sie mich anbettelten, mir den Hintern abzulecken, da sie davon überzeugt waren, dass Klopapier kein guter Ersatz sei. Als ich protestierte, sagte der beharrlichere Hund der beiden: „Aber ich kann das besser als du! Und es fühlt sich auch noch gut an!“ Seine Gründe hörten sich sogar vernünftig an. Doch ich beschloss, lieber altmodisches Toilettenpapier statt Chihuahuas zu verwenden. Ein so krasses Verhalten legte Doc nie an den Tag. Stattdessen wartete er, bis ich mich gesetzt hatte, damit er mir die Zehen ablecken konnte. (Er war zwar funky, aber doch kein Freak!)

Es gibt viele andere vierbeinige Bademeister da draußen, die nicht so ambitioniert sind. Wenn ich sie nach ihrer selbst gewählten Aufgabe frage, zeigen sie mir die Gefahren, die in unseren Toiletten lauern: das Wasser, das mit einer unterirdischen Klärgrube verbunden ist, in die wir schlimmstenfalls hineinfallen könnten. Doch ganz im Ernst: Auf dem WC sind wir einem energetischen Feld ausgesetzt, das unseren Tieren ganz und gar nicht gefällt – sie spüren die Verwundbarkeit unseres Zuhauses, das energetische Lecks hat, die ein sauber wirkendes Haus mit verseuchten unterirdischen Klärgruben verbinden. Diesen Klärgruben wollte mich Doc niemals alleine aussetzen. Er wachte mitten in seinem lauten Schnarchen auf und schwankte im Halbschlaf hinter mir ins Klo. Dieses Verhalten zeigte er sogar noch, als er alt war und kaum mehr laufen konnte. Er wachte keuchend auf und polterte schwerfällig seine Stufen hinunter (schließlich war er ein untersetzter Gentleman in fortgeschrittenem Alter, der seine eigene Babytreppe brauchte, um auf das Bett und wieder herunterzusteigen), wenn er mich allein aufs Klo gehen hörte – an jenen gefährlichen Ort, an dem ich ohne ihn nicht sicher war. Viele von Ihnen kennen das und haben selbst tierische Beschützer, die Ihnen jeden Abend aufs Klo folgen. Das ist wahre Liebe. Doch seine Besessenheit mit der Porzellanschüssel hatte einen noch tieferen Grund.

Jeden Morgen, wenn ich in der Badewanne war, schob sich Doc durch den Türspalt, stieß mit dem Kopf gegen die Wanne und schrie: *„Rah! Rah! Rah!"* Dann sagte ich: „Das kann doch nicht dein Ernst sein!" Doch er schrie nur weiter *„Rah! Rah!"* Eines Tages hatte ich es satt, von ihm im Schaumbad angeschrien zu werden und ständig mitansehen zu müssen, wie er mit dem Kopf gegen die Wannenwand schlug. „Du lieber Himmel! Also gut", gab ich nach. Ich hob ihn hoch und setzte ihn auf meine Knie. Er legte sich bis zum Hals in den Badeschaum und fing an zu schnurren. Es stimmt – er fing wirklich an zu schnurren! Ich kraulte ihm den dicken, nassen Bauch und ließ den Wasserbesessenen ein Bad mit mir nehmen. Der alte Doc lag in meinen Armen und schnurrte wie ein Motorboot, während ich ihn im warmen Wasser knuddelte. Doc war einzigartig.

Es gab noch etwas an diesem Kater, was ganz untypisch für Hauskatzen war. Sobald er bei mir eingezogen war, wollte er nicht mehr alleine nach draußen gehen. Ich führte ihn wie einen kleinen Hund spazieren, wobei er neben mir herlief und nur auf „Ksl" reagierte. Aber mit Hunden stand er auf Kriegsfuß. Eines Tages rannte er aufgeregt ins Schlafzimmer. Ich fragte ihn, was los sei, und folgte ihm ins Wohnzimmer, wo er mir zeigte, dass der Wind die Wohnungstür aufgerissen hatte. Er schrie so lange, bis ich sie zumachte. Dieser Kater würde nicht nur nie wegrennen oder mir auch nur von der Seite weichen. Er bekam schon Todesangst, wenn die Wohnungstür vom Wind aufgerissen wurde.

„Warum macht dir das so viel Angst?“, fragte ich ihn.

„Weil ein anderes Tier eindringen und mein Futter fressen könnte“, sagte er. Den Tag, an dem ein anderes Tier das versuchte, werde ich nie vergessen. Das Schloss an meiner Eingangstür war nicht allzu stabil, und der Wind in Santa Ana, Kalifornien, kann heftig sein. Als eines Tages wieder die Eingangstür aufflog, kam ein großer Hund in meine Wohnung gerannt. Es war ein großer Pudelmischling, auf den der Nachbar gerade aufpasste. Gott segne den armen Hund.

Doc verspeiste gerade sein zweites Frühstück oder seinen Snack vor dem Mittagessen. Er drehte sich um und erblickte die Hündin im Wohnzimmer. Zu meinem Schrecken verwandelte er sich sofort in ein wildes Biest. Er erstarrte. Jedes lange Körperhaar sträubte sich, so dass er wie ein Stachelschwein aussah, und er fing an, der großen Hündin auf Schritt und Tritt zu folgen. Er versuchte, wie ein Löwe zu brüllen, und machte seine Sache gut, während er sie durch die ganze Wohnung jagte. Zugegeben, ich konnte nicht aufhören zu lachen, sobald der Schreck nachließ, aber ich konnte ihn auch nicht zurückhalten. Zu Tode erschrocken rannte die Hündin ins Schlafzimmer, um sich dort in Sicherheit zu bringen, und anschließend ins Bad, doch er blieb ihr dicht auf den Fersen und seine Krallen hatten sich in eine Dreschmaschine verwandelt.

Er war so furchterregend, dass ich Angst hatte, die beiden zu trennen, während er sie attackierte. Schließlich scheuchte ich den Wirbelsturm aus fauchendem und fliegendem Fell zurück ins Wohnzimmer, wo er sie – ganz Stachelschwein – zur Tür hinausjagte. Ich rannte hinaus, um sie zu beruhigen, da sie schließlich ein *Hund* war und gerade eine Tracht Prügel von einer *Hauskatze* bekommen hatte, und dazu auch noch von einer Perserkatze! Wie peinlich! Ich versprach ihr, es keinem ihrer vierbeinigen Freunde zu erzählen. Ich fand sie auf dem Balkon kauernd; sie war völlig durcheinander, und auch er war so durcheinander, dass ich mit ihm eine lange Fahrt auf der Stadtautobahn machen musste, um ihn wieder zu beruhigen.

Seine bevorzugte Freizeitbeschäftigung war, im Auto auf meinem Schoß zu sitzen und mit mir auf der Autobahn zu fahren. Er liebte Autofahren, und wenn andere Autofahrer im Verkehrsstau von Los Angeles herüberschauten und den riesigen schokobraunen Perserkater auf meinem Schoß sitzen sahen, die Pfoten aufs Lenkrad gelegt, kurbelten sie das Fenster herunter und johlten vor Freude. Dann sah er aus dem Fenster und grüßte seine Fans wie der Bürgermeister der Stadt oder wie Jay Leno in einem seiner Oldtimer im Coldwater Canyon. Doc war eben ein Rockstar. Nun fragen Sie sich vielleicht, warum ich ihn Doc genannt habe.

Wie Doc zu seinem Namen kam

Ich hatte wieder einmal die begehrte Einladung angenommen, auf einer Hochzeit Brautjungfer zu spielen. Hochzeitsfeiern gehören nicht unbedingt zu meinen Lieblingsbeschäftigungen am Wochenende. Wakeboarding mit Walrossen? Ja. Wanderungen auf der Suche nach Warzenschweinen und Gnus? Absolut. Woozels zeichnen? Definitiv. Mich mit einem einäugigen Wiesel namens Wanda unterhalten? Klar doch. (Ich wünschte, ich hätte diesen Termin als Ausrede.) Aber auf eine Hochzeit gehen? Auf keinen Fall.

Aber wieder einmal heiratete ein geliebter Mensch, und ich konnte der Braut nicht absagen. Daher war ich gezwungen, ein kleines Vermögen für ein grässliches Brautjungfernkleid auszugeben. Sie wissen, was ich meine. Zum Ensemble gehört ein passendes kurzes, mit Pailletten besetztes Jäckchen, das einen von der Taille an aufwärts wie einen von Liberaces Türstehern aussehen lässt, und von der Taille abwärts wie jemand, der an einer muslimischen Trauerfeier teilnimmt. Die Braut versichert, dass Sie das Kleid (das sie *entzückend* findet und extra für Sie besorgt hat) nach der Hochzeit zum Minikleid umarbeiten lassen und bei besonderen Gelegenheiten tragen können. Natürlich wollen Sie es für immer behalten und als Erinnerung an sie und ihren großen Tag tragen (in einem anderen Leben ... in ferner Zukunft ... auf einem anderen Planeten). Natürlich ist es Sache der Brautjungfer, die passenden Schuhe selber zu finden.

Nachdem Sie diesen schmerzhaften Einkauf mit der Kreditkarte bezahlt haben, gehen Sie ein überteuertes, überflüssiges Hochzeitsgeschenk kaufen. Ich kam zu spät ins Fachgeschäft, um noch einen der Gegenstände ganz oben auf ihrer Wunschliste zu ergattern, und so musste ich mich mit einer schmutziggrauen Badematte und Zahnbecher für sie und ihn in Form eines kleinen Fracks (Made in China) begnügen. Natürlich kostete die Geschenkverpackung mehr als ihr Inhalt.

Was die Sache noch verschlimmerte: Die Hochzeit fand außer Landes statt, und ich hatte die Ehre, mir für eine Hochzeit, auf die ich nicht gehen wollte, ein Flugticket zu kaufen, das ich mir nicht leisten konnte, um Leute zu treffen, die ich nicht treffen wollte.

Und an diesem Wochenende der Festlichkeiten hatte ich auch keinen Partner, den ich mitnehmen konnte. Keiner der Hochzeitsgäste war witzig, und wie ich wusste, würden Braut und Bräutigam ihren Hochzeitsschwur wiederholen, Gedichte und lauter solchen Schmalz vorlesen, vor Rührung über ihre ewige Liebe schniefen und blubbern und kein Wort herausbringen. Das allein würde Stunden dauern. Wie Sie mittlerweile gemerkt haben, hätte ich der Hochzeit einen Abstrich beim Frauenarzt vorgezogen.

Doch dummerweise hatte ich die Einladung angenommen, was bei mir passiv-aggressives Selbstmitleid auslöste, was wiederum zu meiner Standardkrankheit führte, die ich nur dann bekomme, wenn ich mich zu etwas bereiterkläre, wozu ich keine Lust habe: Halsentzündung und gleichzeitig Kehlkopfentzündung. Die Halsentzündung manifestierte sich als Belohnung für die Unterdrückung meiner Wut, und die Kehlkopfentzündung bekam ich wegen meiner Unfähigkeit, mich der Situation und meinen Gefühlen zu stellen, ganz zu schweigen davon, dass ich sie hätte aussprechen können. (Das wird nie passieren!) Also wurde ich in der Woche vor der Hochzeit kränker, als ein Mensch sein sollte, ohne zu sterben. Ich ging nicht etwa zum Arzt, da ich überzeugt war, ich könnte mich allein mit Vitaminen auskurieren. Ich Idiot. In meinem Körper wimmelte es von genügend Bakterien, um ein Rhinozeros umzubringen.

Am Abend vor dem Flug hing eine meiner Gesichtshälften herunter, so dass ich aussah, als hätte ich einen Schlaganfall erlitten, und mein Kopf war so vernebelt, dass ich mein linkes Auge nicht mehr aufmachen konnte. Am nächsten Morgen musste ich meinen Flieger bei Tagesanbruch kriegen und nicht nur in ein fremdes Land fliegen, sondern auch für Hochzeitsfotos fit aussehen. Ich fühlte mich so schlecht, dass ich mich noch nicht mal im Bett aufrichten konnte. Also lag ich im Morast meiner eigenen Negativität und wusste, dass kein Wick MediNait der Welt mir helfen würde, diese Nacht herumzubringen. Ich hatte pochende Kopfschmerzen. Ich versuchte zu schlafen. Ich fing an zu weinen.

Da geschah es. Mein neuer Perserkater kletterte aufs Bett und ließ sich rechts neben mir nieder. Dann tat er etwas, was er noch nie getan hatte – etwas, was ich nie vergessen werde. Er kletterte weiter, bis er oben auf meinem Kopf angekommen war. Ich spürte, wie er sich über meinem pochenden Schädel auf dem Kissen drehte und sich schließlich wie eine russische Pelzmütze auf meinem Kopf niederließ. Dann fühlte ich, wie eine große, weiche Pfote auf meinem schmerzenden linken Augenlid landete. Sein anderer starker, pelziger Arm wickelte sich um mein rechtes Ohr und fing die Tränen ab, die mir die rechte Wange herunterliefen. Ein paar Minuten später nahm er die Pfote von meinem linken Auge und streckte beide Arme nach meinem Kopf aus. Er hielt ihn fest und griff mit beiden Pfoten unter mein zitterndes Kinn, während ich schluchzte. Dann legte er sein Kinn auf meine Stirn und fing an zu schnurren.

Trotz des Deliriums war es mir möglich, in Gedanken die Verbindung zu ihm aufzunehmen. „Was machst du mit mir?“, fragte ich ihn mental. Ich hörte seinen Gedanken: „Ich bringe deine beiden Hirnhälften wieder ins Gleichgewicht.“ Er sagte etwas über die

Neueinstellung von Gehirnwellen und andere heilende Dinge, die zu kompliziert waren, als dass ich sie hätte verstehen können. Ich wünschte, ich könnte mich an all das noch erinnern, aber ich traue mich noch nicht einmal, es zu versuchen. Ich kann nur sagen, dass ich am nächsten Morgen gesund aufwachte. Nicht irgendwie besser, sondern fit.

Ich stieg in den Flieger und überlebte das Hochzeitsdebakel. Nach meiner Rückkehr mutierte das Zirkuszelt eines Brautjungfernkleids zu einem weichen Nest für eine Rattenfamilie, die zwischen den Mülltonnen hinter dem Haus lebte. Doch die Heilkur, die Doc mir in jener Nacht zugutekommen ließ, war ein Wundermittel, das mein kluger alter jüdischer HNO-Arzt in Beverly Hills nicht hätte anwenden können, selbst wenn er mir hausgemachte Hühnersuppe aus seiner eigenen Küche mitgebracht hätte. Übrigens erlebte ich diese Heilmethode, bei der mein Kopf zusammengepresst und meine Hirnhälften ins Gleichgewicht gebracht wurden, nie wieder, weil ich sie nie mehr brauchte. Nachdem ich diesen Kater nach Hause gebracht hatte, wurde ich nie mehr so krank. Er war ein Doktor. Und die Wunderheilung, die er an mir vollbracht hatte, war nur ein weiterer Beweis für seine interplanetarische Einzigartigkeit.

Mein vierbeiniger Schamanenheiler sollte auch bald zu meinem Therapeuten werden – und auch zu meinem Wecker, Fitnesscoach, Meditationslehrmeister, spirituellen Guru und persönlichen Clown. Doch vor allem war er mein Psychiater, und deshalb nannte ich ihn Doc. Und das war nur, weil er keinen eigenen Namen hatte oder ihn mir – außer dem geschnalzten „Ksl" – nicht mitteilen konnte.

Im Jahr darauf spielte ich einen neuen Song mit dem Titel „Dream On, Hayley" von James Morrison ab. Es ist ein wehmütiges Liebeslied mit der Art von Melancholie, die mir direkt ins Herz geht. Ich sang ihm die ersten Zeilen leise vor, um zu sehen, ob es ihm gefiel, bevor ich ihn aufhob, um mit ihm zu tanzen:

> Some people sleep easy. Some people don't.
> Keep the light on because you start to feel so alone.

Somebody's disappointment over the years.
Willing to love completely, but it always ends in tears ...
Dream on, Hayley ...
(Manche haben einen leichten Schlaf. Manche nicht.
Lass das Licht an, weil du dich sonst so einsam fühlst.
Die jahrelange Enttäuschung.
Bereit, deine ganze Liebe zu geben, doch es endet immer in Tränen … – Träum weiter, Hayley …)

Es ist die Art von Lied, die ich verstehe. Und zu meiner großen Überraschung blickte er mit einem total erschrockenen, wissenden Blick zu mir auf. Offensichtlich verstand er das Lied auch. Für einen Moment schaute er nachdenklich weg. Ich hatte einen Nerv getroffen. Dieser Kater hatte ein paar eigene Erfahrungen mit Verlassenwerden, Verrat und all den Verletzungen, die Menschen einem zufügen können, gemacht. Sein Humpeln wurde durch seine Krallen verursacht, die so lange vernachlässigt worden waren, dass sie schon Schlaufen gebildet hatten und sich in seine zarten Fußballen bohrten, wo sie mit jedem Schritt tiefer ins Fleisch eindrangen – so wie die Pfoten meines anderen Lieblingslöwen. Ich musste sie ihm herausoperieren lassen, da sie tief in seine Fußsohlen eingebettet waren und diese schon bluteten. Als ich seine schmerzenden Pfotenballen küsste, fiel ein Schatten auf sein Gesicht, doch als ich das Liebeslied sang, sah er jedes Mal, wenn ich „Hayley" sagte, mit strahlenden Augen zu mir auf und hob lächelnd das Kinn! So etwas hatte ich ihn noch nie tun sehen, und daher hob ich ihn hoch, und dann tanzten wir zum ersten Mal zu diesem Lied. Während wir langsam durch das Wohnzimmer tanzten, sang ich ihm ins Ohr: „If you don't feel loved, dreaming is the way to go. Dream on, Hayley ..."

Von diesem Abend an reagierte er nicht nur auf „Ksl", sondern auch auf „Hayley". Es wurde unser Nachtritual. Wir beendeten jeden Tag mit einem Stehblues, während ich „Dream on, Hayley" sang. Und endlich hatte er einen englischen Namen und einen Spitznamen, den ich aussprechen konnte. Denken Sie nicht, dass ich zu weit vom Thema abgekommen bin.

Dieser kleine Löwe in meiner Wohnung brachte mich zu den echten Löwen in Afrika, also bleiben Sie dran. Das Chaos hat Methode. Damals versuchte ich, mich in New Jersey niederzulassen, was nicht sehr gut klappte. Doc verlor langsam seine Sehkraft, und an dem Tag, an dem er sich jeden Zentimeter in meiner Wohnung einprägte, indem er jeden Gegenstand in der Wohnung mit den Barthaaren berührte, wurde mir klar, dass es ihm gegenüber nicht fair war, ihn jedes Mal, wenn ich verreiste, von einer Wohnung in die andere zu bringen. Also ließ ich Doc in Manhattan bei seinen Katzensittern, einem sehr netten Tattoo-Künstler und seiner wundervollen Frau, während ich mich nach Afrika aufmachte, um Spaß auf meiner ersten Safari zu haben – wäre da nicht Peter gewesen.

PETER, DER SPIELVERDERBER

Es geht eine berühmte Legende über Safaris um, die ich schon jahrelang gehört hatte, aber nicht wirklich glauben konnte. Und die lautet, dass man auf seiner ersten teuren Safari – sei es wegen des Geburtstags seiner Mutter, seiner Silberhochzeit oder eines anderen Ereignisses im Leben, das auf eine so grandiose Weise gefeiert werden soll – die gesamte Safarireise von einem anderen Teilnehmer verdorben wird, weil das größte Arschloch, dem man je begegnet ist, mitfährt. Da man bei jedem Ausflug normalerweise mit denselben Leuten unterwegs ist, ist es so gut wie unmöglich, dem Spielverderber zu entrinnen. Er vermasselt einem jede Tour, indem er laut und nervig ist und behauptet, mehr über die Tiere als selbst der afrikanische Safarileiter zu wissen. Er gibt damit an, dass er schon überall dort war, wo man hinfahren will, und schon die besten Fotos von allen Orten, die man sehen möchte, hat. Ich hatte zwar von der Legende schon gehört, war jedoch sicher, dass *mir* das nicht passieren würde. Was für ein Irrtum!

Ich befand mich noch in Victoria Falls, wo ich zuerst gelandet war, um beim Wildwasser-Rafting auf dem Sambesi mitzumachen. Das sind vierundzwanzig Stromschnellen der Klassen III bis V, in denen man wie eine Handvoll Konfetti an Silvester aus dem Boot geworfen wird und Hals über Kopf in endlose Wasserfälle stürzt, woraufhin man in einem Strom voller Krokodile um sein Leben kämpft. Macht echt Spaß. Aber das ist eine Geschichte, der ich mich später widmen werde.

Am Abend des Tages, an dem ich mein Leben im Sambesi aufs Spiel gesetzt hatte, lag ich im Bett in Victoria Falls, als eine junge Löwin sich in meine Gedanken einklinkte und ungeduldig fragte: „Wo bist du?"

„Ich bin in Simbabwe. Und wo bist du?", antwortete ich.

Sie sagte: „Wir sind im Nationalpark von Luangwa. Wir warten schon auf dich! Beeil dich!"

„Wie viele seid ihr?", fragte ich.

„Na ja, ich und meine beiden Freunde, und dann eine Familie mit drei Kleinen. Aber die ist getrennt von uns untergebracht. Du musst ganz schnell kommen."

„Warum denn?", fragte ich.

„Ich habe zwei männliche Freunde, aber du musst mir helfen, den richtigen zu wählen."

Plötzlich hatte ich einen goldgelben Löwen und einen jüngeren Löwen, der eher braun war, vor Augen.

„Warum brauchst du dafür meine Hilfe?", wollte ich wissen.

„Weil er möglicherweise eines Tages gegen den anderen Löwen kämpfen wird." Sie zeigte mir einen riesengroßen dominanten Löwen, der das Oberhaupt der anderen Familie war.

„Okay", sagte ich. „Warte. Ich komme."

Beim Einschlafen wurde ich von einer Leopardin geweckt, die unerwartet in meinem Geist auftauchte.

„Wo bleibst du denn?", fragte sie.

„Ich bin in Vic Falls. Und wo bist du?"

„Wir sind im Park! Wir erwarten dich schon!“

„Wie viele seid ihr?“

„Ich und mein Partner.“ Im Geist sah ich die Leopardin auf der Straße, und weit über ihr in einem Baum thronte ihr Partner, der zwischen den Zweigen hindurchlugte und mich verstohlen beobachtete, wie es nur Leoparden tun.

„Also gut, ich komme. Es tut mir leid, dass ich euch warten ließ. Ich fliege morgen hin. Bitte wartet auf mich.“ Mir war klar, dass die Löwin und die Leopardin es für lächerlich hielten, dass ich sie warten ließ, weil ich das Wochenende in Simbabwe verbringen wollte, wo ich mein Leben ausgerechnet in einem Schlauchboot riskiert hatte. Und ich bekam einen mentalen Einblick ihrer Sichtweise – ein Haufen kreischender Affen, der in einem Boot Wasserfälle hinunterstürzt. Was könnte bescheuerter sein? Schließlich war ich nach Afrika gekommen, um sie zu sehen, und nicht, um auf dem Weg dorthin bei einem albernen Abenteuer zu sterben.

Ich sagte beiden Mädels, dass ich so schnell wie möglich kommen würde. Wenn sie auf mich warten würden, könnten wir uns schon am Abend des nächsten Tages auf meinem ersten Ausflug treffen, nachdem ich angekommen und das Gepäck in meiner Unterkunft im Wildpark verstaut hätte.

Auf diesem Trip reiste ich inkognito. Mit den jährlichen Sacred Harmony Safaris, die sich aus dieser ersten Reise ergaben, hatte ich noch nicht begonnen, und obwohl ich über eine Reiseagentur gebucht hatte, wusste nach meinen Kenntnissen niemand in der Kafunta River Lodge, wer ich war oder was ich beruflich machte.

Also stieg ich am nächsten Tag fröhlich mit einer Gruppe Touristen in den Laster und erwähnte meine berufliche Tätigkeit mit keinem Wort. Ich erzählte allen, ich sei Salsa-Tanzlehrerin, da ich meine Löwen- und Leopardenfreunde heimlich besuchen und meine Identität nicht preisgeben wollte. Doch meine Anonymität währte nicht lange.

Ich saß hinten im Laster und kümmerte mich nicht weiter um die anderen, als sich der hochgewachsene afrikanische Reiseleiter Josephat, der uns gleich in den Busch fahren würde, an die Gruppe wandte und sagte: „In diesem Fahrzeug sitzt eine La-dy, die ein ganz besonderes Talent hat – sie kann nämlich mit Tieren sprechen."

O je. Ich hatte nicht gewusst, dass die Wildparks die Namen ihrer Gäste in Online-Suchmaschinen eingaben. „Und ich wüsste gerne, was sie zu sagen hat. Amelia, was brauchen Sie, um die Tiere reden zu hören?"

Schluck. Alle Augen waren auf mich gerichtet. „Also danke, Josephat", sagte ich freundlich und leise. „Ich muss mich in einen Zustand der Stille und des Gebets begeben. Daher möchte ich die Gruppe bitten, ruhig zu sein und nur an die Liebe zu denken, die sie für die Tiere empfinden. Wir müssen uns in Liebe und Dankbarkeit gedanklich mit ihnen verbinden, bevor wir sie fotografieren, und wir dürfen in Gegenwart der Tiere nicht zu viel über uns reden. Löwen interessieren sich nicht allzu sehr für die Probleme der Menschen."

Plötzlich rief mein Sitznachbar mit dröhnender Stimme: „Ich glaube nicht an solches Zeug, und ich will die Frau nicht im selben Laster!"

Ach ja, das kleine Arschloch. Da war er ja.

Josephat ignorierte den Mann, der Peter hieß, wie ich schon bald herausfinden sollte, und gab Gas, um entlang eines Flussufers zu fahren, nachdem wir auf unserer ersten Safari von der Straße abgebogen waren. Er hielt vor einer Gruppe kleiner nagetierartiger Tiere, die ich noch nie zu Gesicht bekommen hatte. Die Gruppe hastete durchs Grasland und verschwand im Wald.

„Amelia, was sagen diese Tiere?", fragte Josephat mich. Ich richtete meine innere Antenne auf die Gruppe kleiner Nagetiere, die ein bisschen so aussahen wie gestreifte Frettchen. Wie ich später herausfand, waren es Zebramangusten.

„Wer von euch ist der Anführer?", fragte ich sie per Gedankenübertragung.

Eine Matriarchin tauchte auf meinem Bildschirm auf. „Was ist los?“, fragte ich sie.

„Ich muss meine Familie in den Wald schaffen!“, sagte sie äußerst erregt.

„Warum?“, fragte ich.

„Gestern Morgen wurde mein Mann von einem Habicht gefressen!“, antwortete sie.

Es machte mich leicht nervös, das Gespräch vor meinem Kumpel Peter wiedergeben zu müssen. Ich holte tief Luft, nahm meinen ganzen Mut zusammen und wiederholte es.

„Josephat, das ist eine Matriarchin. Sie sagt, ihr Mann sei gestern von einem Habicht geholt worden, und deswegen müsse sie die ganze Gemeinschaft in den Wald umsiedeln.“

„Ich habe gesehen, wie der Habicht gestern früh ihren Mann mitgenommen hat“, sagte Josephat.

Ich atmete erleichtert auf, bis Spielverderber Peter uns übertönte: „Ich glaube nicht an solchen Mist, und dafür hab ich auch kein Geld bezahlt! Ich habe viel Geld für diese Safari bezahlt und mache diesen Quatsch nicht mit! Sie müssen aufhören, die Frau zu fragen, was sie denkt! Das ist totaler Schwachsinn!“

Peters Spielverderber-Frau mit Designerhut nickte zustimmend. Damit war der Zauber an diesem Abend vorbei. Meine Löwin tauchte nicht auf, und meine Leopardin ließ sich auch nicht blicken. Sie zeigten sich auch weder auf unserem Ausflug am nächsten Vormittag noch auf unserem Abendtrip. Da ich mir langsam Sorgen machte, nahm ich Verbindung zu den Wildkatzen auf und fragte sie, wo sie blieben. Meine Löwin sagte: „Wir warten darauf, dass Peter abreist!“

Am nächsten Morgen packten Spielverderber Peter und seine Spielverderber-Gattin ihre Koffer und waren endlich bereit für den Transfer zurück zum Flughafen. Peter brummelte: „Was interessieren mich die Löwen? Ich bin nicht hergekommen, um Löwen zu sehen.

Die haben wir längst gesehen. Ich hab schon vor Jahren in Blablabla die besten Löwenfotos aller Zeiten gemacht.“ Es ärgerte ihn eindeutig, dass sich die Löwen ihm nicht zeigen wollten. Ich umarmte ihn zum Abschied und sagte ihm, wie sehr ich ihn vermissen würde. Total überrascht wusste er nicht, wie er auf meine freundlichen Worte reagieren sollte. Ganz zu schweigen davon, dass meine Jahre als Schauspielerin in Soaps wie *The Young and the Restless* mir gutgetan hatten. Also winkte ich ihm zum Abschied nach. Als wir zu unserer ersten Abendtour aufbrachen, saß Peter der Spielverderber, schon sicher im Flieger zurück nach Hause.

Josephat, der Rest meiner netten Reisegruppe und ich waren gerade mal eine Viertelstunde über einen Sandstrand geholpert, als ich auf das Flussufer schaute und einen überraschten Schrei ausstieß. Josephat stellte den Motor aus und zeigte triumphierend nach oben. Da war sie! Die Löwin hockte auf dem Felsen direkt über meinem Kopf und wartete dort auf unseren Laster! Ihre Vorderpfote und das Hinterbein baumelten entspannt in der Luft, während sie gelassen darauf wartete, mich zu überraschen. Sie war nicht weiter als zehn Meter über meinem Kopf. Die Löwin blinzelte mich mit den langen Wimpern an. Ich blinzelte langsam zurück.

„Ist er weg?“, fragte sie.

„Ja, er ist weg“, sagte ich.

„Gut. Ich möchte dir jemanden vorstellen.“ Sie machte eine Geste in Richtung Busch, der hinter ihr lag. Ein wunderschöner junger Löwe zeigte sich nur wenige Meter über meinem Kopf und warf seine kurze blonde Mähne zurück. Sie stellte mir gerade einen ihrer männlichen Freunde vor.

Ich bat die beiden, den Felsen herunter und auf den Sandboden vor unserem Laster zu kommen, und sie tat das, was die meisten Katzen tun, wenn man sie ruft. Sie tigerte auf dem Felsen hin und her, alswollte sie sagen: „Ich lasse mir von Menschen doch keine Befehle erteilen.“ Aber schließlich gab sie doch nach.

Sie stieg den Felsen hinunter, dicht gefolgt von ihm. Und dann standen die beiden nur wenige Meter von meinen staunenden Augen entfernt vor dem Laster. Und sie erwiesen mir eine der größten Ehren, die ich im Leben je erfahren habe: Sie fingen an, sich direkt vor dem Laster zu paaren. Glücklicherweise ließen sich die übrigen Leute in meiner Gruppe davon überzeugen, dass wir den Tieren mit Bewunderung und Respekt begegnen müssten. Daher war ich nicht die Einzige auf dem Laster, die den Atem anhielt und gegen Tränen ankämpfte. Nach wenigen Minuten hatten alle in der Gruppe feuchte Augen. Doch dann polterte ein zweiter Touristenlaster heran und hielt neben uns. Die anderen Touristen taten das, was viele Touris tun – zwar nie auf meinen eigenen Safaris, doch auf den typischen Touristensafaris: Sie riefen den Tieren dreckige Bemerkungen zu, schossen Fotos und machten dumme Witze über die Paarung vor ihren Augen.

Es waren *wilde* Löwen! Die müssen sich den Menschen nicht zeigen – nie! Und sie müssen schon gar nicht ihre intimsten Momente vor einem Haufen laut grölender Touristen preisgeben. Meine Löwin verschwand mit ihrem blonden Freund, sagte mir jedoch noch, dass wir uns später treffen würden, an einem Ort ohne glotzende Touristen.

Wir fuhren wieder zurück. Ich war von dem, was ich gesehen hatte, immer noch ganz aufgewühlt und verzaubert, als wir einer Leopardin begegneten, die vor einem Baum auf mich wartete.

„Ist er weg?“, fragte sie.

„Ja, er ist abgereist“, sagte ich.

„Gut“, meinte sie und lief mitten auf die Straße, so dass man sie gut sehen konnte. Alle Touristen im Laster waren außer sich vor Begeisterung. Dann deutete sie mir, einen Blick hinauf in den Baum zu werfen. Oben im Baum hockte ihr Partner und spähte herunter, genauso wie ich es in meiner Vision gesehen hatte. Leoparden sind sehr scheu und in den Bäumen nur schwer zu erkennen. Man kann eine ganze Woche umherfahren, ohne je einen Leoparden zu sehen, oder sogar total enttäuscht wieder nach Hause fliegen, weil die Leoparden sich kein einziges Mal gezeigt haben. Das passiert dauernd. Die beiden herrlichen Wildkatzen hielten also ihre Verabredung mit mir ein, damit wir nicht nur einen, sondern gleich zwei Leoparden zu Gesicht bekamen. Es war ein so kostbarer Augenblick, dass ich nicht glaubte, ihn an diesem Abend toppen zu können.

Nach unseren Drinks bei Sonnenuntergang kehrten Josephat und ich zum Fluss zurück. Wir wollten sehen, ob wir uns dort privat mit der Löwin treffen könnten. Dieses Mal brachte sie mir gleich beide stattlichen jungen Verehrer mit und paarte sich mit dem anderen, einem großen, gutaussehenden schokoladenbraunen Junglöwen, der verdächtig funkig wirkte.

„Warum zeigst du mir das?“, fragte ich sie.

„Weil du unsere Verbindung segnen sollst“, sagte sie.

‚Warum das denn?‘, wunderte ich mich. Warum sollte ich zusehen, als wäre ich ein Pfarrer, der die Trauung zweier Wildlöwen vollzieht? Doch als sie sagte: „Ich will, dass du die Empfängnis meines ersten Kindes segnest“, wurde mir das Ganze ein wenig klarer, auch wenn ich es nicht gleich verstand. Ich musste darüber schlafen; ich musste meinen verwirrten Kopf für eine Nacht auf das Kissen legen, um diese Information in mein Unbewusstes einsinken zu lassen. Als ich am nächsten Morgen aufwachte, begriff ich, was los war. Doc lag im Sterben. Mein eigener außergewöhnlicher brüllender kleiner Hauskater würde in Manhattan sterben. Hier in Afrika besteht ein Mythos, dass afrikanische Könige als Löwen und Löwen als menschliche afrikanische Könige wiedergeboren werden können. Damals, als ich jeden Morgen neben einem Zulu-Krieger in meinem Bett aufwachte, der prächtigen Federschmuck auf dem Kopf trug und Hunde zum Spaß jagte, wusste ich das noch nicht. War es wirklich möglich, dass ich gerade seine zukünftige Mutter kennengelernt hatte?

Kurz nach der Safari fuhr ich zu einem Löwencamp, wo ich einem Afrikaner namens Xolani begegnete. Der Anfangsbuchstabe seines

Namens, „X“ wird wie ein Schnalzen ausgesprochen. In der Sprache der Corsa bedeutet Xolani „der Weise“. Wie ich erfuhr, ist die Sprache der Corsa zwar für dieses Zungenschnalzen berühmt, aber auch die Zulus schnalzen beim Sprechen mit der Zunge. Und in der Kirche bedeutet „Nkozi YamaKhozi“, das auch mit einem Zungenschnalzen beginnt, „König der Könige“. Nun war das Rätsel gelöst.

Erst als ich nach Seattle zurückkehrte, wo ich damals lebte, erreichte mich ein lauter SOS-Ruf von Doc. Ich hatte ihn ja bei meinem Katzensitter Scott in New York untergebracht, weil Doc langsam erblindete. Als Scott und seine Frau Mona mir sagten: „Es ist okay. Wir lieben ihn, so wie er ist, selbst wenn er erblindet. Uns ist egal, ob er sehen kann oder nicht“, wusste ich, dass ich ihn für immer dort lassen müsste. Es war die schwerste Entscheidung meines Lebens, doch manchmal müssen wir das tun, was das Beste für unsere Tiere ist, egal, ob es für uns das Beste ist und ob es uns passt oder nicht. Und als ich hörte, dass Doc ihnen die Nase ableckte, ihnen aufs Klo folgte und die Zehen leckte und sich sogar jede Nacht an Monas Rücken kuschelte und sie umarmte, wusste ich, dass er dort glücklich war und dass sie ihn genauso lieb hatten wie ich. Sie hatten sich in den Zehen ableckenden funkigen Kater verliebt und ihn sogar P. Funk getauft.

Die Nacht, in der ich den SOS-Ruf von Doc erhielt, hatte ich eine Vorahnung, die mich als ein Gefühl der Unruhe, Panik, Trauer beschlich, aber auch der Leichtigkeit, wie wenn die Engel erleichtert aufgeatmet hätten. Ich machte seit Jahren diese Arbeit. Das Gefühl war mir allzu wohlbekannt. Ich holte tief Luft und schickte Scott in New York eine E-Mail, in der ich schrieb: „Doc wird heute Nacht sterben. Er möchte alleine und ungestört in deinen Armen sterben. Er will sich nicht von einem Tierarzt dabei helfen lassen. Für seinen Übergang braucht er keine dicke Giftspritze in den Arm. Es wird für dich das Schwerste, was du je durchgemacht hast, wenn du ihn durch den Sterbeprozess hindurch begleitest, ihn machen und in deinen Armen sterben lässt. Ich bitte dich herzlich, das zu tun.“

Docs Übergang dauerte zwei Tage. Achtundvierzig Stunden später bekam ich einen Anruf aus New York. Scott erzählte mir, dass Doc in seinen Armen gestorben war, und dass er meine Anordnungen genau befolgt hatte – ohne Tierarzt und ohne Einschläferung. Und auch wenn Scott schrecklich mit ihm litt, ließ er Doc mit Würde gehen – nicht wie einen kleinen Hauskater, sondern mit der Vornehmheit dessen, der der kleine Hauskater in Wahrheit war: ein König der Löwen. Ich werde nie das Staunen in Scotts Stimme vergessen, als er mir unter Tränen berichtete, dass Doc bei seinem letzten Atemzug und während seine Seele den Körper verließ, ein mächtiges Löwengebrüll von sich gab! Meine Arbeit ist nun einmal oft ein wilder Ritt.

Die Trauer über den Verlust meines besten Freunds ist ein Schmerz, der auch mit der Zeit nicht vergeht. Es ist schon Jahre her, aber es ist, als hätte ich erst gestern mit Doc auf dem Arm getanzt. Wenn ich Tränen in die Augen bekomme, lege ich sein Lied von Parliament, „P Funk Wants to Get Funked Up", auf und muss lächeln, wenn George Clinton schnurrt:

> If you've got faults, defects, lay them on the radio.
> Let the vibes flow through.
> Funk not only *moves*. It can *re-move.*

Trotz seiner Hoffnung, als wilder Löwe wiedergeboren zu werden, sagte Doc beim Verlassen unseres Planeten zu mir: „Solange du auf der Erde lebst, werde ich bei dir sein. Ich werde dich da unten nie alleine lassen." Das hat er durch ein Phänomen, das ich nicht für möglich gehalten hätte, auf überaus erstaunliche Weise bewiesen: Das erste Mal, als ein großer, dicker, pelziger Engel mit lautem dumpfem Aufschlag in meinem Bett landete und sich in meine Arme kuschelte, dachte ich, mir würde das Herz stehenbleiben. Doch mittlerweile ist es schon zu einem relativ häufigen Ereignis geworden. Sogar noch nach seinem Tod kommt Doc „in 3-D" zu mir! Und diese neuen Wunder, die jedes physikalische Gesetz überwinden, machen genauso süchtig wie seine nächtlichen Besuche, als er noch körperlich bei mir lebte. Selbst Doc hat nicht bemerkt, dass er keinen Körper mehr hat. Solche Kleinigkeiten interessierten ihn noch nie. Doch er besucht mich nicht jede Nacht. Wahrscheinlich ist er damit beschäftigt, in seinem Mutterschiff durch die Galaxie zu reisen und seine anderen „Tussis“ zu besuchen. Aber mindestens einmal in der Woche manifestiert sich ein Wunder auf meinem Bett, unabhängig davon, in welchem Hotel ich gerade irgendwo auf der Welt abgestiegen bin. Die Visiten finden immer dann statt, wenn ich gestresst oder nervös bin oder mich besonders verwundbar fühle. Manchmal besucht er mich aber auch ohne Grund.

Selbst letzte Nacht erschütterte etwas Unsichtbares mein Bett und ich hörte das vertraute dumpfe Geräusch, mit dem seine Pfoten auf der Daunendecke landeten. Bei jedem seiner Schritte raschelte die Decke, während er über die Bettwäsche stolzierte. Ich schlief in seiner Gegenwart ein, während er nur eine Armlänge von mir entfernt war. Doch in den frühen Morgenstunden wachte ich auf und spürte etwas Warmes, Schweres zwischen den Schulterblättern, das mich wie himmlischen Samt einhüllte. Er umarmte mich von hinten! Sein tiefes Schnurren brachte mein Herz zum Vibrieren. Es strahlte in jede meiner Körperzellen hinein, und die Schwingungen des schokoladenbraunen Perserkaters strömten durch meinen Körper. Doch dieses Mal drückte er mich gegen das Bett und umarmte mich fester als je zuvor. Er vermittelte mir das sichere Gefühl, dass meine Trauer um ihn gegenseitig ist. Sogar noch vom Himmel aus vermisst auch er mich. Doc beweist mir, dass Liebe kein Sklave von Zeit und Raum ist, und er hat die Frage in meiner Lieblingszeile unseres albernen Lieds beantwortet: „Gibt es nach dem Tod noch Funk?“ Es scheint so.

Docs zukünftige Mutter brachte im darauffolgenden Jahr drei Löwenbabys zur Welt, die ich jedoch nie zu sehen bekam. Als ich am Wildpark ankam, um meine erste offizielle Sacred Harmony Safari zu leiten, die ich jetzt jedes Jahr im Süden von Luangwa veranstalte, erfuhr ich, dass alle drei Löwenjungen leider gestorben sind. Afrika ist ein raues Land. Doch jedes Jahr zeigt sich mir die Löwin. Sie wartet immer auf meinen Laster, und wenn Sie auf meine Webseite gehen, werden Sie dort viele Fotos von ihr finden, weil sie meine Lieblingslöwin ist. Ich habe sie Anastasia genannt. Sie hat ein GPS-Halsband an und lässt sich dadurch leicht identifizieren. Letzte Woche besuchte ich sie und fand heraus, dass sie noch zwei neue Freunde in ihr Rudel aufgenommen hat. Während das andere Rudel jetzt aus neun Löwen besteht, hat Docs Mama ihr eigenes Rudel mit gleich *vier* stattlichen Partnern. Viel Spaß beim Feiern, Anastasia! Jetzt hat sie vier Mal die Chance, Doc bald noch einmal auf die Welt zu bringen. Ich werde sie morgen wieder aufsuchen. Wer weiß? Zu dem Zeitpunkt, an dem Sie nach South Luangwa kommen, könnte Doc wieder da sein. Dann kann ich Sie persönlich mit seiner Mutter bekanntmachen. Und ich versichere Ihnen, dass es auf Ihrem Laster keinen Spielverderber Peter geben wird.

Löwen und der Löwe von Juda

Ich muss zugeben, dass ich für den Großteil meines Lebens geglaubt habe, Jesus würde auf Alpha Centauri Urlaub machen und mit dem Planeten Erde nichts zu tun haben wollen, was man ihm auch nicht verübeln kann, so wie er hier behandelt wurde. Soweit ich weiß, hat er meine Gebete nie erhört, und den Korintherbrief habe ich in meinem ersten Buch *Tierisch gute Gespräche: Lerne, mit Tieren zu sprechen – sie antworten dir* insoweit verändert, als dass damit Sekhmet, die Göttin mit dem Löwenkopf aus dem alten Ägypten, angesprochen wird, weil sie immer gekommen ist, wenn ich sie gerufen habe. Statt zu „Jesus, dem Herrn“ zu beten, schrieb ich „Göttin Sekhmet“. Mein zweites Buch, *Tierisch einfach: WARUM und WIE Sie Tiere verstehen und mit ihnen sprechen können,* widmete ich dem Erzengel Raphael, doch nun schließt sich der Kreis. Und ich möchte Ihnen auch den Grund dafür erzählen.

Nach Docs Tod versuchte ich eine Weile, mich in Seattle niederzulassen. Das wäre eine Superidee gewesen, wenn ... ja, wenn ich eine Ente wäre. Es hatte schon fünf Monate lang jeden Tag geregnet, und ich war an einem seelischen Tiefpunkt angelangt, als ich an einer

Tankstelle ein gerahmtes Bild von Jesus fand. Es stand auf dem mit schwarzem Samt ausgelegten Boden neben Gemälden von Elvis. Doch etwas an diesem Gemälde beflügelte meine Fantasie. Auf dem Bild sendete sein Herz rosa, blaue und goldene Lichtstrahlen aus. Fasziniert kaufte ich es und trug es nach Hause, ohne zu wissen, woher das Gemälde stammte. Noch am selben Abend stellte ich eine Kerze vor das Bild, und beim Einschlafen ließ ich die Kerze brennen, während mich Jesus ansah. Heute tue ich das in jedem Hotelzimmer und Zelt, in dem ich übernachte. An diesem ersten Abend dachte ich jedoch nur, dass es für mich tröstlich wäre, ihn mit einer Kerze zu beleuchten. Während ich das Bild betrachtete, war mir, als würden sich seine Hände bewegen. Das fühlte sich so tröstlich an, dass ich das kleine Gemälde mit nach Afrika nahm und in meinem Zelt in Simbabwe aufstellte, während ich mich auf Wildwassertour auf dem Sambesi vorbereitete. Ich habe zwar schon erwähnt, dass ich wie eine Handvoll Bohnen aus dem Boot geschleudert wurde. Was ich *nicht* erwähnt habe, ist, dass ich an diesem Tag beinahe ums Leben gekommen wäre. Das gehört dazu. Das ist Teil des lustigen Abenteuers.

Wenn man sich darauf vorbereitet, mit dem Boot eine Rafting-Tour auf dem gefährlichsten Strom der Welt zu machen und den Taxifahrer in Victoria Falls fragt: „Haben Sie auch schon eine Rafting-Tour auf dem Sambesi gemacht?“, ruft er aus: „Ich Rafting-Tour auf Sambesi gemacht!“ Wenn man ihn dann fragt: „Und wären Sie dabei beinahe ertrunken?“, bestätigt er voller Begeisterung: „Ja, ich beinahe ertrunken!“ Wenn Sie die Kellnerin in Ihrer Hütte fragen: „Haben Sie auch schon eine Rafting-Tour auf dem Sambesi gemacht?“, nickt sie lächelnd und sagt: „O ja, ich auch Rafting-Tour auf Sambesi!“ Und wenn Sie sie dann fragen: „Und wären Sie dabei beinahe ertrunken?“, kreischt sie stolz: „Ich beinahe ertrunken, ich beinahe ertrunken!“

Daher war ich darauf gefasst zu sterben, doch ich wusste nicht, was genau „beinahe“ bedeutete. Bei Stromschnellen mit so lustigen Namen wie Devil’s Toilet („des Teufels Klo“) versucht man, sich auf das Kommende vorzubereiten. Ich wurde in eine Schwimmweste gesteckt und mir wurde versichert, dass sie auf dem Wasser schwimmen würde. Daher würde auch ich schwimmen und egal, was komme, wieder auftauchen, da der Fluss sowieso nicht wirklich tief sei. Wie mir außerdem versichert wurde, würden sich die Krokodile am Rand des Flusses aufhalten (Sie warten, bis man einen Schritt über „beinahe" hinaus macht, bevor sie einen auf das Flussbett rollen, um einen zum Lunch zu verspeisen) und Kajak-Experten würden unserem Boot folgen, um dumme Touris zu retten, die aus dem Boot fallen wie Toast aus dem Toaster. Wir könnten uns an ihre Kajaks anseilen und auf dem Rücken liegen, während sie uns in Sicherheit brächten und uns in die Boote zurückhieven würden …

Sehen Sie, was ich meine? Wir befanden uns auf der fünften Stromschnelle, und ich paddelte wie wild gegen einen Berg aus Wasser an, der wie ein Tsunami auf mich zurollte, als ich hochgeschleudert wurde. Als ich daraufhin unter Wasser tauchte, wurde ich von einer Panik ergriffen, wie ich sie noch nie erlebt habe. Ich bin ein Landsäugetier, und daher war die Schwimmweste mein einziger Trost, da ich nicht besonders gut schwimmen kann. Ich taumelte kopfüber im Wasser und sah nur weißen Schaum vor mir, als ich in Purzelbäumen einen Wasserfall hinunterstürzte. Ich purzelte kopfüber hinunter und dachte schließlich: „Hmm. Ich habe schon ziemlich lange die Luft angehalten." Ich machte noch ein paar weitere Purzelbäume und dachte: „Ich glaube, ich brauche bald Sauerstoff." Ich hielt noch länger die Luft an und purzelte noch weiter kopfüber hinunter, und schließlich wurde mir klar: *Jetzt werde ich sterben.* Also wartete ich darauf, dass mein Leben vor meinen Augen vorbeizog. Als es das nicht tat, fragte ich mich, *warum* mein Leben nicht vor meinem geistigen Auge vorbeizog.

Ich ergab mich dem Tod, der sicherlich gleich folgen würde. Und dann geschah es. Ich tauchte wieder auf. Das Boot war nirgendwo zu sehen. Ich schnappte voller Panik nach Luft, während ich in rasender Geschwindigkeit den Fluss hinuntertrieb. Ich steckte immer noch in der Strömung, als ich meinen Retter erspähte. Es war ein kleiner, verrunzelter Eingeborener, der in einem Kajak auf mich zupaddelte. Es kam mir wie eine Ewigkeit vor, bevor er mich erreicht hatte und mich aufforderte, mich auf den Rücken zu drehen und den Bug seines Kajaks festzuhalten, obwohl meine Lunge mit Wasser angefüllt war. Das tat ich auch. Er schaffte es nicht stromaufwärts bis zu meinem Boot, und deshalb hievte er mich wie eine halbtote Wasserschildkröte in ein Boot voller portugiesischer Touristen, die kein Englisch sprachen. Irgendwann schafften sie mich in mein Boot zurück, und während ich keuchend und geschockt im Boot saß, drehte sich der Reiseleiter mit einem breiten Lächeln zu mir um und sagte: "Nur noch *neunzehn* Stromschnellen!"

Eine einzige Whitewater-Rafting-Tour auf einem Fluss im Bundesstaat Washington hatte mich auf diesen Trip vorbereitet. Das blasse Mädchen neben mir im Boot hatte noch nie eine Wildwassertour mitgemacht. Sie hatte sich gerade beim Aufprall den Finger gebrochen und verbrachte den Rest des Trips in Tränen aufgelöst. Ich hatte mir nichts gebrochen, und mir war zu diesem Zeitpunkt noch nicht klar, wie knapp ich dem Tod entronnen war.

Erst ungefähr eine Woche später sah ich eine Gestalt, die vor mir hockte, während ich meditierend im Bett lag. Die männliche Gestalt kniete hin und hielt etwas in den Händen. Sie beugte sich über einen kleinen Gegenstand und starrte darauf, als wäre er äußerst kostbar. Als ich näher an ihn heranrückte, sah ich, dass er wunderschönes, zotteliges braunes Haar hatte und irgendwie vertraut aussah. Doch seine Locken verdeckten sein Gesicht. Er trug ein weißes Gewand, aber ich erkannte den Geist immer noch nicht. Ich rückte noch näher an ihn heran, um zu sehen, was er in den Händen hielt. Es war im Vergleich zu ihm so klein, dass es auf seine Handfläche passte. Er hielt es sich schützend an die Brust. Als ich schließlich nahe genug herangekommen war, um zu erkennen, um was es sich handelte, zuckte ich überrascht zusammen. Es war mein Boot!

„Du?! *Du* hast mir das Leben gerettet?", fragte ich ihn. „Ich dachte, du hättest die Arbeit niedergelegt!"

Wir führten ein Privatgespräch, das ich hier nicht näher schildern möchte. Ich kann Ihnen sagen, dass die Gerüchte über seine großen blauen Augen wahr sind. Kurz und gut: Ich fand heraus, dass er schon immer über mich gewacht hat und mir schon oft das Leben gerettet hat. Insgeheim hat er mich immer gerettet und hatte still im Seitenflügel gestanden, nie auf der Bühne. Doch das wird jetzt anders. Ich lasse den König der Engel nun seinen rechtmäßigen Platz in meinem Leben einnehmen – nicht an einem Kreuz, sondern auf einem Thron. Dieser Thron steht nun mitten auf der Bühne meines Lebens und wird dort immer stehen. Früher wusste ich nicht, dass ich zu ihm gehöre und einer seiner Schützlinge bin. Heute weiß ich es besser.

Seitdem habe ich ihn schon viele Male gesehen, und er strahlt immer durch das Bild, das ich den Regenbogen-Jesus nenne, um mit mir Verbindung aufzunehmen. Wie ich herausgefunden habe, ist das Bild ein Portal, das er wie ein Fenster zu unserer Welt nutzt. Ich persönlich habe diese Art von Channeling mit keiner anderen Abbildung von ihm erlebt. Doch diesem Bild wohnt ein magischer Zauber inne. Ich trage es immer bei mir und sorge dafür, dass Regenbogen-Jesus mich ansieht, wo auch immer auf der Welt ich mich schlafen lege. Seit jeher neige ich zu Albträumen, aber wenn Regenbogen-Jesus mir zugewandt ist und von einer Kerze erhellt wird, träume ich nie schlecht. Ich habe damit begonnen, überall Bilder von Jesus zu sammeln – von Italien über Irland bis nach Portugal, und habe mittlerweile eine stattliche Sammlung. Und ich unterrichte nie mehr, ohne dass sein Gesicht meinen Schülern zugewandt ist. Mittlerweile wollen auch die meisten meiner Schüler ihr eigenes Bild von Regenbogen-Jesus, damit er auch ihr Leben erleuchten kann. Und das tut er jetzt auch.

Was das mit Tierkommunikation zu tun hat? Alles. Es ist der Regenbogen der bedingungslosen Liebe Gottes, die aus meinem Herzen strömt und die die Tiere sehen, wittern und auf die sie reagieren. Wenn ich wilde Tiere wie beispielsweise Löwen frage, warum sie an meinen Safari-Laster kommen, sagen sie: „Weil du gut riechst." Oder – was noch mysteriöser ist – die Delfine und Wale sagen mir: „Wir haben das Licht gerochen." Wenn ich Wildkatzen frage, was sie sehen, wenn sie mich ansehen, sagen sie: „Einen Regenbogen aus Licht, der aus deinem Herzen strömt" und „Du riechst wie eine Blume."

Wenn das Mitgefühl von Regenbogen-Jesus nicht aus seinem Herzen ausströmt, entwickelt man diesen guten Geruch nicht. Ich werfe ihn wie den Faden eines Netzes aus, und die Tiere greifen nach dem anderen Ende des Fadens, als würden sie das Seil eines Rettungsboots packen. Es ist diese Brücke von Lumensilta – ein von mir erfundenes Wort, das „Brücke aus Licht" auf Lateinisch in Verbindung mit Finnisch bedeutet, das die Kommunikation zwischen den verschiedenen Spezies ermöglicht (Siehe Kapitel 4 für mehr Details). Sie müssen Löwen einen Grund geben, mit Ihnen zu sprechen. Sie müssen ihnen einen Grund geben, Ihnen zu vertrauen. Sie müssen ihnen einen Grund geben, warum sie Sie lieben sollten. Sie müssen einen guten Geruch haben.

Ich habe gerade zum ersten Mal in Portugal unterrichtet, wo ich auch Jorge, einen sehr klugen neuen Freund, kennengelernt habe. Als wir auf der Suche nach Regenbogen-Jesus in Geschäften für religiöse Artikel shoppen gingen, erklärte er die Geschichte des Bildes, die ich noch nie gehört hatte. Das letzte Mal, an dem Jesus auf der Erde erschienen ist, zeigte er sich als Erscheinung der polnischen Nonne Faustina und projizierte dieses Abbild mit den hellen Regenbogenfarben, die aus seinem Herzen strahlen. In dieser Vision sagte er ihr, wenn sie dieses Bild malen würde, dann würde er es als ein Portal zu dieser Welt nutzen. Er bat sie, allen Menschen zu sagen, sie sollten dieses bestimmte Bild von ihm in ihren Häusern aufhängen, damit er sie und ihre Familien beschützen könnte.

Kein Wunder. Nun ergab alles einen Sinn. Ich habe soeben ein Bild meines Regenbogen-Jesus umgedreht, und auf der Rückseite steht: „Die Inthronisierung des Abbilds der wundersamen Gnade Gottes. Jesus sagte zu Faustina: ‚Ich gebe den Menschen ein Gefäß, zu dem sie kommen können, um Gnade zu empfangen.' Das Gefäß ist dieses

Bild mit der Inschrift „Jesus, ich vertraue auf dich“, und auf der Rückseite steht weiter: „Dieses Bild ist eine Quelle unbegrenzter Gnade für die ganze Familie. Bewahre es in deinem Heim auf und lasse es deine Familie erneut zum Christentum bekehren und beschützen. Das Bild sollte an einer Stelle angebracht werden, an der es von allen Bewohnern im täglichen Leben gesehen werden kann.“

Das Bild ist für all diejenigen, die an die göttliche Gnade glauben, und ich finde, es gibt keine treffendere Bezeichnung für die mentale Kommunikation mit Tieren als „Akt der Gnade Gottes“. Nur durch einen Akt der Gnade, der weder von Gefühlen, dem Ego noch von anderen Motiven beeinflusst wird, und der mit einer Liebe geschieht, die Zeit und Raum überwindet, wird diese Art der Kommunikation erst möglich. Ich glaube, dieser Raum außerhalb des Karmas ist das, was Jesus „Gnade“ nannte, und durch diese Gnade heilte er Kranke und überwand den Tod. Durch diese Gnade lernen wir, wie wir uns und unsere Lieben heilen können – und wie wir zuhören und helfen können, wenn andere Kinder Gottes in Schwierigkeiten stecken. Vergessen Sie nicht, dass viele Kinder Gottes Pfoten, Hufe, Schuppen, Flossen oder Flügel haben.

Ich halte mein Versprechen

Ich hatte nie vor, eine Expertin der Apokalypse zu werden, doch unter allen Zuschauern von der Schweiz bis nach Mexiko findet sich immer jemand, der die Hand hebt und fragt, ob die Tiere wüssten, dass das Ende der Welt gekommen ist. Selbst Shirley MacLaine, die ich von den Sohlen ihrer Tanzschuhe bis zu ihrem Lockenkopf bewundere, lud mich am Muttertag in ihre Radiosendung ein und wollte über das Ende der Welt reden. Wissen die Tiere es? Natürlich wissen sie es. Wie könnte es ihnen entgangen sein? Doch dieses Buch ist keine vorgesetzte Meinung, sondern eine offene Unterhaltung, und trotz des Horrors und Schreckens, den die Menschheit unserer Welt zufügt, bleiben die Tiere erstaunlich fröhlich. Vielleicht wissen sie ja etwas, was wir nicht wissen?

Seit kurzem fragen mich die Leute überall, wo ich hingehe, selbst in den Talkshows der größten Skeptiker, was mit den Menschen „nicht stimmt". „Was stimmt mit uns nicht?" ist die Frage, die mir auf der ganzen Welt am häufigsten gestellt wird, und das meist unter Tränen. Wenn ich Fragen wie „Wozu sind wir Menschen überhaupt da?", „Wo kommen wir her?", „Was soll ich mit meinem Leben anfangen?" und „Wie konnte alles so verdammt schieflaufen?" höre, muss ich nach innen schauen, in die Psyche des menschlichen Tiers, weil wir nichts anderes sind als ein Tier. Und ich befasse mich täglich damit, was es heißt, Mensch zu sein – nicht etwa ein gewalttätiger, selbstsüchtiger Mensch, der in seiner Sichtweise festgefahren ist, sondern die Art von Mensch, als die Gott uns eigentlich erschaffen hat.

Wie ich dabei herausfinde, ist das ein Mensch, der anderen Arten gegenüber Mitgefühl hat, ein Mensch, der lacht, tanzt, Musik und Kunst macht, jemand, der Pflanzen und Tiere hegt und pflegt, der die Erde schützt, der anderen Leuten gegenüber großzügig ist, der dankbar ist und der Gott und das Leben ehrt, nicht nur mit seinen Worten, sondern auch durch seine Taten. Nur wenn wir das wahre menschliche Tier werden, zu dem wir erschaffen wurden, können wir von einem authentischen Standort aus, an dem Harmonie regiert, einen Bezug zu den anderen Tieren bekommen. „Liebt einander", hat er gesagt. Meine Deutung dieses Satzes lautet nicht: „Setzt euch in stiller Meditation hin und lasst die Tiere leiden", sondern: „Reißt euren Arsch hoch und helft, die Welt besser zu machen!"

Und ehrlich gesagt kann ich die Theorie von der Apokalypse nicht länger kleinreden, weil es zu spät ist, um das Ruder der Situation, in der wir uns befinden, und die Gefahr, der wir unsere Tiere aussetzen, noch herumzureißen. Wenn die Leute mich fragen, was mit den Menschen nicht stimmt und ob wir uns irgendwann genetisch verändert haben, sage ich die Wahrheit: „Ich glaube, die Menschheit ist das Bioprojekt eines Viertklässlers in der Sternenkonstellation des Orion, und wenn ich seine Lehrerin wäre, würde ich ihm eine dicke, fette Sechs dafür geben." Wenn man sich die Menschheit als einen

Schwarm neu erschaffener Insekten vorstellt, deren Ökosystem in ein Marmeladeglas passt, während die Menschheit alles vor ihrer Nase zerstört – auch sich gegenseitig –, alles frisst und den ganzen Schwarm für alle anderen Lebewesen vergiftet – nun ja, wenn sie ein Insektenschwarm wäre, den der Viertklässler geschaffen hätte, dann würde ich ihm sagen, dass er den ganzen Haufen im Klo herunterspülen und noch einmal neu anfangen sollte. Und das müssen wir in gewisser Weise auch tun. Und wir fangen damit an, indem wir unsere mentalen Virenprogramme, die bei uns allen laufen, wegspülen. (Ich nenne schädliche Glaubenssysteme „Virenprogramme", weil sie uns selbst, allen anderen und unserer Welt schaden.)

DER WEG ZURÜCK NACH HAUSE

Es gibt viele Hinweise darauf, dass die menschliche Spezies sich immer mehr von der natürlichen Welt abspaltet. Unsere Unfähigkeit, uns in die Harmonie der Natur einzugliedern und friedlich mit den anderen Erdbewohnern, den Tieren, zu leben, lässt manche Menschen sich fragen, was irgendwann mit der Menschheit „schiefgelaufen" ist. Mir macht jedoch der Hellseher Mut, dem ich am meisten vertraue – Edgar Cayce, der in den 1930ern in Amerika Geschichte schrieb und der „der schlafende Prophet" genannt wurde. Abgesehen von dem Experiment des Viertklässlers bietet uns Cayce in *Edgar Cayce on Angels, Archangels, and the Unseen Forces* von Robert J. Grant (A. R. E. Press, 2005) die optimistischste Sichtweise auf die genetische Mischung, mit der wir alle herumlaufen. Seiner Meinung nach sind der menschliche Körper und Verstand nicht fehlerhaft. Im Gegenteil: Er glaubte, beides sei als ultimatives Medium für die göttliche Auferstehung und die Fähigkeit der Himmelfahrt auf unserer Reise zurück zu Gott erschaffen worden. Er nimmt auch meinen Löwen von Juda – Jesus – als Beispiel dafür, dass die menschliche Gestalt ein Medium ist, durch das wir unsere spirituelle Vollkommenheit wiedererlangen und uns mit dem inneren Gott wieder in Harmonie bringen können. Hier besteht ein heller Hoffnungsschimmer. Edgar Cayces Einstellung gehört zu den hoffnungsvollsten

Theorien, die ich je über das Chaos, in dem wir Menschen uns befinden, gelesen habe:

> Seit vielen Jahrhunderten wird Christus so angesehen, als hätte er einen unerreichbaren Status. Er wird als übernatürliches Wesen dargestellt, das zwar verehrt werden sollte, jedoch nicht als etwas, zu dem wir selbst werden können. Sogar unter den Gläubigen wird Jesus nur zögernd als ein menschliches Wesen betrachtet. Dabei war die wichtigste Lehre Jesu, dass wir irgendwann fähig wären, viele der Wunder, die er vollbrachte, auch zu vollbringen. Er ist ein Bild unserer Zukunft, unser spirituelles Potenzial, das auf Erden wahr wurde. Es war ein Versprechen, das Versprechen, dass jede einzelne Seele alle spirituellen Elemente Gottes, die Engel, Erzengel und die Mächte des Himmels beherbergt, dass die Mächte des Universums freigesetzt werden könnten, wenn man sich richtig darauf einstellt.
>
> Das Versprechen Jesu war, dass seine Taten nicht nur möglich sind, sondern irgendwann zur Realität werden. Seine Rolle als Messias war, uns unsere Zukunft zu zeigen. Die Texte von Cayce deuten darauf hin, dass das gesamte Universum sich bei Jesu' Auferstehung veränderte. Das gesamte Schwingungsmuster der Schöpfung wurde verändert, weil der erste Mann die irdische Welt endlich überwunden hatte und zu Gott zurückkehrte. Sein Zustand nach der Himmelfahrt war auf den Bewusstseinsebenen, die höher als die Engel sind. Warum? Die Engel und Erzengel haben sich nie aus der Gegenwart Gottes entfernt. Jesus verkörperte jedoch den verlorenen Sohn – der seinen eigenen Weg ging und bereitwillig in das Haus seines Vaters zurückkehrte. Dadurch wurde seine Position zu einer, in der er mit Gott über die Welt regiert, weil er das Versprechen erfüllt hat. Ein Vers im Johannesevangelium enthält eine weitaus bedeutendere Wahrheit als bisher angenommen: „Es sind aber auch viele andere Dinge, die Jesus getan hat; so sie aber sollten eins

> nach dem andern geschrieben werden, achte ich, die Welt würde die Bücher nicht fassen, die zu schreiben wären.“ (Johannes 21:25).

Meiner Meinung nach endete seine Mission und Gegenwart auf Erden nicht mit der Auferstehung und Himmelfahrt. Die Texte von Cayce erklären, dass Jesus wie vor zweitausend Jahren wieder in der dreidimensionalen Welt erscheinen kann, weil er Geburt und Tod überwand und sein Körper auferstand. Plötzlich tauchen überall auf der Welt erstaunliche Geschichten von Menschen auf, die heute nicht nur Christus in ihren Träumen und Meditationen erleben, sondern ihn – wie ich – in dreidimensionaler Gestalt sehen.

Der Autor hat noch mehr über dieses inspirierende Phänomen zu berichten:

> G. Scotts Buch *I Am With You Always: True Stories of Encounters with Jesus* (Bantam) vermittelt den Eindruck, dass Christus heute im Leben ebenso vieler Menschen präsent ist wie vor 2.000 Jahren. Aus diesem Grund ist der jetzige Zeitpunkt in der Geschichte der Erde so unglaublich wichtig. Die Wiederkehr steht dafür, dass Gott ins spirituelle Bewusstsein der Massen vordringt. Es ist eine innere und auch eine äußere Erfahrung. Die Menschen erleben das christliche Bewusstsein nicht nur durch engagierte spirituelle Jünger wie bei der Meditation und dem Gebet, sondern machen auch Erfahrungen, bei denen der Mensch Jesus zu ihnen kommt und Heilungen vollbringt. In diesem Sinne geschieht das zweite Erscheinen Jesu jetzt in der heutigen Zeit. Das ist einer der Hauptgründe dafür, warum die Engel in einem immer schnelleren Tempo auf der ganzen Welt aktiv werden. Zur selben Zeit wie das Erscheinen des Christus im einundzwanzigsten Jahrhundert finden Manifestationen seiner Mutter Maria überall auf der Erde statt – Medjugorje, Lourdes, Fátima, Garabandal –, und die Botschaft von Jesus und von Maria scheint zu lauten: „Und siehe, ich bin bei

euch alle Tage bis an der Welt Ende." (Matthäus 28:20). In der heutigen Zeit der rasenden Veränderungen brauchen wir diese Bestätigung mehr denn je.

Daher könnten beide Philosophien richtig sein. Wir Menschen wurden womöglich als Gottes ganzer Stolz erschaffen, doch später wurden wir von einer außerplanetarischen Intelligenz, die die meisten Menschen total verrückt gemacht und in einen Haufen Irrer verwandelt hat, genetisch verseucht. Meiner bescheidenen Meinung nach war der freie Wille eine verdammt schlechte Idee. Doch laut Cayce war der freie Wille auf unserer Reise notwendig, damit wir uns aus freiem Willen dafür entscheiden können, das christliche Bewusstsein in uns zu entfachen, und nun fängt eine neue Alchemie wie eine Zeitkapsel in unserer Evolution an zu wirken, um der Menschheit zu helfen, sich selbst zu korrigieren. Das ist das Versprechen Jesu: dass wir unseren Kurs selbst korrigieren und unseren Polarstern finden können, der uns wieder auf den richtigen Weg bringt.

Könige und Königinnen

Wie finden wir nach so langer Zeit den Weg zurück zum Garten Eden? Die Wandlung beginnt in jedem Einzelnen von uns, wenn die innere Reife sich meldet und wir erkennen, dass wir wirklich gut genug, würdig genug, wichtig genug und vertrauenswürdig genug sind, um andere Lebewesen vor Schaden zu schützen. Wie finden wir genügend Trost in unserer eigenen Haut, um auch andere trösten zu wollen? Der einzige Weg zum Glück ist, anderen zu dienen, und es ist schon erstaunlich, wie sehr wir den Weg des Dienens vermeiden! Aber es ist der einzige Weg, der uns zurück zum Garten Eden und letztendlich durch die Himmelspforten führt. Wie finden wir also das neue Löwenherz, das so besonnen, selbstbewusst und kontrolliert ist, dass wir Lichtwesen sein können, die Trost und Hoffnung bringen?

Die Vorstellung eines Antichristen ist ein Abstrakt, das irgendwann in der Zukunft angesiedelt ist, und selbst dann bedarf es der Spekulation. Doch eine greifbarere Vorstellung einer Lösung hier und jetzt ist die Erschaffung des Antilöwen, des feigen Löwen – all das, was ein *echter* Löwe nicht ist. Der Antilöwe würde die Aspekte unseres Egos widerspiegeln, die zum Vorschein kommen, wenn wir uns von den Dämonen des Zweifels einnehmen lassen. Sie hindern uns daran, wie Könige und Königinnen zu handeln. Diese Selbstzweifel, Ängste oder Minderwertigkeitsgefühle oder das Gefühl, in dieser Welt ein Außenseiter oder Fremder zu sein, sind negative Gefühle, die nicht länger unser Leben bestimmen dürfen. Genau diese Gefühle halten uns von Versuchen ab, etwas auf der Welt zu bewirken. Es ist das geringe Selbstwertgefühl, das Gefühl „Ich zähle nicht, was kann ich also schon bewirken? Es ist eh alles schon zu spät, und ich kann die Welt doch nicht ändern", das uns daran hindert, uns wie starke Löwen zu fühlen – wie Könige und Königinnen mit ihren eigenen Königreichen, die die Welt regieren. Löwen tun das nicht. Sie wissen, dass sie hierher gehören.

Wir Menschen befinden uns jetzt in einem Territorialkrieg, einer engelhaften Territorialschlacht, und die Entscheidung, wer sich unseren Planeten zu eigen macht, hängt von Ihnen ab. Dabei kann Ihr Ausgangspunkt ein ganz kleiner sein: Sie können am kommenden Wochenende mit den Katzen im Tierheim spielen oder helfen, sie zu versorgen; Sie können einen kleinen Teil Ihres Einkommens an einen Tierschutzverein oder eine Tierschutzorganisation spenden; Sie können jede Woche ein paar Stunden aufbringen, in denen Sie helfen, Tiere zu retten oder zu füttern, Flüsse und Bäche zu säubern, Bäume zu pflanzen, ein Kinderkrankenhaus oder ein Altersheim zu besuchen. Auf diese Weise steuern Sie ein eigenes kleines Stück Welt.

Neben meiner Arbeit mit Tieren besuchte ich letztes Jahr an Heiligabend mit den Sternsingern Kinderkrankenhäuser von Los Angeles und choreographierte verschiedene Versionen des *Nussknackers*, die meine Schulklassen im Altersheim Motion Picture Home in Los Angeles aufführten, wo viele alte Schauspieler, Sänger und Tänzer ihren Lebensabend verbringen. Ich kann zwar nicht gut singen –

Gott, segne die Kinder, die meinen Gesang ertragen haben –, aber sie lächelten über alle Falschtöne hinweg. Und meine kleine Tanztruppe war auch nicht gerade das American Ballet Theater, doch meine jungen Schüler tippelten auf ihren Ballettschuhen und gaben alles, und für die alten Menschen, die im Rollstuhl alleine Weihnachten feierten, schien unser Auftritt der Höhepunkt des Fests zu sein. Auf einer höheren Ebene schenkte mir das Freude. Es schenkte den Sängern und Tänzern Freude, und es spendete den kranken Kindern und alten Leuten Trost und brachte ihnen Freude.

Ich bin zwar nicht Mutter Teresa, doch das war alles, was ich auf meinem kleinen Stück der Stadt an Weihnachten tun konnte, und ich fühlte mich dabei wie eine Königin – eine Löwenkönigin. Dieses Gefühl kann man nicht kaufen. Alles, was ich an diesem Weihnachten hätte kaufen oder geschenkt bekommen können, hätte das Lächeln eines sterbenden Kindes aufwiegen können. Oder auch das einer alten Dame, die im Rollstuhl mitklatschte und mitsang, als wir vor ihren Augen eine ziemlich zusammengeschusterte, moderne Billigversion des *Nussknackers* aufführten. Für einen Augenblick wurde die alte Schauspielerin zur Zuckerfee, während sie in ihre Jugend und Schönheit in Hollywoods Hochzeiten zurückversetzt wurde. Meine Tänzer erinnerten sie daran, wie es ist, jung, schön und lebendig zu sein. So was kann man nicht kaufen. Wir müssen mit freundlichen Gesten, wie klein sie auch sein mögen, die Tiere und andere Menschen erreichen.

Wenn wir alles täten, was wir könnten, und kleine Dienste in unserem Garten säen würden, dann würde unser Stückchen Welt bald schon prächtig gedeihen. Vielleicht können Sie auf Ihrer eigenen Wiese in Ihrer Heimatstadt ein Projekt starten oder dazu beitragen. Ich glaube, das ist es, was der heilige Schäfer uns beibringen wollte: wie wir unsere Umwelt hüten, selbst wenn wir nur ein paar Blumen pflanzen und vor dem Sturm schützen können.

Sie werden sich wie eine stolze Königin oder ein stolzer König Ihres Stammes fühlen, und auf solche kleinen Triumphe kann man auch stolz sein. Es ist genau das Gegenteil des Gefühls, das der Antilöwe mit sich bringt. Seine Brutstätte sind Schuld und Reue, und seine Schlagkraft ist das Selbstmitleid. Erinnern Sie sich daran, wie der feige Löwe in *Der Zauberer von Oz* in Tränen ausbrach und einen Wutanfall bekam, als Dorothy ihm eins auf die Schnauze gab? Der dunkle Dämon, der den Antilöwen antreibt, ist das Gefühl, ein Märtyrer zu sein – und die Sucht, den Märtyrer zu spielen. Es sind diese Gefühle, verraten, missbraucht, angelogen, unschuldig und misshandelt worden zu sein, die dem Antilöwen Leben einhauchen. Wir schleppen unsere Lasten mit uns herum, tragen unsere Kreuze und schaffen es nicht, die Vergangenheit zu überwinden und vorwärts zu gehen, weil wir fest davon überzeugt sind, dass wir vom Schicksal ungerecht behandelt worden sind und das Durcheinander, das wir aus unserem Leben gemacht haben, nicht verdienen: Wir haben den Mann oder die Frau geheiratet, obwohl die Probleme von Anfang an sichtbar waren, wir haben eine Arbeit angenommen, die unser nicht würdig ist. Wir haben ein Haus gekauft, das wir uns nicht leisten können, wir fingen an zu trinken, Drogen zu nehmen, Schulden zu machen, unsere Gesundheit zu ruinieren. Wir haben unsere Gefühle so hochkochen lassen, dass sie zu Bluthochdruck, Herzproblemen oder sogar Krebs eskalieren könnten. Und vor allem sind wir in Situationen hineingestolpert, die Gift für uns sind, ohne die Verantwortung für die Probleme zu übernehmen, die wir uns selbst zu verdanken haben. Dann haben wir versucht, uns mit noch mehr Gift zu heilen, uns wie Märtyrer verhalten und waren überrascht, als das Karma seinen Lauf nahm und auf unsere Aktion Reaktionen folgten …

Das ist das Königreich des Antilöwen, in dem wir Negativität verbreiten, in dem wir die Menschen, Tiere und die gesamte Natur um uns herum damit anspucken, und uns dann wegen unserer Handlungen gegen uns selbst und unsere Welt wie Märtyrer verhalten.

Die Geschichte des Märtyrers, der das nicht verdient hat, endete an einem Kreuz. Doch die Gnade begann drei Tage später mit einem leeren Grab, als der König der Könige auferstand, um uns zu zeigen, dass wir keine Märtyrer und keine Opfer, keine machtlosen Bauern in einem Irrgarten des Zufalls, sondern dass wir alle vielmehr Könige und Königinnen sind.

Vielleicht ist Ihr Königreich der Computer, das Krankenhaus oder Büro, in dem Sie arbeiten. Möglicherweise ist es der Reitstall oder auch nur der Park, in dem Sie mit Ihrem Hund spazieren gehen, Ihre Küche, in der Sie kochen, oder das Kinderzimmer, in dem Sie jeden Abend Ihr Baby ins Bett bringen. Löwenköniginnen, die heilige Maria ist an Ihrer Seite, wenn Sie diese Dinge tun, und sogar, wenn Sie einkaufen oder Wäsche waschen. Sie ist dabei, wenn Sie ein Unternehmen leiten, einen Wohltätigkeitsverein gründen oder ein Geschäft führen. Sie ist für Sie da, während Sie anderen als Verwaltungsangestellte, Lehrerin, Krankenschwester oder Ärztin helfen. Und Löwenkönige: Die Erzengel sind sogar dann bei Ihnen, wenn Sie Golf oder Basketball spielen, ins Kino gehen, für Firmen arbeiten, mit der Familie auf der Autobahn fahren. Denn Sie müssen wissen, dass die Könige und Königinnen in Ihrem Inneren sind. Das ist ein Gefühl, das Sie sogar beim Geschirrspülen haben, ein Gefühl der Dankbarkeit und des Stolzes auf das, was Sie erreicht haben, wenn Sie jemandem geholfen haben, etwas saubergemacht haben oder jemanden zum Lächeln gebracht haben. Dieses Gefühl gibt nicht nur Kraft. Es *ist* Kraft.

Wir müssen uns mit selbstlosen Handlungen nähren und das Gefühl, etwas erreicht zu haben, als Treibstoff nutzen. Und wir müssen unseren Kindern beibringen, wie sie dieses Gefühl erzeugen können, damit sie später wissen, wie sie sich selber trösten können. Indem sie ein paar Kräuter fürs Abendessen hacken, ein paar Gemüsesorten im Garten pflanzen, ein paar Noten auf einer Gitarre spielen. Irgendeinen kleinen Beitrag zu dieser Welt, der uns, unseren Tieren und anderen Freude macht. Schon bald werden diese Augenblicke wachsen, bis sie unser Leben erfüllen und alles werden, was wir sind und worum es im Leben geht. Niemand kann uns das besser beibringen als unsere Minilöwen – unsere Hauskatzen –, die schon allein den Gedanken, am Leben zu sein, genießen. Sie sonnen sich in ihrer eigenen Pracht und – Entschuldigung, aber an dieser Stelle muss ich neue Wörter erfinden – ihrer eigenen Spektakularität und Gottherrlichkeit, egal was in ihrem Leben los ist.

Selbst als Doc langsam sein Augenlicht verlor und seine Hüften nicht mehr mitmachten, räkelte er sich noch auf dem Bett und sonnte sich in seiner Spektakularität. Er summte eine funkige Katzenmelodie vor sich hin und schnurrte manchmal so stark, dass er wie ein Seelöwe, der von einer hüpfenden Boje ins Meer springt, vom Bett herunterrollte. Dann hievte er seinen rundlichen Körper auf seine Treppe, kletterte wieder hinauf und schnurrte sich lächelnd wieder in den Schlaf. Doc kannte die Bedeutung von Zufriedenheit. Und er wusste auch etwas über Schwerkraft. Wenn ich meine Fähigkeit, zu sehen und zu gehen, verlieren würde, dann würde ich mich nicht in den Schlaf schnurren und wäre mir auch nicht meiner Großartigkeit so sicher, dass ich vom Bett fallen und kichernd aufwachen würde. Deswegen nannte ich ihn Doc. Er war ein guter Psychiater. Er hatte Klasse.

Unsere kleinen Hauskatzen lehren uns, unsere Würde zu bewahren und Dankbarkeit zu empfinden, unser kleines Reich mit Friede und Freude zu bewohnen. Und wenn wir einen Fehler machen, den jeder mitbekommen kann, wie zum Beispiel in eine Glastür zu rennen, dann müssen wir uns aufrappeln, uns wieder fangen und einen Blick über die Schulter werfen, als wollten wir sagen: „Das war Absicht!" Unsere kleinen Löwen bringen uns bei, uns voller Anmut und Humor wie Löwen zu verhalten und uns unsere Welt zu eigen zu machen, statt uns wie Fremde zu fühlen und uns bösen Mächten zu ergeben, als wären wir scheue Beutetiere, die in eine dunkle Ecke huschen. Wir müssen in dem Wissen, dass wir zu dieser Erde gehören und hier sind, um ihr zu helfen, so aufrecht wie ein König oder eine Königin gehen. Löwen gehen nicht ängstlich und aufgeschreckt wie kleine Beutetiere durchs Leben. Sie räkeln sich in der Sonne und verschlafen wie Babys den ganzen Tag, doch wenn sie aktiv werden, dann tun sie es ohne Zögern, ohne Selbstwertprobleme und ohne Reue. Vor allem Menschen mit einem besonders großen und liebevollen Herzen fühlen sich wie Impalas auf der Flucht vor den räuberischen Großunternehmen mit riesigen Fangzähnen, die mit Schuld, Scham und Gier regieren. Und diejenigen unter Ihnen, die ein reines Herz haben, müssen den Löwen in sich finden und lernen zu brüllen, damit wir auf dieser Erde nicht nur existieren. *Wir* regieren. Das, was noch geboren wird, ist ein König oder eine Königin. Die Zeit für Gerechtigkeit und Wandel ist gekommen.

Ich persönlich finde, das verlangt nach einem herzhaften Brüllen.

LÖWEN: DIE FAKTEN

Die tragische Tatsache ist, dass jeden Tag ein Löwe auf einer so genannten „Gatterjagd" abgeschlachtet wird. Das ist die sterile Bezeichnung für Käfigschlachtung. Dabei wird ein gezüchteter Löwe in Gefangenschaft, der von Menschenhand aufgezogen wurde und Menschen daher vertraut, mit mehreren Schüssen in einem Käfig oder einem eingezäunten Gehege ohne Fluchtweg erschossen. Er wird vor seiner Familie und seinen Freunden ermordet, manchmal unter Betäubung, oft auch ohne Betäubung. Die Jäger sind nur selten gute Schützen, und es bedarf vieler Kugeln und Versuche, den Löwen zu erschießen, dessen Körper bei jedem Schuss in die Höhe schnellt. Dann wird der Löwe geköpft, und der Jäger nimmt den Kopf des Tiers mit zurück nach Hause, wo er ihn sich vermutlich über den Billardtisch hängt.

So behandeln Menschen die vierbeinigen Könige und Königinnen dieses Planeten. Es gibt nicht nur kein Gesetz, das Löwen in Südafrika schützt, sondern sie fallen heute auch unter dieselben Gesetze wie Masthühner, so dass gezüchtete Löwen genauso leicht getötet werden können. Für einen Betrag von $ 60.000 kann ein sadistischer Schwachkopf nach Afrika fliegen und seinen eigenen (zahmen, vertrauensvollen, vollkommen unschuldigen) Löwen ermorden. Was steckt nur in uns Menschen, das uns so komplexbeladen macht, dass wir starke Lebewesen umbringen müssen, um uns selbst stark fühlen zu können? Glauben wir etwa, wir könnten so ihre Kraft stehlen? Wo ist das Gleichgewicht zwischen unserer Unsicherheit, die auf Selbsthass basiert, und unserem aufgeblähten Gefühl, ein Recht darauf zu haben? Und warum lassen die anderen Menschen auf unserem Planeten solche Grausamkeiten zu und schauen weg?

Auf der Webseite des amerikanischen Tierschutzbundes (HSUS) findet sich eine Aussage, die „Jagd in Gefangenschaft" verurteilt: „Jagd in Gefangenschaft, auch als ‚Gatterjagd' bezeichnet, ist das genaue Gegenteil einer fairen Jagd. Bei der Jagd in Gefangenschaft bezahlen die Schützen, um die Tiere – darunter sogar gefährdete Arten – zu töten, während sie hinter Zäunen gefangen sind." Der HSUS bezeichnet die Gatterjagd als „grausame und brutale Handlungen", bei denen das gejagte Tier „absolut keine Chance hat zu entkommen". Neben anderen Einwänden führt er auf, dass Tiere „in Gefangenschaft psychologisch darauf konditioniert werden, sich wie ein Ziel zu verhalten".

Selbst einige Jägerverbände, die sich mit der Jagdethik befassen, kritisieren die Gatterjagd im Gegensatz zur „fairen Jagd", die darauf beruht, dass das Tier eine faire Chance hat, dem Jäger zu entkommen. Nach Überzeugung dieser Jäger sind bei der Gatterjagd diese Elemente nicht gegeben, doch unglücklicherweise nimmt der Safari Club International Tiere, die bei der Gatterjagd getötet wurden, in seine Unterlagen und Preisklassen auf.

Der folgende Artikel von Taku Dzimwasha, der am 15. August 2015 in der südafrikanischen *International Business Times* veröffentlicht wurde, berichtete über den globalen Aufschrei wegen der Abschlachtung von Cecil, einem gezähmten, von Hand aufgezogenen Löwen, der sich um seine eigenen Angelegenheiten kümmerte, als er von einem amerikanischen Zahnarzt auf grausame Weise getötet wurde. Dieser Akt hat zum Glück die Öffentlichkeit über eine Praxis, die jahrzehntelang unbemerkt ausgeübt wurde, entrüstet.

TAUSENDE VON LÖWEN WURDEN NUR FÜR SÜDAFRIKAS GATTERJAGD-INDUSTRIE GEZÜCHTET

> Die Tötung von Cecil, dem beliebten Löwen aus Simbabwe, hat die Diskussion über die Gatterjagd weltweit angefacht. Bei der Gatterjagd töten Touristen Löwen, die in geschlossenen Gehegen gezüchtet wurden …
> Die Touristen wählen den Löwen, den sie töten wollen, aus einem Katalog aus und reisen dann nach Südafrika, wo sie das Tier mit Pfeil und Bogen oder mit dem Gewehr erlegen, nachdem es aus einem Käfig herausgelassen wurde. Die Löwen sind meist zahm, da sie von Menschen aufgezogen wurden.
> Der Jäger zahlt bis zu £ 20.000, um einen Löwen auf einer Gatterjagd zu töten, und diese Trophäenjagden erzielen geschätzte 10 Millionen Pfund im Jahr, wie die *Times* berichtet hat. Die Gatterjagd ist in Südafrika legal, wo es laut Umweltschutzverbänden keine gesetzlichen Bestimmungen zur Kontrollierung solcher Aktivitäten gibt.
> „Sie sind wie Lämmer, die auf die Schlachtbank geführt werden“, berichtete Paul Stones, der seit 25 Jahren Jagdsafaris durchführt, der *Times*. „Es ist keine echte Jagd. Diese Tiere werden von Hand aufgezogen. Bevor sie erschossen werden, werden sie noch mal gefüttert. Ich weigere mich zu behaupten, sie würden ‚gejagt‘, weil das einfach nicht stimmt.“

Glücklicherweise gibt uns der Artikel auch etwas Hoffnung:

> Für Jäger, die versuchen, ihre Trophäen als Souvenirs mitzunehmen, wird dies jedoch ab Ende 2015 schwierig. Zwei große Fluggesellschaften, die Südafrika anfliegen – die South African Airways und die Emirates Airlines – haben den Transport von Elefanten-, Rhinozeros-, Löwen- und Tigertrophäen verboten.

> Auch hat Australien im März 2015 ein Importverbot von Löwentrophäen erlassen.

Ich glaube, Cecil ist nicht umsonst gestorben. Sicherlich kann der öffentliche Aufschrei einen positiven Effekt auf selbst die größten Probleme für Wildtiere haben. Seit Cecils Tod gab es dank Löwenschützern wie meinem mutigen Freund Wayne Pacelle, den Präsidenten des Tierschutzbunds der USA, Fortschritte. Ein Artikel, der am 30. Dezember 2015 auf der Webseite des Verbands unter dem Titel „New U. S. Protections for African Lions Should Doom South Africa's Canned Lion Industry" („Neue Schutzverordnungen der USA für afrikanische Löwen könnten das Aus für die südafrikanische Gatterjagd-Industrie bedeuten") erschien, berichtet von ermutigenden Neuigkeiten:

> Laut internationalen Handelsdaten machen amerikanische Jäger den Löwenanteil der Kundschaft der berüchtigten Gatterjagd-Zuchtbetriebe in Südafrika aus, die Löwen zum Abschuss freigeben. Von den 429 Trophäen der Zuchtlöwen, die 2014 von Jägern aus aller Welt abgeschossen wurden, beträgt der Anteil der Amerikaner 363 getötete Löwen und deren in die Vereinigten Staaten importierte Körperteile circa 85 Prozent der Gesamtzahl.
>
> Wayne Pacelle, der Präsident und Geschäftsführer des amerikanischen Tierschutzbunds, sagt: „Der staatliche Beschluss, afrikanische Löwen auf die Liste der bedrohten und gefährdeten Tierarten zu setzen, könnte und sollte das Aus für die Gatterjagd-Industrie von Südafrika bedeuten, bei der Jagd auf Zuchtlöwen gemacht wird, da Amerikaner in diesen abscheulichen, widerlichen Betrieben fast neun von 10 Tieren töten."

Was können wir für Löwen tun?

Was in der menschlichen Psyche bringt uns dazu, unsere Könige zu kreuzigen? Können wir genügend Selbstbewusstsein aufbringen, um mit den Königen der Natur friedlich zusammenzuleben und sie zu schützen, statt Judas zu spielen und unsere majestätischsten Katzen für eine Handvoll Münzen dem Teufel zu überlassen? Sie können Petitionen unterschreiben, Ihren Bekannten das Jagen von Zuchtlöwen ausreden, keine Löwenbabys in Afrika streicheln, die heimlich für das Abschlachten in einem Käfig aufgezogen werden, und vor allem einen Löwennaturschutzpark unterstützen! Ich unterstütze viele Löwenschutzparks in aller Welt, aber der Drakenstein Lion Park steht ganz oben auf meiner Liste, da ich seinen mutigen Betreiber schon öfter besucht habe und seine selbstlosen, couragierten und großzügigen Taten kenne, wenn er misshandelte Löwen aus französischen Zirkussen einfliegen lässt und Tigerbabys aufnimmt, die Scheiche ihren Söhnen als Haustiere geschenkt haben. Paul lässt auf eigene Kosten große Wildkatzen aus aller Welt einfliegen und kümmert sich in seinem großen Gehege auf dem Land außerhalb von Kapstadt liebevoll um sie. Sein Park wird so beschrieben:

> Der Löwenpark Drakenstein wurde 1998 eingerichtet, um ein Schutzgebiet für Löwen in Not zu schaffen, in dem sie in Sicherheit vor Misshandlungen und Verfolgung leben können und mit Mitgefühl und Respekt behandelt werden, so wie sie es verdient haben.
>
> Der Park ist in idyllische Weinberge eingebettet und umfasst 50 Morgen natürlichen Lebensraum für Löwen.
>
> Der Park arbeitet aktiv an der Verbesserung der Lebensbedingungen von Löwen in Gefangenschaft – vor Ort sowie international –, indem er diesen Tieren entweder ein Zuhause auf Lebenszeit bietet oder mit anderen Tierschutzorganisationen daran arbeitet, eine sichere Zukunft für einzelne Tiere in Not zu schaffen.
>
> Der Park beteiligt sich nicht an kommerzieller Zucht oder dem Handel mit Tieren und bietet all seinen Tieren eine lebenslange Versorgung. Alle Tiere, die in den Park gebracht werden, sind gezüchtete, von Menschen aufgezogene Tiere, die nicht ausgewildert werden können. Die Tiere im Park

bekommen die Chance, ihr natürliches Leben in einer vielfältigen und sicheren Umgebung zu leben.

Unterstützen Sie eine Löwenrettungsorganisation oder spenden Sie an den Drakenstein Lion Park, um die lange und sichere Zukunft von Ziyanda und ihren Freunden sicherzustellen. Sie werden sich wie ein König oder eine Königin fühlen, wenn Sie helfen, den majestätischen Vierbeinern unserer Erde ihre Würde zurückzugeben.

WAS VERKÖRPERN LÖWEN?

Ein Gefühl der Zugehörigkeit. Sie gehören zu dieser Erde und wissen das auch. Sie kamen, um zu regieren, und sie tun es mit kompromissloser Klarheit. Was wäre, wenn Sie König oder Königin Ihres eigenen Lebens wären und mit absoluter Autorität regieren könnten? Würden Sie als Löwe oder Löwin nicht das Gefühl, ein Alpha zu sein – ruhig, voller Selbstvertrauen und Kontrolle –, haben und auch Ihrer Umwelt dieses Gefühl vermitteln?

Löwinnen arbeiten zusammen. Sie wissen, dass sie gemeinsam stark sind. Sie vereinbaren einen Angriffsplan, kooperieren, jagen gemeinsam, fressen gemeinsam, teilen, schlafen zusammen, lieben einander in einem Zustand eines perfekten Zusammenspiels und der absoluten Glückseligkeit. Sie konkurrieren nicht um das Futter oder den Rang in ihrem Rudel, und sie bekämpfen sich nicht innerhalb der Gruppe. Männliche Löwen leiten ihr Rudel mit großer Sorgfalt und beschützen die Weibchen im Rudel. Sie kämpfen nicht mit den Weibchen, machen sie nicht klein, tun ihnen nicht weh und lassen sie sich auch nicht als Außenseiter fühlen. Sie sind die Hüter ihres Rudels, bewachen es und treffen wichtige Entscheidungen zum Nutzen aller, wann sie ein Risiko eingehen sollten und wann sie auf die nächste Gelegenheit warten sollten. Unabhängig von ihrem Rang im Rudel können alle Löwen und Löwinnen jagen und sich selbst versorgen, aber sie alle wissen, dass sie als Gruppe besser funktionieren, weil sie zusammengehören. Was verkörpern Löwinnen? Kooperation und Teamwork.

Im kosmischen Sinne sind Löwen die Militia der Erzengel und des Löwen von Juda. Sie sind unbesiegbar und stehen auf der Nahrungskette ganz oben, wo immer sie auch hingehen, aber sie verlassen sich aufeinander. Sie sind rohe Kraft, reiner Sonnenschein, doch im Gegensatz zu Tigern reisen sie in Gruppen. Sie sind eine soziale Gemeinschaft aus Beschützern, eine bestimmte Art von Engelskämpfern, die in ein verrottetes System geschickt werden, um die Energie zu reinigen. Sie werden auf die Erde geschickt, um Korruption zu beenden, den Planeten von all seinem Schmutz zu säubern und eine Welt, die aus den Fugen geraten ist, wieder in Ordnung zu bringen. Sie sind auf Erden, um uns wieder mit unserem christlichen Bewusstsein zu verankern, mit unserem göttlichen Selbst, damit wir mit unserem inneren Vertrauen und unserer inneren Kraft wieder in Einklang kommen.

Solange wir unsere innere Schönheit nicht sehen, erkennen wir sie auch nicht in unserer Welt und spüren nicht, dass wir die Macht haben, sie zu schützen. Wenn wir unseren inneren Löwen finden, wissen wir, dass unsere Erde dazu da ist, sie zu ehren, zu nähren und zu schützen. Erst dann bekommen wir als Gattung das Gefühl, unseren Platz in der Natur zu haben. Wenn unsere Weiterentwicklung diese Stufe erreicht hat, werden wir hierher „gehören", denn erst dann sind wir dieser Welt und ihrer Tiere wert. Die Löwen werden wieder einmal durch den Garten Eden spazieren. Und wenn es genug von uns gibt, werden wir ein Rudel bilden, eine königliche Familie, die auf Gott hört und die vom wahren König regiert wird, dem, der mit Mitgefühl und Liebe herrscht.

4. Herrliche weiße Haie

Spaß mit messerscharfen Zähnen

Ach, du Schöne! Du bist nicht so glücklos, wie du denkst. Hier wirst du für all das Leid, das du woanders erlitten hast, belohnt werden. Dir wird jeder Wunsch erfüllt werden. Versuche nur, mich zu finden, ganz egal, in welcher Verkleidung ich stecke, denn ich liebe dich so sehr und wenn du mich glücklich machst, wirst du dein eigenes Glück finden. Sei ebenso aufrichtig, wie du schön bist, dann bleiben für uns keine Wünsche offen ... Lass dich nur nicht von Äußerlichkeiten täuschen. (inoffizielle Übersetzung)

— Das Biest *in „Die Schöne und das Biest"*

„Sie kommt! Der Grund, warum sie heute früh nicht gekommen ist, ist, weil sie sich heute Nachmittag mit mir verabredet hat! Die Matriarchin der Herde ist das größte weiße Weibchen, das Sie in Ihrem Leben je gesehen haben, und sie bringt mir einen dunklen Jungen mit!"

Das Team, das im Boot auf mich wartete, bestand aus einem halben Dutzend junger afrikanischer Extremsportler, die mit Kameras, einem Taucheranzug für mich und jeder Menge unheimlich klingender Anweisungen für die kleine, durchgeknallte blonde Amerikanerin ausgerüstet waren. Doch auch nachdem ich versucht hatte zu erklären, was eine Tierkommunikatorin macht, glaubten sie es nicht. Die Stimmung auf dem Boot war extrem schlecht. Ich war im Februar in Südafrika angekommen – der falschen Jahreszeit, um Haie zu sichten. Der Morgen brachte nichts als Enttäuschungen. Sechs Haiboote waren an diesem Vormittag ausgelaufen und waren zurückgekommen, ohne einen einzigen Hai gesichtet zu haben. Diese stolzen Typen mussten daher sechs Boote voller unzufriedener Touristen zurück zum Kai bringen und ihnen demütig sämtliche Rabatte versprechen, falls sie je wieder eine Tour aufs Meer machen wollten. Sie waren total zerknirscht. Ich versicherte ihnen, dass ich die Haie „gerufen" hatte und dass ein weiblicher Hai als Botschafterin ihrer Tierart kommen würde, um sich mit mir zu treffen. Und dass sie auch einen jungen männlichen Hai mitbringen würde.

Um den Einsatz noch zu erhöhen, ließ ich mir von Lesley Rochat, der mutigsten schönsten Haiexpertin der Welt, vor der Kamera erklären, dass die Weibchen nicht bei ihren Kindern bleiben, sobald sie sie zur Welt gebracht haben, und dass Haie Einzelgänger sind, die sich noch nicht einmal für die Jagd nach Beute zusammentun.

Doch vor meinem geistigen Auge hatte ich eine ganze Familie aus Haien gesehen und plapperte vor der Kamera aus, dass zumindest die riesengroße Matriarchin und ihr kleiner Sohn sich mit mir treffen würden. Als ich intuitiv mit ihr Kontakt aufnahm, sah ich, dass die großen weißen Haie in einer riesigen Gemeinschaft lebten. Die, die mir geantwortet hatten, schienen eine Familiengruppe zu sein, obwohl es nicht dem Wissen der Meeresforscher entspricht. Und all das hatte ich nicht von unserem Boot im Meer aus wahrgenommen, sondern schon einige Monate zuvor in Hollywood.

Das Ganze hatte mit einer E-Mail einer weiblichen Ikone begonnen. Die Absenderin ist ebenso hervorragend wie mutig und genauso liebevoll wie beharrlich. Lesley Rochat hatte mir aus Südafrika eine Fanmail geschickt und mich im Namen ihrer geliebten Haie um Hilfe gebeten. Sie hatte mir einen YouTube-Link zu einem selbstgedrehten Film geschickt, in dem sie Unterwasser schwimmt und sich an den Flossen eines riesigen weißen Hais festhält. Es ist eine der tollsten und berührendsten Filmaufnahmen, die ich je gesehen habe.

Doch dann zeigt Lesleys selbst gedrehte Doku, wie Hunderte von Haien von Fischern gejagt werden, die ihre Flossen abschneiden und die Tiere anschließend wieder ins Meer zurückwerfen, so dass sie ertrinken, verbluten oder – im schlimmsten Fall – von anderen Haien angegriffen werden. Auch wenn die Menschen diese Angriffe zu gerne den „bösartigen" Haien zuschreiben, können solche Angriffe genauso gut ein Akt der Barmherzigkeit sein, den diese klugen Tiere an Artgenossen vollbringen. Beim Ansehen des Videoclips brach ich in Tränen aus – nicht nur wegen der Grausamkeit der Fischer, sondern auch wegen dieser vorbildhaften Frau, die verzweifelt versucht, ein Gesetz herbeizuführen, das die Quälerei dieser grazilen und majestätischen Lebewesen beendet. Lesley Rochat leistet Arbeit als Vorreiterin, und sie braucht alle Unterstützung, die sie kriegen kann. Die zierliche Frau widmet ihr ganzes Leben darauf, dass die grauenhaften Foltermethoden, die an Haien angewendet werden, aufhören. Die Tierquälerei bricht einem das Herz, und ihr Mut ist erstaunlich.

Ich schrieb ihr zurück, dass ich alles in meiner Macht Stehende tun würde, um zu helfen, und dass ich schon dabei sei, mir das Geld für ein Flugticket nach Afrika zusammenzusparen, um sie dort zu treffen und zum ersten Mal im Meer zu tauchen und ihre großnasigen, lächelnden, falsch verstandenen Freunde kennenzulernen. (Zur Info: Man läuft eher Gefahr, von einem herunterfallenden Ast getötet zu werden, als von einem Hai angegriffen zu werden. Der ganze Hype über angeblich so gefährliche Haie ist nichts als eine Hollywood-Legende. Das ist eine weitere Arena der Menschen, in der sie mit der Angst anderer spielen und unerklärliche Grausamkeit rationalisieren wollen. Haie greifen Menschen nur äußerst selten an. Menschliche Affen sind nun mal nicht besonders lecker.)

Noch bevor ich von Los Angeles über London nach Johannesburg flog, nahm ich intuitiv Kontakt zu den Haien auf und erklärte ihnen, dass ich auf eigene Kosten um die halbe Welt reisen würde, um ihnen zu begegnen, und dass ich ein Landsäugetier bin – ich schwimme nicht und bin auch keine Wasserratte. Ich habe noch nie getaucht oder auch nur geschnorchelt, und ich kann mich kaum über

Wasser halten. Doch jetzt musste es anders werden, und ich wollte unbedingt meine Angst vor dem Wasser überwinden, um die Haie persönlich kennenzulernen, von ihnen zu lernen und mich in ihrer Schönheit zu sonnen. In meiner meditativen Trance sagten die Haie mir schon im Voraus, welches alte Weibchen kommen würde, und sie zeigte mir den jungen Hai, den sie mitbringen würde. Ich sagte ihr, dass ich bereit sei, mich ins Wasser zu wagen und ihnen so meinen Respekt zu zollen, und dass ich insbesondere der Königin der stärksten Raubtiere der Welt von Angesicht zu Angesicht begegnen wolle, obwohl ich schreckliche Angst vor dem Wasser hätte und ihre Hilfe bräuchte.

Vor Haien fürchte ich mich nicht. Ich fürchte mich vor dem *Wasser*. Und wer wäre besser geeignet als große weiße Haie, um mir Schwimmunterricht zu geben? An Land genieße ich es, mit Tigern, den von der Natur am besten ausgestatteten Raubtieren und Gottes eleganteste Kreaturen, zusammenzuarbeiten. Schönheit, Wildheit und rohe Kraft machen mir keine Angst. Doch nun war es an der Zeit, die gefährlichsten Meeresbeutetiere zu begrüßen und zu lieben, um ihnen sagen zu können, dass ich für sie da bin, und um mich bei ihnen persönlich für das ekelhafte Verhalten der menschlichen Rasse zu entschuldigen.

Also kaufte ich das teure Flugticket und flog um die halbe Welt, um der Königin der weißen Haie in die Augen zu schauen.

Lesley nahm erst an meinem Workshop in Johannesburg teil und nahm mich dann mit dem Auto bis hinauf in den Norden von Kapstadt mit, wo unser Boot an einem lieblichen Strandufer auf uns wartete. Doch unterwegs erhielt Lesley einen unangenehmen Anruf: Den ganzen Tag über war kein Hai gesichtet worden, und sechs Boote voller enttäuschter Touristen mussten zurückgeschickt werden. Bei der schlechten Nachricht verdüsterte sich ihr Gesicht. War ich etwa umsonst den weiten Weg nach Afrika geflogen? Lesley hielt mir eine Kamera vors Gesicht, während ich rief: „Sie kommt! Sie ist der größte weiße Hai, den Sie je in Ihrem Leben gesehen haben, und sie bringt einen jungen Hai mit!“ Ich bekam die Bilder nicht mehr aus dem Kopf und wusste, dass diese Vision nicht nur Wunschdenken sein konnte.

Nun ja, als sich dann die ersten drei jungen Weibchen zeigten, war auf dem Boot die Hölle los! Meine skeptischen jungen Südafrikaner flippten vor Begeisterung aus. Und als der junge Hai auftauchte, brach das totale Chaos aus. Doch darauf folgte eine angespannte Zeit der Stille, und nach fast einer Stunde fragte die „Hai-Lady" Kim, die den Ausflug leitete, ob wir aufgeben und zurückfahren sollten, weil sich nichts mehr getan hatte. Es schien, als würden wir von den Haien nur Schweigen bekommen. Doch ich schrie immer wieder in die Kamera: „Wir können noch nicht umdrehen! Sie kommt noch!"

Und dann tauchte aus dem ruhigen Meer plötzlich der größte und älteste weibliche weiße Hai auf, den man sich vorstellen kann! Die Skeptiker flippten wieder aus, und alle im Boot wurden ganz aufgeregt. Die Experten identifizierten die Haie an den Kerben in den Flossen. Sie kannten die alte Matriarchin schon, hatten sie aber seit über einem Jahr nicht mehr gesehen. Ich tauchte den Kopf unter Wasser, um sie mir in ihrem eigenen Territorium anzusehen. Sie schwamm mehrere Male an mir vorbei, und es war aufregender, als ich es mir hätte erträumen können.

Sie war gekommen, um mich zu sehen und mir zu bestätigen, dass telepathische Kommunikation real ist, dass diese königlichen Wesen unsere Hilfe brauchen und bereit sind, mit Menschen per Gedankenübertragung Verbindung aufzunehmen. Und ihr Erscheinen zeigte mir wieder, dass der Geist Gottes in mir sogar von der anderen Erdhälfte aus mit ihr Kontakt aufnehmen und kommunizieren kann. Es war für mich das erste Mal, dass ich mit einem Hai sprach. Am meisten erstaunte mich ihre natürliche Anmut. Sie schwebten durchs Wasser, und sobald sie in meine Nähe kamen, übertrugen sie ein unglaubliches Gefühl der Ruhe und des Friedens auf mich.

In Donald Epsteins Buch *12 Phasen der Heilung: Ein Weg zu Gesundheit und Harmonie* (TB, Lüchow, 1996), in dem er über eine fortgeschrittene Stufe der Integration schreibt, fand ich diese wunderschöne Passage, die das beschreibt, was ich unter Wasser erlebt habe:

> Durch die Energie, die ich ausströme, fühle ich mich irgendwie verletzlich und zart. Ich spüre ganz deutlich einen inneren Rhythmus, und mein restlicher Körper spricht tatsächlich mit diesem Rhythmus. Ich fühle, wie mein Herz und meine Lunge mit mir kommunizieren. Auf Stufe acht können wir spüren, wie Kommunikation zwischen den neuen verwundbaren Regionen und dem starken, unterstützenden Rest von uns stattfindet. Wir wissen, dass etwas tief in unserem Inneren „etwas weiß". Wir wissen vielleicht noch nicht, was das ist, aber wir wissen, dass wir es wissen und dass es uns bald bewusst wird. Auf irgendeine Weise ist dieses Neue aufregend, aber auch unheimlich. Wir sagen uns möglicherweise: „Kann ich still sein? Kann ich wirklich still sein? Ich erlebe, ich höre, ich spüre. Schenke ich mir selbst Beachtung?"

Ich schenkte meinen inneren Vorgängen Beachtung und stellte fest, dass ich nur Liebe zu dieser prächtigen Matriarchin empfand. Diese missverstandenen Tiere brauchen dringend unsere Hilfe und Liebe, nicht unsere Angst. Ihre Verspieltheit unterscheidet sich in nichts von der der Delfine – wenn Sie das Lächeln von Zähnen in der Größe eines kleinen Dinosauriers ertragen können, ohne sich gleich vor Angst in die Taucherausrüstung zu machen.

Das berühmte Video finden Sie auf meiner Webseite. Seit ich es dort eingestellt habe, schicken mir Leute aus aller Welt E-Mails und fragen mich, was die Königin der weißen Haie mir zu sagen hatte. Und ich wünschte, ich hätte es im Videoclip mitgeteilt. Bei unserem Gespräch ging es um die Zukunft unserer Spezies. Dazu sagte sie: „Wenn du die Menschen auffordern kannst, ihren *Kindern* beizubringen, wie sie mit unseren Kindern sprechen können, dann besteht vielleicht noch Hoffnung für die Zukunft dieser Welt. Unsere Kinder können schon mit euch reden. Könntet ihr euren Kindern beibringen, wie sie mit *uns* reden können?“

Nun, ich trete, so schnell ich kann, in die Pedale! Seit 2001, als mein erstes Buch erschienen ist, reise ich durch die Welt. Seit fünfzehn Jahren unterrichte ich Tierkommunikation und gebe Seminare in zehn bis fünfzehn Ländern pro Jahr. Ich weiß nicht, ob ich dadurch etwas bewirke, aber ich werde mein Versprechen an den König der Tiger und die Königin der großen weißen Haie halten. Mein größter Erfolg bisher war nach der Veröffentlichung meines Buches in Korea. Daraufhin bekam ich eine Flut von zärtlichen, liebevollen E-Mails in gebrochenem Englisch von koreanischen Kindern, die mir schrieben, dass sie keine Hunde und Katzen mehr essen wollten. Das Ziel meines neuen Wohltätigkeitsvereins Ark Angel ist, den Kindern dieser Welt nicht nur den Schutz der Wildtiere beizubringen, sondern auch ihr Bewusstsein zu schärfen. Ich fange mit Afrika an, wo ich Schülern beibringe, dass Tiere denken und fühlen können und sich sogar mit uns unterhalten können, wenn wir Menschen aufhören, nur mit dem Kopf zu denken, und lernen, auch mit dem Herzen zu denken.

Dieses Versprechen habe ich der Königin der weißen Haie gegeben und habe auch vor, es zu halten. Manchmal kommt es mir zwar so vor, als würde ich versuchen, die *Titanic* mit einem Pappbecher leer zu schöpfen, aber Mutter Teresa hat einmal gesagt: „Wir können nichts Großes tun. Nur Kleines mit großer Liebe.“ Ihr Alltag, in dem sie sich um kleine Dinge kümmerte, wurde zu etwas ganz Großem. Daher versuche ich, mit großer Liebe, jeden Tag kleine Dinge zu tun, um Tieren zu helfen, weil ich glaube, dass wir die Welt verändern können, wenn wir alle die Kraft haben, kleine Dinge zu erreichen. Das Folgende ist eine kleine Lektion, wie man lernen kann, mit Tieren wie beispielsweise Haien zu sprechen oder – noch wichtiger – ihnen zuzuhören.

Lassen Sie uns darüber sprechen, wie Tierkommunikation funktioniert. Bezüglich des Haiweibchens konnte ich seinen Unterwasserschall empfangen.

Und es konnte meinen empfangen. Was heißt das? Was ist das für ein mentaler Schall?

Es gibt in Ihrem Inneren eine stille, leise Stimme, die Ihre Intuition ist. Sie ist die beste Freundin, die Sie je haben werden. Ich mache meine Arbeit nicht alleine. Es ist der „himmlische Vater in mir“, der die Arbeit verrichtet, und ich kann nur deswegen Tiere „sprechen“ hören, weil ich *zuhöre*, wenn die sanfte, leise Stimme Gottes in mir spricht. Wir können diese Stimme nicht darum bitten, mit unseren lauten Gedanken und turbulenten Gefühlen zu konkurrieren. Um sie zu hören, müssen wir ihr Raum geben und still sein. Wir haben uns von der göttlichen Präsenz entfernt, wenn wir uns nur von unserem logischen Verstand leiten lassen. Gottes Wille ist immer zu unserem höheren Besten. Was veranlasst uns also, uns der göttlichen Führung zu widersetzen? Als Antwort auf diese Frage zitiere ich an dieser Stelle einen meiner Lieblingsgeistlichen, den sprachlich versierten Dr. Charles Rose vom Ahiah Center for Spiritual Living in Pasadena, Kalifornien:

> Wenn man sich an Sicherheitsdecken, die von außen definiert werden, festklammert, gibt einem das nur ein falsches Sicherheitsgefühl. Dieses falsche Sicherheitsgefühl kann unser Bedürfnis, unsere spirituellen Ressourcen zu entwickeln, verdecken. Dann bleiben wir unsicher. Um wirklich sicher zu werden, dürfen wir uns nicht von äußeren Dingen abhängig machen. Wir können sie verstehen, uns an ihnen erfreuen und sie lieben, aber wir dürfen nicht von ihnen kontrolliert werden.
>
> Sicher zu sein ist nicht unbedingt eine Sache, eine Person oder ein Ort. Es ist eine innere Einstellung des Vertrauens und Glaubens – nicht nur an uns selbst, sondern an eine

Macht, die stärker ist als wir selbst. Es ist schwer, an seine eigenen Kräfte des Umgangs mit Problemen und des Überlebens zu glauben. Es ist das Vertrauen darauf, mit nichts als der eigenen inneren Weisheit und Stärke und der Präsenz Gottes allein zu sein. Es ist die Sicherheit, die von dem Wissen kommt, dass man Ressourcen hat, die einem niemand wegnehmen kann. Es ist die Freiheit von dem Bedürfnis nach äußeren Sicherheitsdecken. Die Frage ist also: Wie können wir diese innere Sicherheit bekommen? Wie können wir diese Stärke und Unabhängigkeit entwickeln?

1. Wir müssen uns unsere eigene Stärke zu eigen machen. Das erreichen wir, indem wir Zugang zur göttlichen Dimension unseres Wesens aufnehmen, die uns dazu bringt, nachzugeben und zuzulassen, dass diese göttliche Präsenz als Strom durch unser ganzes Leben fließt.
2. Gratulieren und belohnen Sie sich, wenn Sie eine Entscheidung auf der Basis des Glaubens gemacht haben, die Sie alle Hindernisse über Bord werfen lässt und Sie aufhören lässt, das Leben auf später zu verschieben.
3. Hören Sie öfter auf Ihre *innere Stimme* und weniger häufig auf die widersprüchlichen Forderungen anderer. Auf diese Weise fangen Sie an, die spirituelle Münze der Hingabe zu verwenden.
4. Betrachten Sie Unterstützung von außen als ein Extra und nicht als etwas, was Sie brauchen. Das lässt Sie sich darüber bewusst werden, dass das göttliche Gute eine nicht greifbare Substanz ist, die ständig überall gegenwärtig ist.
5. Werden Sie sich bewusst, dass Sie die einzige Autorität über das, was gut für Sie ist, sind. Das lässt Sie die Schleusen Ihres Herzens öffnen und herausfinden, welche Bedürfnisse befriedigt werden müssen, um Ihnen ein friedliches und wissendes Gefühl zu geben.

Die Kraft Ihrer persönlichen Entwicklung spricht durch Ihren *Geist* zu Ihnen und wird Sie zu Ihrem Traum führen. Ihre Aufgabe ist es, sich mit der stärksten Energie, die Sie fühlen, dorthin zu bewegen. Wenn Sie aus Angst und Unsicherheit versuchen, an etwas wie zum Beispiel emotionalen Sicherheitsdecken festzuhalten, die Ihnen nicht mehr dienen, werden Sie sich eingeschränkt fühlen und weiterhin keine Erfüllung finden.

Wenn Sie andererseits mehr Kraft und Aufmerksamkeit auf Ihr Ziel richten als auf Ihre Vergangenheit, werden sich auf erstaunliche Weise Türen für Sie öffnen. Haben Sie den starken Willen, Ihre Träume umzusetzen? Legt Ihre Angst Ihnen Steine in den Weg? Zapfen Sie Ihren Glauben an, dann verschwindet die Angst. Angst und Glaube können nicht im selben Geist und am selben Ort nebeneinander existieren. Das Gegengift für die Angst ist, ein tieferes Wissen anzuzapfen, das wir alle besitzen – ein tieferes Wissen, das auf einer tieferen Ebene sitzt als der Ebene, von der aus die Angst zu Ihnen spricht. Diese tiefe Ebene ist ständig in Ihrem Inneren vorhanden. Unsere Aufgabe ist es, uns in diese Ebene hinein zu entspannen und Mut zu schöpfen. Mut bedeutet ganz einfach, die Angst zu fühlen und trotzdem zu handeln, um weiterzukommen.

Gewalt ist nicht die Antwort auf Angst. Herz ist die Antwort. Sie können das Universum als einen liebenden Elternteil ansehen, der Sie mehr als gerne darin unterstützen will, das Leben zu leben, das Sie sich wirklich aussuchen würden, weil es die Kraft und Präsenz war, die dieses Verlangen erst geschaffen hat.

Da ich in der Science of Mind Kirche arbeite und sie auf der ganzen Welt vertrete, sind dies die philosophischen Gedanken, die ich lebe und predige. Ich erweitere diese Prinzipien jedoch auch auf die anderen Erdbewohner mit Pfoten, Hufen und Flügeln – und, ja, auch solche mit Flossen und einem Riesenlächeln im Gesicht. Wissen Sie, wir können lernen, zurückzulächeln. Auch sie sind Kinder Gottes. Die Königin der weißen Haie zeigte sich mir, weil ich ihr das bestätigte, und ich hielt meine Verabredung mit ihr ein, damit sie das SOS, das sie durch das Meer und sogar über das Festland nicht umsonst ausgesendet hatte. Ich wollte ihr versichern, dass der göttliche Geist in einem Menschen irgendwo auf der Welt ihren Notruf gehört hat und wegen ihr gekommen ist. Wenn wir unsere eigene Seele finden und dabei auch Mitgefühl für Tiere, vor denen wir Menschen Angst haben, entdecken wollen, müssen wir lernen, tief unterzutauchen.

Ich bin jedoch nicht die Einzige, die die Lügen und Vorurteile aufdeckt, in denen die Haie ertrinken. Lesley Rochat taucht regelmäßig mit ihnen ab. Daher möchte ich an dieser Stelle Lesleys bekanntesten Sieg mit Ihnen teilen, von dem Sie vielleicht aus der Zeitung wissen, weil er vor einigen Jahren weltweit Schlagzeilen machte. Möglicherweise fällt es Ihnen schwer, Mitgefühl für diese großen Lebewesen mit dem Lächeln im Gesicht zu empfinden. Es könnte jedoch leichter werden, wenn ich Sie der zierlichen Frau vorstelle, die sich in einen Hai verliebte.

Der Hai und ich

> „Mighty Maxine contributes to research!“ (Die starke Maxine hilft der Forschung!“) So lautete der Titel eines Artikels, der kurz vor der Freilassung des Sandtigerhaiweibchens Maxine veröffentlicht wurde. Bald darauf wurde Maxine nach neun Jahren Gefangenschaft im Two Oceans Aquarium in Kapstadt, Südafrika, endlich wieder ins Meer entlassen. Ihre Freilassung machte Schlagzeilen: „Die berühmte Maxine ist Botschafterin der Haie“, „Endlich Freiheit für Maxine!“ „Warum ich ein glücklicher Fisch bin, sagt Maxine“, „Satelliten zeichnen Maxines Rückkehr ins Meer auf“, „Sandtigerhai Maxine lebt weiter, um seine Geschichte zu erzählen“ und unzählige weitere Berichte. Wenn man sie über Google sucht, findet man mehr als 140 Links zu Maxi-

ne. Ich hatte es tatsächlich geschafft, den Hai Maxine weltberühmt zu machen!

Und genau das hatte ich auch vor, als ich von Maxines außergewöhnlicher Vergangenheit erfuhr und beschloss, sie als Ikone für den Schutz der Haie und ein von mir entworfenes wissenschaftliches Forschungsprojekt zu verwenden. Maxines wahre Geschichte verläuft so: Im Jahr 1995 verfing sich Maxine im Netz, das in KwaZulu Natal für Haie ausgelegt worden war. Zum Glück lebte sie noch und wurde prompt gekennzeichnet und von Mitgliedern des Natal Sharks Board wieder ins Meer entlassen. Sie hatte tatsächlich großes Glück gehabt, da nur 40 % der Sandtigerhaie oder „Raggies", wie sie in Südafrika genannt werden, den Fang im Netz überleben, und noch viel mehr von ihnen jedes Jahr von Fischern getötet werden. Vom Netz, das tiefe Schnittwunden in ihr Fleisch geschnitten hatte, schwer verwundet, setzte sie ihren Wanderweg der Fortpflanzung fort. Doch einundneunzig Tage später und 1.369 km weiter unten an der Küste wurde sie bei einem Fischfangwettbewerb erneut gefangen. Wie es schien, war es vorbei mit ihrer Glückssträhne. Doch wieder hatte sie Glück. Den Anglern war bekannt, dass Two Oceans Aquarium in Kapstadt einen Hai ihrer Größe suchte. Also wurde Maxine auf einem Laster zu einem Meerespool bei Cape Agulhas ca. 20 Kilometer weiter transportiert. Als sie dort ankam, war sie dem Tod nahe. Wieder wurde sie gerettet – diesmal von einem Mann namens Mackie, der sie wiederbelebte, indem er sie so lange im Pool umherbewegte, bis sie kräftig genug war, wieder alleine zu schwimmen. Elf Stunden später holten die Mitarbeiter des Aquariums sie ab und brachten sie ins Aquarium.
Sie konnte erfolgreich im größten Schaubecken angesiedelt werden und wurde nach ihrem Retter Mackie getauft, bis das Personal merkte, dass sie ein Weibchen war. Daraufhin erhielt sie den Namen Maxine. Sobald sie in das Schau-

becken gebracht worden war, schien Maxine drei Monate lang zu schmollen, denn sie verweigerte selbst die leckersten Happen, die ihr angeboten wurden. Erst als eine Schar hochgepriesener Weißer Thunfische in ihr Aquarium gesetzt wurde, ernährte sie sich in den nächsten Wochen davon. Maxine wurde zum Star. In der Ausstellung entwickelte sie sich prächtig und faszinierte Besucher aus aller Welt.

Während Maxine im Aquarium ihre Kreise in Gefangenschaft zog, ging es mir genauso: Ich war in der Tretmühle der Unternehmenswelt gefangen und sehr unglücklich. Um nicht durchzudrehen, reiste ich viel und wurde freiberufliche Reisejournalistin und Unterwasserfotografin. Ich begann auch, Videoproduktionen zu machen. Oft kehrte ich an dieselben Orte zurück und konnte sehen, wie sehr sich die Lebensbedingungen in der Zwischenzeit verschlechtert hatten. Das setzte mir stark zu, und je mehr ich recherchierte und die Not unserer Meere erkannte, weil „verbesserte" Fischfangpraktiken die Ozeane allen Lebens berauben, umso größere Sorgen machte ich mir.

Ich lernte mehr über Haie, Tiere, die in der Aufrechterhaltung des zarten Gleichgewichts des verwundbaren Meeresökosystems eine unglaublich wichtige Rolle spielen. Und wie ich erfuhr, werden Haie gejagt, während die anderen Fischbestände weltweit abnehmen. Die meisten werden von Langleinen-Booten gefangen, die mit über 2.500 Haken bis zu 140 km weit reichen. Die Nachfrage nach Haifleisch, vor allem nach ihren Flossen, dem teuersten Fischprodukt der Welt, nimmt zu, um den elitären Gaumen der Reichen beim Essen einer Haifischflossensuppe zu befriedigen. Die Art, wie Jagd auf ihre Flossen gemacht wird, gehört zu den grausamsten, barbarischsten und verschwenderischsten Methoden, die sich mit dem illegalen Elfenbeinhandel vergleichen lässt. Dabei werden den Haien die Flossen bei lebendigem Leib abgeschnitten, woraufhin sie lebend ins Wasser zurückgeworfen werden, um einen langsamen, grausamen Tod zu erleiden. Ich hatte das Bedürfnis, etwas dagegen zu tun, und meine Tätigkeit als freiberufliche Umweltautorin schien dafür nicht auszureichen, aber ich wusste nicht, wie ich sonst helfen könnte.

Doch das Schicksal tat das Seinige. Sechs Jahre nach Maxines Ankunft im Aquarium lernte ich sie kennen: Als freiberufliche Umweltjournalistin und Unterwasserfotografin besuchte ich das Aquarium, um in das Becken der Haie einzutauchen und die Haie für einen Artikel über die weltweite Not der Haie zu fotografieren. Maxine, die sich das Becken mit vier anderen Haien teilte, fiel mir sofort auf, und ich bemerkte die Narbe an ihren Kiemen, die vom Fangnetz herrührte. Nachdem ich herausgefunden hatte, wie Maxine zu der Narbe gekommen war, erkannte ich ihr Potenzial, beim Schutz der Haie eine zentrale Rolle zu spielen.

In den darauffolgenden drei Jahren stieß ich eine Reihe von Entwicklungen an, die ihr und mein Leben drastisch verändert haben. Ich traute mich, meinen Job in der Firma zu kündigen, und gründete eine gemeinnützige Organisation, die AfriOceans Conservation Alliance. AfriOceans hat 2003 in Südafrika den Anfang des Tierschutzes für Haie gemacht. Damals sagten mir alle, ich sei verrückt, Haie retten zu wollen, weil die Leute sie als Seeungeheuer ansahen – und überhaupt als Monster. Nach der Gründung entwickelte ich ein prominentes Haischutzprogramm, zu deren Ikone Maxine wurde. Es nannte sich *The Maxine Science, Education and Awareness Programme* (das Maxine-Forschungs-, Unterrichts- und Bewusstseinsförderungsprogramm), und ich konnte bewirken, dass Maxine wieder ins Meer zurück entlassen wurde.

Während drei Jahre nach unserer ersten Begegnung am 18. März 2004 die orangerote Sonne strahlend über dem Two Oceans Aquarium aufging, liefen die Mitarbeiter meines Produktionsteams auf dem Dach des Aquariums geschäftig hin und her. Dieser Tag war seit Monaten geplant und end-

lich gekommen – heute würde Maxine nach Hause schwimmen. Die Teams der Nachrichtensender bedrängten uns, ihnen Interviews zu geben, während die berühmte Maxine cool im Quarantänebecken umherschwamm. Zwei Wochen zuvor war sie betäubt worden. Nun arbeiteten zehn Paar Hände daran, sie rasch aus dem Becken zu heben und vom zweistöckigen Gebäude herunterzulassen. In weniger als zehn Minuten befand sie sich im Becken hinten auf dem Laster, der sie zurück zu der Stelle in Struisbaai bringen würde, wo sie ursprünglich eingefangen worden war. Vor der Kulisse des Table Mountain Gebirges wurde sie wie eine echte Berühmtheit von zwei Verkehrspolizisten auf Motorrädern mit Blaulicht aus Kapstadt heraus eskortiert.
Vier Stunden später kämpften ihre zahlreich erschienenen Fans um den besten Platz, von dem aus sie zusehen konnten, wie Maxine vom Laster ins Becken auf dem Boot, das sie hinaus aufs Meer bringen würde, gehievt wurde. Als wir das Riff erreichten, hatte sich das Wetter verschlechtert; ein starker Wind und die aufgewühlte Wasseroberfläche schüttelten uns in den Booten ganz schön durcheinander. Maxine wurde schnell noch mit zwei Satelliten-Erkennungsmarken ausgestattet. Unter großen Anstrengungen wurde sie auf eine Trage zwischen zwei Booten gehievt. Während wir uns darum bemühten, die Boote von ihr fernzuhalten, wurde ihr eine kleine Boje an einer dünnen Schnur um die Schwanzflosse gebunden, mit deren Hilfe wir ihre Spur in den ersten kritischen Minuten von der Wasseroberfläche aus verfolgen konnten. Dann war endlich die Zeit für ihren Abschied gekommen. Sie wurde vorsichtig von der Trage ins wartende Meer geschoben.
Ein halbes Jahr später, im Januar 2005, hörten wir unerwartet von der ersten Erkennungsmarke. Mir fiel ein Stein vom Herzen. Maxine lebte; es ging ihr gut und sie tat, was „Raggies“ tun: Sie befand sich auf ihrer jährlichen Wanderung die Küste hinauf. Wir hatten es geschafft!

> Maxine und alle anderen Haie, die wir später mit Erkennungsmarken versahen und frei ließen und die ihr in die Hall of Fame der Haie folgten, waren hervorragende Botschafter für Haie und generell für die Meere Afrikas. Aufgrund der Überfischung werden jedes Jahr bis zu 100 Millionen Haie abgeschlachtet. Der Bestand an Haien hat weltweit abgenommen, und viele Haiarten werden noch zu unseren Lebzeiten aussterben. Trotz der angeblichen Bedrohung, die von ihnen ausgehen soll, sind Haie extrem verwundbar und in großer Not.

Mehr über Lesleys Arbeit finden Sie auf www.lesleyrochat.com oder www.aoca.org.za.

WIE ÜBERLEBE ICH DEN SCHMERZ?

Wie können wir den Mut aufbringen, bei Tierquälereien, bei denen wir alle am liebsten wegsehen würden, hinzusehen? Indem wir nicht hinsehen, helfen wir den Tieren mit Sicherheit nicht. Ich habe einige dieser Konzepte schon in meinem zweiten Buch, *Tierisch einfach: WARUM und WIE Sie Tiere verstehen und mit ihnen sprechen können,* vorgestellt. Doch um mein Versprechen an die Königin der Haie halten zu können, biete ich denjenigen unter Ihnen, die meine Arbeit noch nicht kennen – oder als Auffrischung für diejenigen, die damit schon vertraut sind –, eine kurze Lektion an. Die meisten meiner Schüler fragen mich heutzutage nicht mehr: „Wie kann ich lernen, mit Tieren zu sprechen?“ Denn das können sie längst. Die häufigste Frage lautet mittlerweile: „Wie überlebe ich den Schmerz?“ Das Folgende ist eine interessante Sichtweise. Die Weisheit stammt aus einer Predigt von Dr. Raymond Charles Barker – einem der grundlegenden Geistlichen der Science of Mind Kirche –, die seinem Buch *The Power of Decision* entnommen ist:

> Sie projizieren sich auf die Leinwand des Lebens. Sie sind die Ursache Ihrer eigenen Erfahrung. Situationen, Erlebnisse und Dinge kommen aus Ihrem Bewusstsein und erscheinen

> auf der Leinwand des Lebens. Die Leinwand des Lebens ist so unpersönlich wie eine Kinoleinwand. In einer Woche kann ein Drama auf der Leinwand erscheinen, in der nächsten Woche vielleicht eine Komödie. Die Leinwand weiß nicht, was sie den Zuschauern zeigt. Sie weiß nur, *wie* sie es zu zeigen hat. Eine Kinoszene, in der ein Mann erschossen wird, verursacht kein Loch auf der Leinwand. Sie bleibt so, wie sie war. In Ihrem eigenen Leben sind Sie der Projektor Ihres Bewusstseins auf der Leinwand der Erfahrungen.

Ich möchte diesem Abschnitt die Vorstellung hinzufügen, dass auch der Schmerz eines jeden Tiers auf die Leinwand des Lebens projiziert wird. Der Schmerz – das sind nicht Sie. Dr. Barker geht so weit zu sagen, dass der Schmerz des Tiers nicht nur nicht Ihr eigener Schmerz ist, sondern dass auch Ihr *eigener* Schmerz nicht Ihrer ist. Wenn wir zwischen der Leinwand (unserem äußeren Erleben) und dem Film, der durch den Projektor surrt (unserer Absicht), und sogar dem Licht, das durch den Film schimmert (unserem Bewusstsein), unterscheiden können, sind wir nicht länger Sklaven von Zeit und Raum.

Dr. Deepak Chopra verwendet mehrere Begriffe, die sehr hilfreich sind: Der „stumme Zeuge" definiert das „andere Sie" in Ihrem Kopf, wenn Sie mit sich selbst argumentieren, nämlich mit dem „Sie", das es besser weiß. Das ist der Aspekt von Ihnen, der Ihre Seele und Intuition behaust. In diesem inneren Rückzugsort können wir auf Distanz gehen – von unseren Emotionen losgelöst – und erkennen, dass wir nicht unsere Gedanken sind.

Dr. Chopra spricht vom „Raum zwischen den Gedanken" und bezeichnet diese Ebene der meditativen Fähigkeit als „virtuelle Domäne". In diesem Raum können wir unsere Gedanken und Gefühle vom Verstand distanzieren, um die Gedanken der Tiere zu hören. Wenn Sie bei der Tierkommunikation diese Distanz von Ihrer eigenen körperlichen Maschinerie nicht erreichen, werden Sie zu einem hysterischen Nervenbündel. Wenn Sie glauben, Sie seien Ihre Gedanken und Gefühle, werden Sie kein einziges Pelzköpfchen retten können – ganz zu schweigen vom Meistern riesiger Probleme, wie beispielsweise dem blutigen Geschäft mit Haiflossen.

Meditation und emotionale Distanz erfordern unglaublich viel Disziplin, die ich nicht kleinreden will. Was mir sagt, dass ich die mentale Verbindung zu einem Tier aufgenommen habe, ist die Tatsache, dass ich Tränen in die Augen bekomme. Ich muss bei fast jedem Kontakt zu einem Tier weinen. Man kann nicht lernen, ihren Schmerz zu fühlen, ohne ihn auch wirklich zu fühlen. Dabei reißen wir die Tapete des Universums, die Sie kennen, ab. Das mag aufregend sein, es mag das ganze Leben verändern, es mag furchtbar schmerzhaft sein, doch es wird Sie nicht in Ihrer jetzigen Komfortzone weiterleben lassen. Unser Ziel ist es, uns auf den Inhalt und die Bedeutung statt auf die Form, auf Bewegung und Prozess statt auf Stillstand zu konzentrieren. Ich kann Ihnen zwar nicht versprechen, dass es nicht wehtun wird, aber ich kann Ihnen versprechen, dass es das wert ist! Wie können wir Wellen des Trostes aussenden, wenn wir nicht auch den Schmerz fühlen können? Wir müssen uns mit dem Schmerz identifizieren, um ihn zu finden, zu teilen, aufzulösen und in Freude umzuwandeln.

NICHT SO SCHNELL!

Wenn Sie eine Information von einem Tier haben wollen, müssen Sie ihm eine Welle der Liebe und Geduld schicken, die es bei einem Menschen noch nie gespürt hat. Menschen sind ständig auf Achse. Die meisten von uns sind ein Haufen gehetzter Nervenbündel, die wie kopflose Hühner herumrennen. Unsere Tiere teilen uns immer und immer wieder etwas mit, doch wir sind so damit beschäftigt, uns über Dinge aufzuregen und unser Leben mit Unsinn anzuhäufen, dass wir sie nicht hören können. Irgendwann geben sie auf. Wenn es Ihnen schwerfällt, Informationen einzufangen, oder wenn Sie abends Ihre Katze ins Haus rufen, dann senden sie Ihr diesen Gedanken: „Ich werde ewig hier warten. Du hältst mich vielleicht für stur, und das bin ich auch. Ich werde stundenlang hier still stehenbleiben, bis du mir eine Antwort gibst oder nach Hause kommst." Erwarten Sie dann, Ihren Wunsch erfüllt zu bekommen. Ich will nicht behaupten, dass es immer funktioniert, aber Sie werden staunen, wie oft es das tut.

Ich gebe nicht gerne auf. Das könnte einer der Hauptgründe sein, warum ich in der Tierkommunikation erfolgreich bin. Mein überaus bemerkenswerter Kunstlehrer Glenn Vilppu hat einmal gesagt: „Ich bin nicht begabter als sonst jemand. Ich bin nur geduldiger." Er verbrachte Stunden oder sogar Tage an einer Zeichnung, die wir Schüler in fünf Minuten zerknüllt und in die Tonne geworfen hätten. Das Gleiche gilt für Tierrechte. Die Welt ändert sich nicht schnell, aber sie ändert sich. Wir müssen bloß sturer sein als die Tierquäler. Es gibt den Spruch: „Die längste Reise, die du jemals machen wirst, ist vom Kopf zum Herzen." Also, wenn wir eine so lange Strecke vor uns haben, dann lasst uns starten, okay?

Die Ursache

Resogenese, ein von mir geprägter Begriff, der vom Wort Resonanz stammt, bedeutet, auf derselben Frequenz wie ein Tier zu schwingen (oder zu vibrieren). Sie können Resogenese erreichen, wenn Sie sich so fühlen, als wäre Ihr Körper ein Radio, und die Aussendungen der Tiere oder anderer Menschen wären ein Radioprogramm, das Sie sich anhören. Genau das passierte mir, als die Haie eine Melodie aus den Meeren Afrikas durchs Wasser und über Land in meine Richtung sendeten. Ich hatte zufällig mein übersinnliches Radio an. Eine noch treffendere Analogie ist vielleicht, dass die Haie mir „gemailt" haben und ich zufällig „online" war. Die E-Mail-Analogie ist noch akkurater, da die Kommunikation beiderseitig funktioniert. Daher konnte ich der Königin der Haie zurückmailen: „Okay, ich komme." Ich hatte ihr Bild und das ihres jugendlichen Sohns dreidimensional vor Augen – wie einen Film, der jedoch holografisch in meine Gedanken und meine Wohnung in Nordhollywood projiziert wurde.

Sie schwamm buchstäblich durch das Nullpunktenergiefeld. Was das ist? Willkommen zur Sprache der Wunder und der Erfüllung meines Versprechens an die Königin der großen weißen Haie.

Schwimmen Sie mit mir im Nullpunktenergiefeld

Stellen Sie sich ein gigantisches Spinnennetz aus silbrigem Licht vor, mit dem jedes Lebewesen verbunden ist. Nun wollen wir diese Vorstellung noch erweitern. Statt eines zweidimensionalen Netzes stellen wir es uns dreidimensional vor; es ist ebenso breit wie tief und breitet sich unendlich in jede Richtung der Galaxie aus. Es ist ein glitzerndes Meer aus elektromagnetischer Energie, das alles in unserem Universum enthält. Es schließt jedes Lebewesen und die Geschichte jedes Wesens mit ein. Dieses Meer aus elektromagnetischer Energie besteht nicht nur aus „Materie", sondern nimmt den Raum *zwischen* den Sternen und den leeren Raum *zwischen* Ihren Körperzellen und sogar den Raum zwischen den Nuclei und Elektronen in Ihren Atomen ein. Materie an sich hat kaum Substanz. Sie besteht zu 99 Prozent aus leerem Raum. Statt das Fehlen von Materie als ein Vakuum anzusehen, sollen Sie sich nun vorstellen, dass diese Leere zusammen mit dem Rest der Schöpfung elektrisch geladen, vibrierend und lebendig ist. Und nicht nur das: Während wir in unserer Geschichte vorangehen, speichert dieses Meer Informationen in einer gigantischen Bibliothek aus „Unterlagen" (in Form von mikroskopischen Interferenzmustern) ab.

Das Nullpunktenergiefeld macht die Vorstellung möglich, dass alle Lebewesen aufgrund der Naturgesetze miteinander kommunizieren können. Warum das so ist? Weil wir alle Teil eines einzigen Gesamtorganismus sind. Und wenn wir alle nur Puzzleteile eines riesigen Puzzles sind, dann macht es doch Sinn, dass wir uns stumm miteinander verbinden können, oder? Menschen sind Körperzellen Gottes, und dasselbe gilt für jedes Tier, jede Pflanze und jeden Stern in der Galaxie. Wenn ich „Gott" sage, meine ich damit eine liebende und nicht beurteilende unendliche Macht. Man könnte sie auch universale Intelligenz, göttliche Kreativität oder den Verstand der Natur nennen. Nennen Sie es, wie Sie wollen, aber nutzen Sie es. Ihre Fähigkeit, mit Tieren zu kommunizieren, hängt von Ihrer Fähigkeit ab, mit der universalen Intelligenz zu kommunizieren, da diese Beziehung Ihr Maßstab dafür ist, wie gut Sie *mit sich selbst* kommunizieren.

Wenn wir Ihren Körper und den Körper Ihrer Katze, Ihres Pferdes oder Hundes auslöschen würden, dann würden nur elektrisch geladene Energiefelder übrig bleiben – kleine Wolken aus sich drehenden Lichtern. Sie bestehen aus winzigen Päckchen Quantenenergie, die ständig mit der Welt um Sie herum kommunizieren. Auch Ihr Hund besteht aus solchen Informationspäckchen. Wenn wir das mit unserer neuen Erkenntnis sehen, dass wir uns alle im Nullpunktenergiefeld befinden, dann sind unsere Tiere nicht länger von uns getrennt. Nehmen Sie die äußere Gestalt und die scharfen Linien weg – dann gibt es keine Trennung mehr zwischen dem, was Sie sind und was Sie nicht sind. Ihre Energie hört nicht an Ihren Fingerkuppen auf, sondern kann in die Welt um Sie herum strömen. Wenn man noch einen Schritt weitergeht, dann sind Sie und Ihr Hund oder Ihre Katze nicht in einem Körper gefangen und voneinander durch leeren Raum getrennt. Wenn wir Raum als ein Meer aus Energie ansehen würden, das außerhalb unseres Körpers ebenso greifbar ist wie in unserem Körper, dann wäre doch alles anders, nicht wahr? Dann könnten Sie in dieses Meer hinauswaten und im Energiefeld Ihres Tiers schwimmen, wo Sie seine körperlichen und seelischen Schmerzen fühlen und vielleicht sogar die Bilder in seinem Kopf sehen könnten.

Das mag fantastisch klingen, doch mit unserem heutigen Wissen lässt es sich nicht besser erklären. Ich biete Ihnen *meine* Version des Nullpunktenergiefelds an. Wir wollen daher kurz über seine wissenschaftlichen Ursprünge reden. Die letzte schwindelerregende Theorie vor der Nullpunktenergiefeldtheorie war die Quantenphysik.

Die Quantenphysik ist nichts als die Physik des unglaublich Kleinen. Während sich mit Newtons Physik die Umlaufbahnen der Planeten oder die Energieumwandlungen bei einem Billardspiel verständlich beschreiben lassen, beschreibt die Quantenphysik, wie

Elektronen den Atomkern umgeben und andere subatomare Prozesse. Nun denken Sie vielleicht, es gäbe keinen allzu großen Unterschied zwischen diesen beiden wissenschaftlichen Ansätzen. Hey, beide erklären doch, wie Materie mit anderer Materie interagiert – was ist daran so ungewöhnlich? Der Unterschied ist, dass die allgemeingültigen Gesetze der Physik im kleinen Maßstab anfangen zu bröckeln. Beispielsweise hat Nippondenso (Japan Electric) ein Auto gebaut, das nur einen halben Millimeter lang ist. Man könnte es leicht mit einem Sandkorn verwechseln, wenn es nicht golden wäre. Schon im Maßstab von 1:1.000 verändert sich die Physik. Dann würde Öl den Motor verkleben, und die Reifen hätten nicht genügend Profil, um das Auto fortzubewegen.

Die Quantenphysik versucht, das Verhalten noch kleinerer Teilchen zu erklären. Diese Teilchen sind zum Beispiel Elektronen, Protonen und Neutronen. Die Quantenphysik beschreibt sogar die Teilchen, aus denen diese Teilchen zusammengesetzt sind. Genau: das Modell eines Atoms, das Sie in der Schule gelernt haben, ist falsch! Die Elektronen kreisen nicht wie Planeten, sondern bilden unscharfe Wolken aus Möglichkeiten um den Kern. Protonen und Neutronen? Beide bestehen aus drei Quarks, die alle ihren eigenen „Geschmack" und eine von drei „Farben" haben. Und wir wollen die Gluonen nicht vergessen; das sind noch kleinere Teilchen, die das Ganze zusammenhalten, wenn sie sich sammeln und Gluonenbälle formen. Indem die Wissenschaftler herausfinden, wie diese Teilchen agieren, können sie die Materie, aus der das Universum besteht, und die Art, wie es sich verhält, besser verstehen.

Die Entdeckung der Quantenphysik war zwar eine Sensation, doch sie ließ noch viele Fragen offen. Eine kleine Gruppe mutiger Wissenschaftler in aller Welt machte mit Experimenten da weiter, wo die Pioniere der Quantenphysik aufgehört hatten. Diese Wissenschaftler beschäftigten sich noch einmal mit dem mathematischen schwarzen Schaf – ein paar Gleichungen, die aus der Familie der Quantenphysik herausgeworfen worden waren, ohne wirklich in Vergessenheit geraten zu sein. Diese ungeliebten Gleichungen standen für das Nullpunktenergiefeld – das Meer aus mikroskopischen Schwingungen im Raum zwischen der Materie. Wie Ihnen klar wurde, bedeutet es, dass unser gesamtes Universum ein unteilbares Energiemeer, ein riesiges vibrierendes Quantenfeld ist, und dass jedes winzige Teil ständig mit dieser prächtigen, göttlichen Symphonie im Einklang stünde, wenn das Nullpunktfeld in unsere natürliche Wahrnehmung der materiellen Welt einbezogen wäre. Und das hier ist der absolute Burner: Wie die Wissenschaftler herausfanden, sind wir nicht nur mit dem gesamten Orchester des Lebens verbunden, sondern tauschen auch Informationen mit ihm aus. Das tun wir längst. Nur ist das den meisten Menschen nicht bewusst.

Was genau ist dann ein Gedanke? Er ist eine elektrische Spannung. Was ist eine Wahrnehmung? Richtig: eine elektrische Spannung. Und ich will Ihnen beibringen, wie Sie Ihre Energie neu kalibrieren, damit Sie so sensibel werden, dass Sie die Gedanken, Gefühle und körperlichen Wahrnehmungen Ihrer Umwelt und vor allem Ihrer Tiere spüren können. Dann werden Sie sich dessen, was Sie längst empfangen, noch bewusster. Doch wie können wir unsere Intuition verfeinern?

Dafür müssen wir unser Bewusstsein dazu bringen, mobil zu sein und auf Wellen zu reiten, statt uns als isolierte Teilchen in einem kalten, abgetrennten Universum zu sehen. Das Feuer, das die Sicherung der Absichtlichkeit herausspringen lässt, ist nicht im Kopf, sondern im Herzen. Absicht wird nicht dadurch in Bewegung gesetzt, dass wir diese wissenschaftlichen Konzepte begreifen oder das Bedürfnis haben, unsere Umwelt mit dem Kopf zu verstehen und zu messen. Die Geheimnisse der Verbindung werden im *Herzen* gelöst, und die einzige Bedingung, um Absicht herzustellen und die Gemeinschaft mit Tieren zu erreichen, ist das liebevolle Verlangen danach. Wir verbinden uns nicht mit unseren Gedanken an sich, sondern mit unseren Gefühlen. Ihre Emotionen legen fest, mit wem Sie sich verbinden und mit wem nicht. Die Absicht ist nicht nur ein Willensakt, sondern die Verpflichtung zu lieben, und so zu lieben ist ein Lernprozess, für den man Disziplin braucht.

Die meisten meiner Schüler nennen das „die Brücke bauen“, doch ich nenne diesen Tunnel der liebevollen Energie Lumensilta („Lichtbrücke“). Den Akt des „Reisens“ auf dieser Brücke nenne ich Lumensonar. Er aktiviert meine eigenen Schallwellen, über die ich mit jedem Tier Verbindung aufnehmen kann, wurde jedoch von mir vor allem zu Ehren der Meerestiere geprägt.

Sie können Ihren Verstand darauf trainieren, in Wellen – statt im Teilchenbewusstsein, in dem die meisten von uns tagsüber stecken – zu denken. Lassen Sie uns einen kurzen Blick auf den Welle-Teilchen-Dualismus werfen, da er die einfachste und wirksamste Methode ist, die unterschiedlichen Funktionsarten zu erklären, wie Ihr Bewusstsein lernen kann, zu fliegen oder mit den Haien zu schwimmen und ihre Kommunikation zu hören. Wir wollen sie in den Wellen begleiten.

DAS PRINZIP DES WELLE-TEILCHEN-DUALISMUS

Albert Einstein hat bewiesen, dass Materie aus Teilchen besteht. Der Physiker Thomas Young sagte Einsteins Forschungsergebnisse schon 1803 voraus, indem er nach seiner Entdeckung eines Phänomens, das als Interferenz bezeichnet wird, das Konzept des Welle-Teilchen-Dualismus präsentierte. Der Bestsellerautor Gary Zukav beschreibt ihn sehr anschaulich in seinem Buch *Die tanzenden Wu Li Meister* (Rowohlt, 2012):

> Youngs Doppelspaltexperiment hat gezeigt, dass Licht wellenartig sein muss, da nur Wellen Interferenzmuster hervorbringen können. Die Situation war demnach so: Einstein hat unter Verwendung des fotoelektrischen Effekts „bewiesen“, dass Licht teilchenartig ist, und Young hat unter der Verwendung des Phänomens der Interferenz „bewiesen“, dass Licht wellenartig ist. Eine Welle kann jedoch kein Teilchen sein, und ein Teilchen kann auch keine Welle sein. Der Welle-Teilchen-Dualismus war (ist) eines der schwierigsten Probleme der Quantenmechanik. Physiker mögen eindeutige Theorien, mit denen sich alles erklären lässt, und wenn sie

das nicht können, dann mögen sie eindeutige Theorien darüber, warum sie es nicht können. Der Welle-Teilchen-Dualismus ist keine eindeutige Situation. Tatsächlich hat seine Uneindeutigkeit die Physiker zu radikalen neuen Wegen, mit denen sich die physikalische Realität wahrnehmen lässt, gezwungen. Diese neuen Rahmen der Wahrnehmung sind deutlich kompatibler mit der Eigenart der persönlichen Erfahrungen als die alten. Für die meisten von uns ist das Leben nur selten entweder schwarz oder weiß. Der Welle-Teilchen-Dualismus markierte das Ende der Art und Weise, die Welt als „entweder oder“ anzusehen.

Wenn wir uns vorstellen, wir sind Wellen – aus Wasser, nicht aus Eis –, dann kann das große Meer aus menschlicher und tierischer Energie sich an jedem beliebigen Punkt treffen und gemeinsam in Harmonie fließen. Unser Körper und Verstand sind von denen anderer getrennt und auch wieder nicht getrennt. Das Wesen der Realität und der Existenz von Materie in dieser Realität ist nicht dualistisch. Es ist holografisch, was bedeutet, dass mehr als nur eine Definition der physikalischen Realität jederzeit richtig ist.

Wasser ist eine hervorragende Analogie für das Bewusstsein. Wasser kann zwar drei Formen annehmen, es besteht jedoch nur aus einer Essenz. Sein Baustein H2O bleibt derselbe, selbst wenn das Wasser die Form von Eis oder Dampf annimmt. Das Gleiche gilt für den Verstand. Ich würde Resogenese mit fließendem Wasser gleichsetzen, wobei man sein Bewusstsein auf einer Energiewelle fließen lässt, um sich mit einem Tier oder einem anderen Menschen mental zu verbinden. Der Dampfaspekt des Bewusstseins könnte eine noch feinere Welle sein, die es einem ermöglicht, vermisste Tiere „aufzuspüren“ oder verstorbene Seelen hinter den himmlischen Schleiern „zu sehen“.

Der Verstand eines Skeptikers ist wie ein Eisblock. Sie haben jedoch die Wahl. Ihre Sicht auf das Universum hängt ganz von Ihrer Sichtweise ab, und Ihre Sichtweise hängt von Ihrer Wahl ab, wie Sie Ihren eigenen Verstand nutzen wollen. Ihr Bewusstsein reagiert zwar auch auf äußere Stimulierung, doch Sie können es trainieren, je nach Situation auch auf innere Stimulierung zu reagieren. Sie können Ihre Denkprozesse neu umstellen, so dass Ihre inneren Fähigkeiten multidimensional sind, und sich nach Bedarf anpassen, so wie je nach Umständen eine Welle aus Teilchen bestehen kann und ein Teilchen Teil einer Welle sein kann.

Was bedeutet das, wenn alles Leben miteinander verbunden ist und wir Menschen die gute Meerespolizei, die das Gleichgewicht aller Tiere und Pflanzen im Meer aufrechterhält, umbringen? Glauben wir wirklich, durch den Verzehr von Haifischflossen – wie auch den anderer Körperteile des mächtigen Tigers – auf irgendeine Weise stärker oder mächtiger zu werden? Die Wahrheit ist: Wegen der Art und Weise, wie Menschen mit ihnen umgehen, haben die Haie das Recht, jeden von uns zu töten, der in ihr Revier kommt. Aber das tun sie nicht. Im Gegenteil: Sie zeigen starkes Mitgefühl und Eigenschaften des Verzeihens, die wir ihnen nicht angedeihen lassen. Holen Sie tief Luft, während ich Ihnen die Wahrheit über Haifischflossensuppe sage.

Die Suppe des Teufels

In der Kampagne „The Reality of Shark Finning“ (Die Realität über das Finning (= die Jagd auf Haifischflossen)) der Tierschutzorganisation SharkFriends.com erfahren wir die Wahrheit über die „Delikatesse“, die sich Haifischflossensuppe nennt. Wegen ihrer Flossen sterben jedes Jahr Haie in alarmierender Anzahl. Es werden schätzungsweise einhundert bis zweihundert Millionen Haie jährlich allein wegen ihrer Flossen getötet. Diese Praxis dient hauptsächlich dazu, Haiflossen zur Zubereitung der Haifischflossensuppe zu beschaffen.

Nicht alle Haie, die gefangen und deren Flossen abgeschnitten werden, sind schon tot, wenn sie zurück ins Meer geworfen werden. Ohne ihre Flossen sinken die Haie wie Steine auf den Meeresboden, wo sie elend verenden. Was für ein grauenhafter Tod einer so majestätischen Kreatur! Wie schrecklich das für die Tiere sein muss – das Gefühl, in Sicherheit zu sein, wenn sie wieder im Wasser sind, um dann herauszufinden, dass sie nicht mehr schwimmen können und in der Tiefe des Ozeans sterben werden, der nur wenige Augenblicke zuvor ihr sicherer Hafen war und ihnen jetzt zum Verhängnis wird.

Sobald Haiflossen „geerntet“ worden sind, werden sie getrocknet und auf Märkten an Privathaushalte und Restaurants verkauft, um zu Haifischflossensuppe verarbeitet zu werden, die der Öffentlichkeit (vor allem Touristen) für bis zu 350 US-Dollar pro Schüssel verkauft werden! Produkte aus Haien werden außerdem in asiatischen Ländern als Heilmittel gegen alles Mögliche – von Sexproblemen bis hin zu Krebs – verwendet.

Die Jagd auf Haifischflossen ist nicht nur eine grausame und veraltete Praxis, sondern auch eine Verschwendung und ein Zerrbild der Natur und muss dringend aufhören, bevor der starke Kontrolleur des Gleichgewichts im Meer für immer verloren ist. Die Ausbeutung von Haien wegen ihrer Flossen sollte ein Ding der Vergangenheit werden, damit unsere Kinder auch in Zukunft Haie sehen und bewundern können. Es wäre ein trauriger und tragischer Tag, an dem die Menschen Haie nur noch in Büchern zu sehen bekämen.

Doch darüber hinaus kann die Menschheit nicht immer weiter die Natur ausbeuten, sonst schlägt die Natur zurück – und das mit brutaler Gewalt! Wenn die Haie aussterben, werden auch wir Menschen aussterben. Denn ohne Haie werden die Meere von Fischen und anderen Meerestieren wimmeln, die sich von den Meerespflanzen ernähren. Und wenn diese Meerespflanzen kahlgefressen werden und verschwinden, verschwindet mit ihnen auch der lebenswichtige Sauerstoff, den das Meer produziert.

Was dann? Denken Sie darüber nach. Es gibt noch keine internationalen Gesetze, die Haie schützen.

HAIE: DIE FAKTEN

Mehrere hervorragende Umweltschützer arbeiten daran, Haie vor der brutalen Jagd auf ihre Flossen – dem so genannten Finning – zu schützen. Die Organisation Shark Trust liefert diese Fakten:

> Beim Finning werden dem Hai die Flossen abgeschnitten. Anschließend wird das Tier – das häufig noch lebt – im Meer „entsorgt“. Diese verschwenderische und grausame Praktik ist derzeit die größte Bedrohung, denen Haie ausgesetzt sind. Sie widerspricht sämtlichen Prinzipien der nachhaltigen Verwaltung der Haifischerei und des Artenschutzes. Mehrere zehn Millionen Haie werden jedes Jahr wegen ihrer Flossen gefangen – laut einer höheren Schätzung wird jährlich mit den Flossen von bis zu 73 Millionen Haien gehandelt.
>
> In vielen Ländern der Welt, einschließlich Europa, ist das Finning illegal, doch in den meisten Ländern der Erde ist es immer noch erlaubt, Haifischflossen zu kaufen und zu verkaufen. Außerdem sabotieren weiche Gesetze und eine ineffektive Strafverfolgung häufig die Bestimmungen gegen die Jagd auf Haie. Obwohl die Flossen weiterhin sehr teuer sind, hat Haifleisch einen begrenzten kommerziellen Wert, was die Nutzung von Gesetzeslücken fördert. Die Menge der Haiflossen, mit denen gehandelt wird, beträgt drei- bis viermal die Menge, die in den weltweiten Fischfangstatistiken auftaucht. Die stärkste Nachfrage nach den Flossen der Tiere ist der Markt für Haifischflossensuppe.
>
> Die meisten Haie wachsen langsam heran, erreichen ihre Geschlechtsreife erst spät und gebären nach einer langen Trächtigkeitsdauer nur wenige, wenn auch große Jungen. Infolgedessen geht der Bestand an Haien durch erhöhten Fischfang rapide zurück und erholt sich nur langsam, wenn überhaupt. Die Zahl der Haie geht weiterhin zurück, und einige Arten können regional aussterben. Mittlerweile stehen 135 Arten von Knorpelfischen (Haie, Rochen und Chimä-

ren) als bedrohte Kategorie auf der Roten Listen der IUCN, und weitere 106 Spezies werden als gefährdete Arten gelistet.
Das Finning findet weltweit statt und kommt am häufigsten beim Hochseefischfang – Hunderte von Kilometern vor der Küste – vor. Ganze Flotten an Fischerbooten jagen kostbare Fische, wie beispielsweise Thunfisch, unter der Verwendung von Tausenden von mit Ködern versehenen Angelhaken, an kilometerlangen Leinen, und frieren ihren Fang an Bord ein. Unglücklicherweise gehen den Hochsee-Langleinern oft viel mehr Haie als Thunfische ins Netz. Es ist noch nicht allzu lange her, als dieser „Beifang" von Haien nur als notwendiges Übel betrachtet wurde und die Haie wieder ins Wasser entlassen wurden. Doch da Haifischflossen immer kostbarer werden, werden auch immer weniger eingefangene Haie wieder freigelassen. Der Beifang wird häufig nicht offiziell im Hafen gemeldet. Daher gibt es nur begrenzte Zahlen über das Ausmaß des Handels mit Haiflossen. Die existierenden Zahlen deuten jedoch darauf hin, dass Hongkong das weltgrößte Hauptzentrum des Handels mit Haiflossen ist, und dass dort geschätzte 50 %–80 % aller Flossen weltweit gehandelt werden. Aus der EU kommen ca. ein Drittel aller Haiflossen, die nach Hongkong exportiert werden.
Die Stiftung Shark Trust setzt sich seit über zehn Jahren erfolgreich gegen das Finning ein und war aktiv am EU-Verbot des Finnings, das 2003 in Kraft trat, beteiligt. Wir haben erreicht, dass die britische Regierung es seit 2009 allen britischen Fischerbooten verbietet, Haien die Flossen abzuschneiden. Und als Gründungsmitglied der Kampagne Shark Alliance waren wir aktiv an der Revision der EU-Bestimmungen für das Finning beteiligt; die Revision führte 2013 zum Verbot des Finnings auf sämtlichen Booten der EU.

Wir arbeiten weiterhin mit Regierungen und der Industrie zusammen, um die Bestimmungen für die Jagd auf Haiflossen noch strenger zu machen und ihre Einhaltung sicherzustellen, während wir die Nichtnachhaltigkeit des Handels mit Haiflossen anprangern. Auf diese Weise gehen wir Nachfrage und Angebot an.

WAS VERKÖRPERN HAIE?

Mobilität und Vornehmheit. Im Leben weiterzukommen. Angstfrei durchs Leben zu steuern. Sich mit Stärke, Anmut und Leidenschaft auf seine Träume zuzubewegen. Von Haien können wir lernen, wie man sich durch die rauen Gewässer des Lebens navigiert, egal wie aufgewühlt die See sein mag. Warum verzehren Menschen Haifischflossensuppe? Wegen der Hoffnung, sich wie der Adel zu fühlen – wie die Ritter des Meeres, die gut gerüstet und befähigt sind, wenn ein Problem oder Konflikt entsteht. Ist es vielleicht die Sehnsucht danach, den Leiden und Problemen des Lebens zu entfliehen, einfach „wegzuschwimmen“, die Menschen dazu bringt, Haifleisch essen zu wollen? Ironischerweise wird damit geworben, dass die Knorpel des Hais unseren Körper mobiler machen sollen. Kann es sein, dass wir uns auch nach mehr Mobilität in unserem Geist und unseren Gefühlen sehnen? Und weil sie so bedroht sind, stehen Haie auch für Anmut im Angesicht der Tyrannei.

5. Die schwarze Mamba

Der Tanz mit dem Tod

Soll ich Dich einem Sommertag vergleichen?
Nein, Du bist lieblicher und frischer weit –
Durch Maienblüthen rauhe Winde streichen
Und kurz nur währt des Sommers Herrlichkeit.
Zu feurig oft läßt er sein Auge glühen,
Oft auch verhüllt sich seine goldne Spur,
Und seiner Schönheit Fülle muß verblühen
Im nimmerruh'nden Wechsel der Natur.
Nie aber soll Dein ewiger Sommer schwinden,
Die Zeit wird Deiner Schönheit nicht verderblich,
Nie soll des neidischen Todes Blick Dich finden,
Denn fort lebst Du in meinem Lied unsterblich.
So lange Menschen athmen, Augen sehn,
Wirst Du, mein Gesang, nicht untergehn.

— William Shakespeare, „*Sonett 18*“

„Amelia, Dah-ling, auf der Damentoilette erwartet Sie eine schwarze Mamba“ An die Geschichte mit der tödlichen Schlange war ich schon gewöhnt. Normalerweise lautete die Begrüßung der Besitzerin des afrikanischen Löwenparks, die ich Cassandra nennen möchte, nach meiner Landung ungefähr so: „Seien Sie auf dem Weg zu Ihrer Hütte bitte vorsichtig, Dah-ling, denn falls Sie auf eine Speikobra treffen, werden Sie erblinden, wenn sie Ihnen in die Augen spuckt. Also tragen Sie Ihre Sonnenbrille, wenn Sie ins Bett gehen. Gute Nacht!“ Das sagte sie natürlich mit einem teuflischen Grinsen. Doch die Ankündigung der schwarzen Mamba war mir neu. Cassandra fuhr schadenfroh fort: „Sie scheint auf Sie zu warten, Dah-ling, denn sie ist erst heute früh ins Camp gekommen, und zwar als Sie gelandet sind, und wir haben sie seit Monaten nicht mehr gesehen. Also scheint sie nur wegen Ihnen gekommen zu sein.“

„Gibt es, äh, zufällig noch eine andere Toilette?“, erkundigte ich mich.

„Natürlich nicht, Dah-ling. Sie ist die Hüterin des heiligen Meridians des Nils und kann jederzeit hingehen, wohin sie will. Möglicherweise wachen Sie mitten in der Nacht auf, während sie in Ihrer Hütte ist.“

Ich dumme Nuss. Für diejenigen, die es nicht wissen: Der Meridian des Nils ist der Längengrad, der das Zuhause der Löwen im Krüger-Nationalpark mit der Sphinx in Kairo verbindet. In gewissen Kreisen gilt die Mamba als eine dunkle Seite der Göttin, die das Gegengewicht zu den Löwen und ihrem hellen Licht sein könnte. (Manche halten diese „Kreise“ womöglich für etwas abgefahren, doch ich befasse mich seit Jahren mit diesen Dingen, und für mich ist der Umgang mit diesen Leuten weitaus angenehmer als der mit Durchschnittsbürgern.)

Natürlich ging ich ins Bad, um nach der Schlange zu sehen. Ich hatte schon seit Jahren von dieser mystischen Mamba gehört. Ich besuche die Löwen im Krüger-Nationalpark jedes Jahr auf meiner Reise nach Johannesburg und Kapstadt, um dort zu unterrichten. Auf diesem Trip zeigte sich die Mamba zum ersten Mal. Doch ich war enttäuscht, als ich sie nirgendwo im Bad entdecken konnte. Sie tauchte auch in den drei Tagen, die ich in diesem Jahr dort war, nicht mehr auf. Aus irgendeinem unerfindlichen Grund hatte sie mich aufgegeben, bevor ich sie kennenlernen konnte.

Die schwarze Mamba hat den Ruf, die tödlichste und schnellste Schlange der Erde zu sein. Sie bewegt sich in einem Tempo von bis zu zwanzig Stundenkilometern fort.

Beim Abendessen fragte ich Cassandra: „Wenn sie mich aus irgendeinem Grund beißen würde (lächerlich, ich weiß), wie lange hätte ich dann noch zu leben?“

„Na ja, Dah-ling, das hängt davon ab, wie lange Sie Ihren Atem unter Kontrolle haben können. Wenn Sie ihn nicht unter Kontrolle haben, leben Sie noch ungefähr zwanzig Minuten. Wenn Sie ihn kontrollieren können, können Sie noch mehrere Stunden überleben.“

Puh, wie beruhigend! Auch wenn ich scherze, ist Tatsache, dass eine schwarze Mamba bis zu zwölf Mal zubeißt. Jeder Biss enthält 100 bis 120 Milliliter Schlangengift. Zwei Tropfen sind für Menschen tödlich, was eine Todesrate von 100 Prozent ausmacht. Die letzten Augenblicke oder Stunden des Opfers sind unschön. Wenn das Gift anfängt zu wirken, setzen Erblindung und Lähmung ein. Es gibt zwar ein Gegengift, das jedoch nur schwach wirkt, und die meisten Opfer schaffen es nicht mehr rechtzeitig ins Krankenhaus. Cassandra tröstete mich mit der Info, dass in diesem Jahr nur ein Mensch am Schlangenbiss einer schwarzen Mamba gestorben war, und dass der Idiot mit einem Stock versucht hatte, die schlafende Schlange in Bewegung zu setzen. Ich schrieb in Gedanken mit: Das Beste ist, sie nicht zu verscheuchen. Noch besser ist es, sie nicht mit einem Stock anzustoßen. Dann versicherte mir Cassandra mit der ihr eigenen Art der Beruhigung, dass diese bestimmte Mamba die einzige Hüterin des Meridians des Nils und des Löwenparks sei, und dass sie überhaupt die Königin aller schwarzen Mambas weltweit sei. In diesem mystischen Camp sind Erklärungen wie diese nichts Ungewöhnliches. Also wollte ich natürlich unbedingt diese Schlange kennenlernen, die meine erste schwarze Mamba sein würde. Und so verbrachte ich die nächsten drei Tage damit, sie zu suchen. Als sie sich nicht in meine Nähe schlängelte, war ich bitter enttäuscht.

Aber ja, die nächste Chance würde sich ja in einem Jahr bieten! Damals wohnte ich mit Jeff, meinem damaligen Freund, in einer Hütte, und wir schafften es tatsächlich, die ganze Woche ohne Mamba zu verbringen. An unserem letzten Tag zogen wir aus der luftigen Hütte, in die alles und jedes von draußen hineinkriechen konnte – was zwar nur überdimensionale Insekten und keine Schlangen waren –, in ein richtiges Häuschen mit Glasfenstern und Schlössern an den Türen. Wie ich schon bald herausfinden würde, gab das stabile Holzhaus seinen Bewohnern ein falsches Sicherheitsgefühl. Wir packten unsere gekauften Lebensmittel in der Küche aus und waren froh, überhaupt eine Küche zu haben. Dann wollten wir das Häuschen näher erkunden. Wir stolzierten aus der Küche ins Wohnzimmer, das durch eine Glastür von der Küche abgetrennt war. Jeff verschwand mit dem Gepäck im Schlafzimmer, und ich drehte mich um, um eine Getränkedose aus der Küche zu holen. Irgendwas – außer dem Softdrink – hatte mich dazu gebracht, zurück in die Küche zu gehen. Ich senkte den Blick und bemerkte, dass eine der Schranktüren aufging ... von alleine. Es war die Tür des Unterschranks, an dem ich beim Auspacken der Lebensmittel gestanden hatte.

Das, was gleich darauf aus diesem Schränkchen herauskam, versetzte sogar mich in Angst und Schrecken. Zuerst zeigte sich ihr großer grauer Kopf im Türspalt. Dann öffnete sich die Tür langsam Zentimeter um Zentimeter. Ihr Körper richtete sich beim Verlassen des Schranks auf und tanzte wie eine Feder in der Luft. Die Schlange war riesig. Und wie Sie vielleicht wissen, haben Mambas wie der Joker in Batman ein „Lächeln" im Gesicht, und die Innenseite ihres Mauls ist schwarz. Sie sehen ziemlich unheimlich aus – und das zu Recht, da ihr Biss den sicheren Tod bedeutet –, aber gleichzeitig scheinen sie sich mit diesem Lächeln über ihr Opfer lustig zu machen, bevor sie es töten.

Ich war selber überrascht über das Ausmaß der Panik, die mich ergriff, als das Adrenalin durch meine Adern schoss und sich jedes Härchen in meinem Nacken aufstellte. Hin und her schwenkend, streckte sie sich weiterhin in die Höhe. Und meine Todesangst wurde immer stärker. Diese unkontrollierbare Angst widerspricht natürlich allem, was ich lehre und über die Einstellung weiß, die man bei der Begrüßung eines Wildtiers braucht, egal wie gefährlich es auch sein mag. Doch zum ersten Mal in meinem Leben hatte ich meinen Angriffs- oder Fluchtinstinkt nicht unter Kontrolle. Ich wurde vollkommen von Panik ergriffen. Zum Glück verzauberte mich gleichzeitig ihre Schönheit. Durch das Gefühl der Bewunderung und Ehrfurcht hatte ich mich genügend unter Kontrolle, um nicht total die Nerven zu verlieren – zum Beispiel laut zu schreien. Oder wegzurennen. Doch ein paar idiotische Schritte lagen noch vor mir.

Ich machte ganz sachte die Tür zwischen Küche und Wohnzimmer auf. Dann schlich ich auf Zehenspitzen nur wenige Handbreit von der Schlange entfernt durch die Küche und machte die Küchentür nach draußen so weit auf, dass sie deutlich den Vorgarten sehen konnte. Nun schlich ich wieder durch die Küche und nahm meinen Wachposten hinter der Wohnzimmertür ein, wo ich mich zitternd versteckte. „Da ist die Tür“, sagte ich zu ihr. „Geh nun bitte.“

Krampfhaft versuchte ich, mir meine Kommunikationsfähigkeiten ins Gedächtnis zu rufen. Ich stellte mir vor, wie sie sich auf den Boden fallen ließ und zur Tür hinausglitt. Obwohl das total unhöflich von mir war und der Grund dafür das Gegenteil von allem war, was ich anderen beibringe, bekam ich meine Angst nicht in den Griff und hoffte nur, sie würde einen raschen Abgang machen. Sie gehorchte, ohne Fragen zu stellen, sank auf den Boden und begann, sich seitlich zur offenen Tür zu winden. Die Länge ihres massigen Körpers schockte mich; die Schlange war mindestens zwei Meter lang, und während ihr sehniger Körper aus dem Küchenschrank glitt, wurde er immer länger und länger. Die riesengroße Schlange glitt mit weiten, anmutigen S-Kurven über den Küchenboden. In einem Augenblick unfassbarer Dummheit klickte irgendwas in mir, und ich wurde zu einer blöden Zicke. Wie ein kleines Mädchen, das sich verlaufen hat, tat ich eines der bescheuertsten Dinge, die ich je gemacht habe. Ich brüllte meinem Freund zu: „Hilfe, rette mich!“ Er kam ins Zimmer gerannt, sah die riesige Schlange und hob die Fußmatte auf. Dann tat er das Dümmste, was man nur tun konnte. Er schlug der Schlange mit der Türmatte auf die Schwanzspitze. Zu diesem Zeitpunkt war sie schon fast zur Tür heraus – mit all ihren zwei Metern. Doch als sie den Angriff auf ihren Schwanz spürte, flog sie in einem frontalen Luftangriff regelrecht durchs Zimmer.

Weiß Gott, wie sie es schaffte, sich auf dem Fußboden um hundertachtzig Grad zu drehen und anschließend wie ein schwarzer Blitz fast zwei Meter durch die Küche zu schießen, direkt auf sein Gesicht zu. Die Geschwindigkeit ihrer Attacke war erschreckend, doch noch erschreckender war die Tatsache, dass sie nur eine Haaresbreite vor seiner Nase stehenblieb. Sie hing direkt vor seinen Augen in der Luft. Ihr Körper erstreckte sich zwar durch die ganze Küche, aber irgendwie schaffte sie es, sich zusammenzuziehen, zurückzuweichen und den Angriff abzustoppen, bevor ihre Fangzähne in seinem Gesicht gelandet wären. Sie entspannte ihre Muskeln und ließ sich mit einem dumpfen Plopp auf die Küchenfliesen fallen. Es war ein unheimliches Geräusch – als würde ein Toter auf den Boden sinken. Doch niemand war gestorben. Sie hatte ihn am Leben gelassen. Ohne sich umzudrehen, wich Jeff zurück. Und sie ließ ihn gehen. Sie griff nicht an. Stattdessen drehte sie den Kopf in die Richtung ihres Zufluchtsortes, des Küchenschranks, und schob die Schranktür mit dem Kinn auf. Ihr langer Körper folgte ihrem Kopf wie eine Peitsche aus geschmolzenem Stahl und verschwand wie Quecksilber unter der Spüle.

Ich sammelte mich und sagte zu meinem benommenen Freund: „Lass mich bitte allein mit ihr. Lass mich das machen."

Und es ist ihm hoch anzurechnen, dass er genau das tat. Ob es sein Glaube an meine Fähigkeiten war oder einfach nur die unkontrollierbare Panik, die diese Schlange bei uns Menschen auslöst, weiß ich nicht, doch er verließ sofort die Küche und ließ mich allein mit ihr. Zu diesem Zeitpunkt befanden wir uns im Wohnzimmer und hatten die Tür zur Küche geschlossen und die Schlange sich in ihr Versteck zurückziehen lassen. Plötzlich machte etwas in mir Klick und ich erinnerte mich wieder daran, wer ich bin. Ich schwor mir, diesmal alles richtig zu machen.

Ich öffnete die Glastür zur Küche und kniete mich ein Stück vor ihrem Versteck auf den Boden. Die Tür des Unterschränkchens war zu, und es herrschte eine unheimliche Stille, so als wäre die Zeit stehengeblieben und das Leben über diesen Augenblick hinaus hätte aufgehört zu existieren. Doch ich hatte die Tür nach draußen offen gelassen. Ich weiß noch, dass ich hinter der offenen Tür die Vögel zwitschern hörte und Staubteilchen in der Luft schwirren sah, die die flüchtende Schlange aufgewirbelt hatte. Ich erinnere mich noch an das zu grelle Sonnenlicht im Raum, das in der Gegenwart des Todes gleißend weiß war, so als hätte sich das Himmelstor schon geöffnet und ich würde in das blendende Licht geführt. Es gab kein Zurück mehr.

In Gedanken „bat" ich sie, wieder herauszukommen, während ich mir vorstellte, wie sie die Schranktür aufmachte. Ich weiß nicht, wie lange ich dort auf dem Boden kniete. Es war wie in einem Traum in Zeitlupe. Es muss mehrere Minuten gedauert haben, bevor sich die Schranktür wieder ganz langsam öffnete. Die Schlange spähte vorsichtig hinaus; vermutlich hatte sie genauso viel Angst wie wir. Wir hatten sie zu Tode erschreckt. Wieder einmal erblickte ich ihr unglaubliches Gesicht, und sie hob vor meinen Augen den Kopf. Doch diesmal weigerte ich mich, sie als eine bösartige Bedrohung zu sehen. Ich betrachtete sie als die Göttin, die sie war. Sie bog den anmutigen Hals und königlichen Kopf hoch, bis sie sich mir wieder zeigte. Dieses Mal schaute sie mir direkt in die Augen, während ich vor ihr hinkniete. Ich entschuldigte mich für mein unmögliches Benehmen und sagte ihr, dass sie atemberaubend schön war, in jeder Hinsicht vollkommen, und dass ich ihr schon seit Jahren begegnen wollte und jetzt, da ich die Ehre hatte, ihr dankbar dafür war, mir Zugang zu ihrem Territorium zu gewähren. Ich dankte ihr dafür, dass sie mich kennenlernen wollte, und sagte ihr, wie leid es mir tue, dass sich die Menschen vor ihr fürchten und ihre Schönheit nicht erkennen können.

Vielleicht fällt es Ihnen schwer zu glauben, dass schwarze Mambas lächeln können, da ihnen das unheimliche Lächeln schon ins Gesicht geschrieben ist, doch sogar Schlangen können ihren Gesichtsausdruck verändern. Ich sah, dass ihre Miene sich veränderte. Ihr Gesichtsausdruck wurde weich, und dann tanzte sie vor mir aus Dankbarkeit für die Liebe und Bewunderung, die ich ihr entgegenbrachte. Vielleicht denken Sie jetzt, ich sei eine arme Irre, weil ich nur einen guten Meter von Afrikas gefährlichster Schlange entfernt auf dem Boden kniete – und mit dem Tod spielte, ihn regelrecht herausforderte. In diesem Fall haben Sie die Situation jedoch nicht begriffen. Ich war nämlich längst tot. Ich schaute dem Tod ins Auge. Hätte sie mich töten wollen, dann wäre ich an einem blitzschnellen Biss gestorben. Wenn ich keinen Weg fand, wie ich sie aus dem Haus geleiten könnte, wären mein Freund oder ich – oder wir beide – mit Sicherheit umgekommen, wenn einer von uns nachts über sie gestolpert wäre.

Doch auch abgesehen davon war die Begegnung wichtig. Ich sagte ihr, ich wüsste jetzt ohne jeden Zweifel, dass sie tatsächlich die Königin der schwarzen Mambas sei und dass es mir leid tat, sie vor den Kopf gestoßen zu haben, doch jetzt sei ich dankbar für ihr Kommen. Ich versicherte ihr, dass sie die schönste Schlange war, die ich je gesehen hatte. Dann dankte ich ihr für ihre Freundlichkeit und versicherte ihr, dass ich stolz auf sie war, weil sie so gefährlich ist. Daraufhin lächelte sie noch mehr und tanzte anmutig. Ich bewunderte sie einen Augenblick, eine Stunde, eine Ewigkeit lang – ich wusste nicht mehr, was um uns herum auf der Erde gerade passiert. Wir befanden uns irgendwo anders, in einem kosmischen Traum, in dem uns niemand wehtun konnte, in einer anderen Welt, in der wir nie auch nur daran dachten, einander zu verletzen.

Irgendwann kehrte ich in Gedanken wieder in die irdische Realität zurück, um uns alle zu schützen. Denn wie mir klar wurde, könnte sie sich erschrecken und gefährlich werden, falls jemand in diesem geheiligten Augenblick hereinplatzte und den Zauber zerstörte. Ich schlug ihr vor, auf den Boden zu sinken und durch die offene Tür ins Freie zu gehen, wenn sie dazu bereit war. Ich sagte ihr, sie müsse darauf achten, sich fortzubewegen, denn falls ein Mensch über sie stolperte – vor allem nachts auf der Veranda –, könnte er versuchen, sie zu töten. Ich stellte mir in Gedanken vor, wie sie zur Tür hinaus und über die gesamte Veranda glitt und im Busch verschwand. Wenn ein Mensch sie entdeckte, wäre sie in großer Gefahr, erklärte ich ihr. Wie ich wusste, würde Cassandra ihr nie etwas antun, doch einer der Arbeiter im Camp teilte Cassandras Einstellung zu schwarzen Mambas auf seinem Weg womöglich nicht, vor allem dann nicht, wenn die Männer spätabends in der Dunkelheit von der Schlange überrascht wurden. Deshalb ermutigte ich sie, sich weiterzubewegen, bis sie sich vor den Augen der Menschen in Sicherheit gebracht hatte.

Sie genoss die Momente im Einklang mit mir. Wir teilten einen friedlichen Augenblick, in dem wir gemeinsam beteten, uns gegenseitig bewunderten, die Wildheit des anderen – wie auch die Zärtlichkeit, Freude und Hoffnung des anderen und die Trauer darüber, missverstanden zu werden – respektierten und uns einfach nur liebhatten. Wir erlebten eine kurze Weile, in der wir unser Wissen über Ungerechtigkeit, Verwundbarkeit, die Qual der Ängste, Vorurteile und falschen Vorstellungen anderer miteinander teilten. Ich gestand ihr, dass es unglaublich aufregend für mich war, sie nach all den Jahren endlich von Angesicht zu Angesicht kennenzulernen. Ich spürte, dass sie mich hören konnte. Ich sah es in ihren Augen. Als sie bereit war zu gehen, ließ sie sich ganz sanft auf den Boden fallen und kroch langsam auf die Sonnenstrahlen zu, die durch die offene Tür ins Haus fielen. Dieses Mal drängte ich sie nicht. Ich rief auch nicht um Hilfe. Ich ließ sie gleiten und eine gefühlte Ewigkeit lang in S-Kurven über den Boden schlängeln, bis sie den Weg aus ihrem dunklen Versteck hinaus ins Sonnenlicht gefunden hatte und in Sicherheit vor den Menschen, die ihr wehtun könnten, war. Auf dass wir alle den Weg ins Sonnenlicht finden.

Was geschah in dem Augenblick, in dem ich in eine unkontrollierbare Trance verfiel, in einen Zustand bodenloser Seligkeit, in der ich keine Angst hatte, keine logischen Gedanken fasste, nichts tat, außer in die Knie zu gehen und sie einfach nur zu lieben? Man könnte es eine Verwandlung aus meinem höheren Selbst heraus nennen. Es ist ein Konzept, das ich lehre. Wir alle müssen diese höhere Bewusstseinsebene erreichen, auf der wir mit Tieren oder miteinander kommunizieren wollen. Arnold Mindell, ein Schweizer Psychologe und der Autor von *Den Pfad des Herzens gehen: Traumkörperarbeit – Schamanische Praktiken und moderne Psychologie* (Via Nova, 2013), würde sagen, dass ich aus meinem schamanischen „Traumkörper" oder aus dem, was er „die zweite Aufmerksamkeit" nennt, heraus agierte – im Gegensatz zur ersten Aufmerksamkeit, bei der mein einziges Bewusstsein das meines Ichs und seiner Grenzen ist. Er nennt dieses andere Selbst ein „Double", was nach meiner Auffassung bedeutet, dass wir alle einen spirituellen Doppelgänger haben, der in seiner Essenz dem Schöpfer nähersteht als unserer Persönlichkeit, und dass dieses „Double" Entscheidungen mit mehr Konzentration und weniger Angst treffen kann, da es allein auf die jeweils anstehende Aufgabe fokussiert ist.

Auch wenn das Double jederzeit gegenwärtig sein kann, da es auf unser normales waches Selbst überlagert wird, erleben die meisten von uns es nur in einer Krisensituation. Wie gesagt: Mindell bezeichnete dieses Double als den „Traumkörper". Dieser Begriff gefällt mir sogar noch mehr, da er andeutet, dass wir Zugang zu einer anderen Dimension unserer Identität bekommen können, in der die Kräfte des Unbewussten schlummern, die uns normalerweise nur im Schlaf zur Verfügung stehen. Ich ermutige meine Schüler, sich sogar im gewöhnlichen Alltag dieses spirituellen Aspektes ihrer selbst bewusst zu werden, damit diese Kräfte leicht zugänglich sind, wenn sie sie am meisten brauchen, beispielsweise wenn sie mit Tieren kommunizieren müssen. Doch die Kenntnis von dieser Präsenz lässt uns in jeder Lebenssituation bessere, weniger emotionale Entscheidungen mit Hilfe unseres neu entdeckten göttlichen Selbst treffen. *Den Pfad des Herzens gehen* wurde vor zwanzig Jahren zu einem Kultbestseller und bekam viel Aufmerksamkeit, aber ich habe das Buch erst entdeckt, als ich in Portugal unterrichtete. Es ist ein echtes Aha-Erlebnis! Lesen Sie nur, wie perfekt dieser Abschnitt meine Erfahrung mit meinem „Dämonen“ (der Angst, die ich vor der Schlange hatte) erklärt und meine Begegnung mit der Mamba näher beleuchtet:

> Wenn Sie gegen Ihre Dämonen ankämpfen, erleben Sie Augenblicke der Freude, Freiheit und außergewöhnlich starken Energie – egal, ob Sie den Kampf mit sich selbst gewinnen oder verlieren. Das Beste von allem ist möglicherweise, dass Sie Augenblicke erleben, in denen Sie sich real und im Einklang mit sich selbst fühlen, in denen Sie frei von Angst und Symptomen des „Phantom-seins“ sind. Nun wissen Sie, dass Sie ein Double haben, und spüren den Traumkörper Ihres Schamanen. Doch manchmal vergessen Sie diese Erfahrungen und fragen sich, inwieweit der Traumkörper in diesem Leben überhaupt gelebt werden kann. Einerseits lockt Ihre Liebe für die Welt Sie zurück, um alle anderen zu nerven und mit ihnen zu spielen. Andererseits könnte die Ekstase des Erlebnisses Sie dazu verführen, für immer zu gehen.

Carlos Castanedas Sage von Don Juan erforscht mit jedem Band noch mehr wildes Terrain. Auf den letzten Seiten des Buchs *Die Kraft der Stille: Neue Lehren des Don Juan* (Fischer TB, 1992) erklärt Don Juan seinem Lehrling, dass die Stelle, an der sie stehen, ihre letzte gemeinsame Wegkreuzung ist. Nur wenige Krieger, sagt er, haben die Begegnung mit dem Unbekannten, dem sein Lehrling gleich gegenüberstehen wird, je überlebt. Der „Nagual“ ist so intensiv, dass diejenigen, die diese letzte Begegnung erleben, nicht mehr in den „Tonal“, „die Welt der Ordnung, des Lärms und Schmerzes“, zurückkehren wollen.

Mindell bezeichnet mit den Begriffen „Krieger“ und „Lehrlinge“ diejenigen von uns, die sich auf einem spirituellen Weg befinden, die bereit sind, für das zu kämpfen, was sie lieben und an was sie glauben, während sie die verlorenen Teile ihrer Seele suchen. Für die Definition des anderen Begriffs musste ich mit Hilfe des *Merriam-Webster*-Lexikons ein wenig Detektivarbeit leisten:

> *Nagual*
>
> a. ein persönlicher Schutzgeist oder ein beschützendes zweites Ich, in das verschiedene Indianerstämme Mittelamerikas schlüpfen, um sich in ein Tier oder – seltener – in eine andere Verkörperung zu verwandeln;
>
> b. das tierische Double oder der Schutzgeist an sich.

Wikipedia bietet eine Definition, die noch einen Schritt ausführlicher ist:

> In der mesoamerikanischen Volksreligion ist ein *Nagual* oder *Nahual* (beides [na'wal] ausgesprochen) ein menschliches Wesen, das die Fähigkeit besitzt, sich entweder spirituell oder körperlich in eine Tiergestalt zu verwandeln: meist in einen Jaguar oder Puma, doch auch in andere Tiere, wie z. B. Maultiere, Vögel, Hunde oder Kojoten.
> Man glaubt, ein solcher *Nagual* würde seine Kräfte je nach seiner Persönlichkeit für das Gute oder das Böse einsetzen … „Nagualismus“ wird mit prä-kolumbianischen Schamanenpraktiken in Verbindung gebracht … diese werden als menschliche Wesen interpretiert, die sich in Tiere verwandeln. … Der Glaube der Mesoamerikaner an Tonalismus, bei dem jeder Mensch einen tierischen Gegensatz hat, mit dem seine Lebenskraft verbunden ist, ist ein weiterer Teil der Definition des Nagualismus. In der englischen Sprache wird das Wort häufig als „sich verwandelnde Hexe“ übersetzt, doch ohne die negative Bedeutung des Wortes „Hexe“

lässt es sich auch mit „sich verwandelnder Trickbetrüger" oder „Shapeshifter" (Gestaltwandler) übersetzen.

Mit der Vorstellung dieser „Hexe", einer nicht nur äußerlichen, sondern auch innerlichen Kraftquelle, werden wir uns noch näher befassen, doch was mir an der Definition des Lexikons auffiel, war der Begriff Schutzgeist, nachdem ich erfahren hatte, dass die schwarze Mamba in mehreren afrikanischen Mythologien als heilige Beschützerin des Meridians des Nil gilt. Wie ich zugeben muss, war es für mich nach meiner Begegnung mit dem Nagual schwierig und deprimierend, in den Alltag von Los Angeles zurückzukehren – einen Lebensstil, den Mindell „Phantom-Sein" nennen würde. Die Tiefe meiner Gefühle der Hoffnungslosigkeit und Enttäuschung bei meiner Rückkehr nach Amerika überraschte mich selbst. Ich fühlte mich total verloren. Zum Glück hatte der tiefgründige Therapeut Mindell eine rationale Erklärung für meine irrationale Gefühlsreaktion parat:

> Erinnern Sie sich noch an das Gefühl der Ganzheit, das mit der Entdeckung des Traumkörpers einhergeht? Es ist schwer, eine solche Erfahrung hinter sich zu lassen und in den gewöhnlichen Alltag zurückzukehren. Die Rückkehr aus einem herrlichen Urlaub, einer bedeutungsvollen Beziehung oder einem intensiven inneren Erlebnis tut weh, weil man befürchtet, dadurch die Verbindung zu seinem ganzheitlichen Selbst zu verlieren. Daher fällt es einem nach der Begegnung mit dem *Nagual* so schwer, in den Zustand des alltäglichen Lebens – der Welt des *Tonal*, in der Träume, Körpervorgänge und sekundäre Prozesse nicht weiter beachtet werden – zurückzukehren. Don Juan warnt seinen Lehrling davor, dass er verschwinden wird, als würde er von der Erde verschluckt, wenn er nicht zurückkehrt. Wenn er sich jedoch entscheidet, zurückzukehren, muss er warten, bis er seine persönliche Aufgabe auf Erden abgeschlossen hat. Sobald sie abgeschlossen ist, wird der Lehrling die Kontrolle über die Ganzheit seines Selbst haben.

Alles, was mit dem Mythos des Bewusstseins verbunden ist, hat mindestens eine Aufgabe gemein: nämlich die zweite Aufmerksamkeit zu entwickeln und die Einseitigkeit unseres Bewusstseins wiederzubeleben. Dies lässt uns selbst und andere ein erfüllteres Leben leben. Castanedas Aufgabe ist zum Beispiel, die Kräfte der Nacht mit Hilfe der Lehren des Don Juan in den Tag zu holen.

DIE KRÄFTE DER NACHT IN DEN TAG HOLEN

Als ich Mindells verzauberndes Buch entdeckte, wurde mir zum ersten Mal klar, dass ich auch anders auf die schwarze Mamba in der Küche hätte reagieren können. Eine „normalere" Person wäre vielleicht schreiend aus dem Haus gerannt, hätte Cassandra gesucht und darauf bestanden, in ein anderes Haus im Camp umzuziehen, weil in unserem Haus eine Schlange war. Eine normalere Reaktion wäre womöglich auch gewesen, (auch) schreiend aus dem Haus zu rennen und jemanden zu suchen, der die schwarze Mamba aus dem Haus hätte entfernen können.

Doch in dieser ekstatischen Krisensituation kam mir keines von beidem. In diesem traumartigen veränderten Zustand kam mir kein anderer Gedanke als die Aufgabe, die vor mir lag. Die einzige Wahl, die ich nach meinem Gefühl hatte, war, mich nur wenige Fußbreit vor ihrem Gesicht hinzuknien und ihr zu sagen, dass ich sie liebhatte. Meine Aufgabe war es, dem Tod in die Augen zu sehen und ihn nicht nur zu akzeptieren, sondern sogar zu verehren, da auch der Tod ein Teil von Gott ist.

Im Rückblick ist mir heute klar, dass jedes andere Verhalten mich hätte umbringen können. Wäre ich schreiend weggerannt, dann hätte sie mir folgen und mich mit einem Biss töten können. Oder hätte ich sie von jemandem, der sich mit Schlangen „besser auskennt", entfernen lassen, hätte sie diese Person töten können oder wäre womöglich nachts ins Haus zurückgekehrt, um mich auf dem Weg zum Klo zu begrüßen. Das ist nicht die Art von Toilettenfrau, der man auf dem WC eines Hotels begegnen möchte – egal *wie* vornehm es auch sein mag. Keine Pfefferminzdrops, keine Papiertücher, kein billiges Duftspray. Und das Trinkgeld, das sie erwartet, könnte teurer werden als die paar Münzen, die man auf ihren Teller fallen lässt. In welcher Währung bezahlen wir einen Dämonen? Wie bezahlen wir unsere inneren Dämonen, wenn der schlimmste Albtraum plötzlich Wirklichkeit wird?

Auf den Zehen durchs Zwielicht

Wohin gehen wir, wenn wir uns aus dieser Welt entfernen? Ja, es könnte eine schönere, eine beängstigendere, eine magischere Welt sein, in der nicht die Regeln gelten, die wir gelernt haben. Wohin bin ich gegangen, als ich dem Tod ins Auge blickte? Mindell hätte vielleicht gesagt, dass ich nach der ersten Panne mit meinem Freund und der Fußmatte den Weg zurück zu meinem „ganzheitlichen" Selbst fand. Das meine ich damit, als ich sagte: „Ich erinnerte mich wieder daran, wer ich bin." Es ist eine Identität, die mit dem Traumkörper, dem höheren Selbst, verschmolzen ist. Aus diesem höheren Blickwinkel heraus fiel es mir leicht, mich in ihre Schönheit fallen zu lassen, ihre Wildheit zu verschlingen, jede Kurve ihres hinterlistigen Lächelns und jede verschlungene Bewegung ihres frechen Tanzes zu bewundern. Ich ließ mich selbst zurück und ließ mich in sie hineinfallen. Ich ließ mich in meine Liebe zu ihr fallen. Ich verliebte mich in sie. Verstehen Sie, was ich meine? Wollen Sie lernen, wie Sie mit Ihren Tieren „sprechen" und ihre Mitteilungen, wenn sie Ihnen „antworten", verstehen können?

Nur wenn Sie sich in Ihre Katze oder Ihren Hund, Ihr Pferd oder Ihren Papageien verlieben, so dass Ihr Tier nicht zu einem geringeren Objekt außerhalb Ihrer selbst wird, das beurteilt oder korrigiert werden muss, sondern zu jemandem, in den Sie sich verlieben und den Sie hundertprozentig lieben können – jemand, den Sie lieben und mit dem Sie sich identifizieren können, koste es, was es wolle –, nur dann werden Sie es „sprechen" hören. Es muss zu jemandem werden, den Sie achten und ernst nehmen – so sehr, dass Sie immer bereit sind, seine Seite zu ergreifen. Genau das mache ich mit den

Hunden und Katzen, mit denen ich arbeite. *Ich bin auf ihrer Seite.* Ich bin *auf der Seite* der prächtigsten Olympiapferde. Sie gewinnen Goldmedaillen, weil ich auf *ihrer Seite stehe.* Wenn Sie also einen geliebten Vierbeiner haben, den Sie verteidigen, beschützen und anbeten – jemanden, der mehr Mitgefühl braucht, als Sie eigentlich geben wollen, es ihm jedoch trotzdem geben, dessen Gefühle, Beziehungen, Trauma Sie beachten, selbst wenn Sie die Tiefen Ihrer Seele erforschen müssen, um die Dinge aus seiner Sicht zu erkennen –, dann wissen Sie, was es bedeutet, vor einer schwarzen Mamba hinzuknien. Sie hat mich verschont, weil ich *ihre Seite ergriffen* habe, im Wissen, dass ich ein ungebetener Gast in *ihrem* Haus war und nicht umgekehrt. Indem ich ihren Standpunkt respektierte, zeigte ich ihr, dass ich ihr das entgegenbrachte, weswegen sie mich verschont hat: Mitgefühl, Hochachtung, Zärtlichkeit und Demut. Und genau diese Eigenschaften gelten auch für die Art und Weise, wie wir mit unseren Haustieren umgehen sollten, egal wie „zahm“ sie zu sein scheinen.

Eine Lektion über das „Gezähmtsein“: Was bedeutet es, zahm zu sein? Habe ich ihr den Rücken gekehrt und meinen Ritter in der Not gebeten, mich zu retten, oder mein intuitives Wissen wegen des Bedürfnisses nach der Liebe eines Mannes über Bord geworfen, so wie ich es bei den Tigern tat? Habe ich meine eigene Neugier und Intelligenz wegen eines Mannes oder eines anderen Menschen verleugnet? Bei den Tigern hatte ich genau das getan. Bei dieser Schlange auch – aber nur für einen Augenblick. Die alte Programmierung „Passe dich an, wenn du akzeptiert werden willst“ oder „Lüge, wenn du geliebt werden willst“ machte plötzlich einem weitaus stärkeren Gefühl des Wissens Platz. Das war der Moment, in dem mein wahrer gesunder Menschenverstand einsetzte: nicht mein sechster Sinn, sondern mein erster, als der innere Gott aus mir heraussprang und zum Hauptakteur meiner Wirklichkeit wurde. Als er sagte: „Lass mich das machen.“ In diesem Augenblick entschied ich mich dafür, *nicht* zahm zu sein.

Lerne ich dazu? Unglaublich langsam. Lernen Sie dazu? Sehen Sie einfach nur hin. Erinnern Sie sich an meine Elefanten: an ihre Rüssel. Ein Rüssel ist etwas Schleimiges und Fremdes, etwas völlig Unbekanntes. Er ist außen rau, der „Finger" eines majestätischen Riesen, der sich Ihnen nähert, um Ihr Gesicht abzutasten. Weichen Sie zurück? Oder vertrauen Sie darauf, dass Gott auch dabei ist und Ihnen auf der Rückseite Ihrer Angst vielleicht etwas noch viel Schöneres schenkt als alles, was Sie sich je ausgemalt haben? Habe ich gefleht: „Bitte töte mich nicht?" Oder habe ich gehofft: „Bitte komme in mein Herz und berühre mich?" Vielleicht trifft ja beides zu. Aber habe ich je gehofft: „Bitte geh weg?" Nein. Ich hoffte nur: „Gott, tritt näher." Denn Gott hat auch dieses Tier erschaffen; deswegen war es eine göttliche Kreatur. Ich dachte nur: „In all deinen Formen – den Angst einflößenden, erschreckenden Formen, deinen schuppigen, beflügelten, mit Flossen versehenen und schlüpfrigen Formen, in deinen unheimlichen, riesigen, mammutartigen und uralten Formen – komm her und berühre mich. Flüstere mir deine Geheimnisse ins Ohr. Lass mich die Hüterin deiner Geheimnisse sein."

Gibt es Worte für diese Art von Verehrung? Für eine Bewunderung, die sich so stark anfühlt, dass ich glaube, mein Herz, Körper und Verstand würden gleich in tausend Stücke zerspringen? Was geschieht, wenn mein einziger Gedanke ist: „Komm und liebe mich, so wie ich dich liebe" – und das ist er immer. Was würde geschehen, wenn Sie sich diese Liebesreserve zulegen könnten und sie in Zeiten der Verzweiflung, Verwirrung oder Angst anzapfen würden?

Was lieben Sie?

Wir wollen ein Spielchen spielen, das sich so nennt:

ICH LIEBE

Ich liebe starken Filterkaffee in großen Bechern. Ich liebe Espresso. Ich liebe Teekessel, in denen ich Wasser kochen kann. Ich liebe Netzadapter, mit denen die Teekessel funktionieren. Ich liebe kleine Silberlöffel. Ich liebe regionalen Honig. Ich liebe Honigbienen. Ich liebe frisch gepressten Zitronensaft in meinem Wasserglas zum Frühstück. Ich liebe das Zwitschern der Vögel: Der Hagedasch ist mein Lieblingsvogel, da er mitten in einer afrikanischen Nacht umherfliegt und alle anderen nervt, nur mich nicht, weil er mich mit einem Lächeln weckt. Ich liebe es, Wildvögel zu füttern, morgens mein Frühstück mit Tauben und Singvögeln zu teilen. Ich liebe Beten. Ich liebe Kirchen. Ich liebe klassische Engelsmalereien in mittelalterlichen Kirchen. Ich liebe es, im Bett zu liegen, während alle anderen noch schlafen, und meinen Tag mit einem Dankesgebet zu beginnen. Ich liebe Nadelbäume. Ich liebe hohe Ahornbäume und ihren Geruch. Ich liebe blühende Trompetenpflanzen und den lila Blütenteppich, den sie überall in den Straßen von Johannesburg ausbreiten. Ich liebe Straßen. Ich liebe Fitnessklamotten. Ich liebe Tanzkleider jeder Art. Ich liebe den Muskelkater im Rücken, wenn ich aufstehe und mich strecke, wenn ich morgens zum ersten Mal die Hüften bewege und jeden Tag mit meinem ersten Morgentanz beginne. Ich liebe das rhythmische Trapsen meiner Füße auf dem Laufband. Ich liebe die Fahrräder im Fitnesscenter. Ich liebe Rock 'n' Roll. Ich liebe laute Musik, sei es Hiphop, Funk, Disco, Hardrock, Punkrock, Oldies oder die neuesten heißen Musikbands. Ich liebe es zu schwitzen. Ich liebe es zu tanzen. Ich liebe Rhythm & Blues früh am Morgen. Ich liebe Rasseln und Trommeln am Lagerfeuer. Ich liebe Indianerflöten. Ich liebe Menschen, die plötzlich offenbaren, dass sie Musiker sind, und an öffentlichen Orten anfangen zu singen. Ich liebe Saxophonspieler in den unterirdischen U-Bahnstationen von London und Paris. Ich liebe Jazzklavier und Jazzklavierspieler. Ich liebe Männer, die singen und Gitarre spielen können. Ich liebe halb geschmolzene Bitterschokolade. Ich liebe Leute, die am Esstisch Witze erzählen. Ich liebe Katzen jeder Art und Couleur. Ich liebe handliche Laptops, die keinen meiner Gedanken vergessen. Ich liebe es zu kochen. Ich liebe es zu essen. Ich liebe karamellisierte Äpfel. Ich liebe scharfe Küchenmesser. Ich liebe die Tatsache, dass ich Scheren habe. Ich liebe heiße Duschen. Ich liebe gute Seife. Ich liebe Mr.-Bean-Filme. Ich liebe Rosen, die ersten Sonnenstrahlen am Morgen auf Rosen, Tautropfen auf Rosen, und, ja, auch Regentropfen auf Rosen. Ich liebe Barthaare an allen Kreaturen, an denen sie wachsen. Ich liebe kleine Nagetiere. Ich liebe Tiere mit Flügeln. Ich liebe es, Federn zu finden, weil ich dann glaube, die Engel würden zuschauen. Ich liebe winzige Beutetiere. Ich liebe es, in meinem Gepäck Laubfrösche zu finden. Ich liebe riesengroße Wale und ihr gigantisches Lächeln. Ich liebe Haie mit großen Zähnen. Ich liebe Dinge, die mir Angst machen und die mich vor Entzücken kreischen lassen. Ich liebe Dinge, die nachts dumpfe Geräusche machen. Ich liebe es, mit Nashörnern im Vorgarten aufzuwachen. Ich liebe es, Elefantenkacke auf der Türschwelle vorzufinden. Ich liebe Zettel an meinem Badezimmerspiegel, auf denen steht: „Bitte bewahren Sie keine Lebensmittel in den Zelten auf, weil sonst die Elefanten in die Zelte eindringen und Schäden verursachen." Ich liebe Schilder, auf denen steht: „Bitte nehmen Sie zur Kenntnis, dass die Affen und Paviane all Ihre Gegenstände aus diesem offenen Bad wegtragen werden." Ich liebe es, in einem Zelt in Afrika zu schlafen und die nächtliche Luft zu riechen. Ich liebe große weiße Daunenkissen. Ich liebe die Sterne, vor allem das Kreuz des Südens. Ich liebe Kerzenlicht. Ich liebe es, wenn ich eine Taschenlampe brauche. Ich liebe freche Affen, die mir beim Frühstück den Toast vom Teller klauen. Ich liebe Wasserpfützen auf der Rollbahn, die in der Sonne glitzern und sie spiegeln, während mein Flieger abhebt. Ich liebe laute, lebhafte Flughäfen. Ich liebe es, am Flughafen einen neuen Lippenstift zu kaufen. Ich liebe es, Zugang zur ganzen Welt zu haben. Ich liebe echte Bücher, den Geruch von Druckertinte und Papier und das Gefühl, ein echtes Buch in den Händen zu halten. Ich liebe Bleistift- und Tintezeichnungen und Aquarelle. Ich liebe es, Cartoons zu zeichnen. Ich liebe Schriftsteller, die meine Fantasie anregen und mich daran erinnern, dass es in unserem Universum nicht nur Magie, sondern auch eine Ordnung gibt. Ich liebe Bücher von Tom Robbins. Ich liebe Tolkiens Mittelerde. Ich liebe Wörter. Ich liebe es, sie niederzuschreiben. Ich liebe es, sie für Sie zu schreiben. Ich liebe eine flackernde Kerze vor einem Bild von Jesus, das ich jeden Abend beim Einschlafen ansehen kann.

Okay, Sie wissen, was ich meine …

Jetzt sind Sie dran, Ihre Liste der 133 „Ich liebe“ zu schreiben.

DAS MONSTER IN MIR

Kann ich wirklich sagen: „Ich liebe Horrorfilme. Ich liebe, Horrorfilme zu drehen“? „Ich liebe das Monster in mir“? Nun ja ... es hat eine Weile gedauert, bevor ich zugeben konnte, dass ich in den 1980ern in einer Reihe skandalöser Horrorfilme gespielt habe. Scott, ein Transvestit aus Atlanta, Georgia, und einer meiner klügsten Fans, hat eine echt unheimliche Figur kreiert. Auf einem „Days of the Dead“-Filmfestival hat er mich um ein Autogramm gebeten und dabei das unmöglichste Kostüm getragen, das ich je gesehen habe. Seine Figur ist ein besessener Clown. Der Bösewicht, den er aus Spaß spielt, ist das krasse Gegenteil seiner eigenen freundlichen Persönlichkeit als Schwuler. Er hat einmal zu mir gesagt: „Du vermenschlichst Monster. Das ist dein Job. Haie, Tiger, Schlangen. Monster. Und du bist auf ihrer Seite und verleihst ihnen Gefühle.“

Er zeigte mir eine neue Perspektive meiner schamlosen Schauspielkarriere und meines unbewussten Drangs, die Underdogs, die anderen „unheimlichen“ Tiere auf diesem Planeten zu verteidigen, weil ich mich wohl als Kind wie sie gefühlt haben muss. Der Außenseiter, der Ausgestoßene, der einsame, missverstandene Tiger oder Hai – oder in diesem Fall die Giftschlange – repräsentieren den Teil von uns, der sich anders als andere Kinder fühlt. Doch er ist es, wo die Liebe ist, wo die Seele, die übernatürliche Verbindung zu Gott ist, denn er befindet sich außerhalb des bewussten Verstands, und doch gibt es ihn, und es gibt nichts, was wir tun können, um ihn loszuwerden.

In meinen Filmen spielte ich die schrecklichste weibliche Dämonin der Filmgeschichte. Das Ding, das an einem Abend aus mir herausflog, muss so universell gewesen sein und so viele meiner Fans auf einer archetypischen Ebene berührt haben, dass es heute eine ganze Webseite mit Tattoos von mir auf ihren Körpern gibt. Natürlich trage ich in den meisten Tattoos das ekelige Dämonen-Make-up, und wenn ich die Fans persönlich frage, warum diese unbeugsame böse Macht, die ich damals erfand, ihnen so viel bedeutet, dass sie sich mein vernarbtes Dämonengesicht mit den Fangzähnen auf die Brust, Arme, Beine oder den Rücken tätowieren ließen, antworten alle, egal ob Mann oder Frau: „Ich weiß es nicht."

Ein Fan, Chris McGibbon, der ein Buch über die Filme schreibt, fand jedoch eine bewusstere Erklärung dafür: „Du hast mich als Kind beschützt", sagte er. „Angela hat mich beschützt." Diese Aussage faszinierte mich, und so nahm ich noch mehr Einladungen zu ihren Conventions an, weil ich mit meinen Fans über ihre Gefühle reden wollte. Fans, die Angst davor hatten, mir zu begegnen, die zitternd und mit Tränen in den Augen vor mir standen, sagten mir: „Ich war drei Tage lang unterwegs und habe im Auto übernachtet, nur um dich kennenzulernen" oder auch: „Ich musste erst einen Whisky herunterkippen, bevor ich mich überhaupt in die Schlange stellen konnte, um dir zu begegnen, so viel Angst hatte ich davor." Allmählich holte ich aus meinen Fans den wahren Grund heraus. Sie alle hatten eines gemeinsam: das Bedürfnis nach einem starken Retter. Wie eine Frau mir erzählte, hatte sie sich als Kind in ihrem Zimmer versteckt und immer wieder *Night of the Demons* gesehen, um die lauten Streitereien ihrer Eltern zu übertönen, und immer, wenn ihr Stiefvater in ihr Zimmer kam, um sie zu vergewaltigen, hatte sie sich mit Gedanken an Angela getröstet. Sie hatte meine Filmfigur als emotionalen Anker benutzt, um sich an Fantasien festzuklammern, in denen jemand eingriff und sie rettete. Wie sie mir sagte, hatten diese Fantasien, in denen ich ihr half, sich zu wehren, sie vor dem Verrücktwerden bewahrt. Dasselbe erzählte mir ein Fan, der schwul ist und der heute ein guter Freund von mir ist. Er sagte, die Charaktere im Film seien die einzigen Freunde gewesen, die er als Kind gehabt habe. Und wieder tauchten diese Worte auf: Angela hat ihn verteidigt. Kali, die Göttin der Zerstörung, verkörperte für diese missbrauchten und misshandelten Kinder Mut und Gerechtigkeit, und deswegen tragen sie Tattoos von mir auf dem Körper. Und manche Fans finden das vielleicht auch einfach nur cool.

Warum ich das in diesem Kapitel über Schlangen erwähne? In *Night of the Demons, Teil 2*, wofür Joe Augustyn das Drehbuch schrieb, war ich die einzige Filmfigur aus dem ersten Film, die auch darin mitspielte. Steve Johnson, der die besten Spezialeffekte in Hollywood macht und der für *Ghostbusters* einen Oscar bekommen hat, verwandelte mich für den Film in eine zehn Meter lange Schlange. Ich musste siebenundzwanzig Stunden lang das spezielle Make-up tragen und brach damit einen Hollywood-Rekord. Ich wurde zu einer riesigen Anakonda, die sich aufstellen und wie eine Kobra in der Luft tanzen konnte. Bis heute erkenne ich mich selber nicht, wenn ich mir den Film ansehe, und kann nicht glauben, dass er vor *CGI* produziert wurde. Steve Johnson band dafür mein Schwanzende an Zahnseide fest – die man auf dem Bildschirm nicht sehen kann – und bewegte meinen Schwanz hin und her, während er hinter der Kamera stand. Der Effekt ist umwerfend, und ich muss zugeben, dass ich mir die Szene selbst kaum ansehen kann. Die siebenundzwanzig Stunden Dreh hatte ich an einer Wippe festgeklebt verbracht, damit mein Reptilkörper in der Luft „flog" und „schwebte", wenn die Wippe sich hob. Am Ende sagte der Regisseur Brian Trenchard-Smith zu mir: „Und jetzt, Amelia, wirfst du einen Feuerball."

Nichts an meinem Schlangendasein war vorgetäuscht – weder innerlich noch äußerlich. Das Äußere können Sie sehen, wenn Sie sich den Film ausleihen. Doch das Innere kommt von einer ganz tiefen Stelle in mir drin. Die Fans meiner Filmdämonin wissen, dass die berühmteste Tanzszene in meinen Filmen, in der ich die Gestalt eines schwarzen Jaguars annahm, im ersten Teil zu sehen war. Carlos Castaneda hätte das möglicherweise meinen großen, frechen Katzen-*Nagual* genannt. Diese Verbindung zur Natur und Magie war die Quelle meiner Kraft und der Grund, warum so viele Kinder in Amerika sich die Figur auf die Brust tätowiert haben. Selbst wenn Sie die schamanischen Eigenschaften meiner energetischen Umwandlung nicht nachvollziehen können, können Sie zumindest die katzenartigen Eigenschaften erkennen, während ich im Film mit federnden Pfoten über den Boden krieche.

Die Transformation in eine Anakonda ist jedoch eine andere. In dieser Szene habe ich nichts Menschliches mehr. Die von mir gespielte Schlange zeigt keine Reue. Als Schlange bin ich eine unzähmbare tödliche Naturgewalt, mein Leben ist bedroht, und ich setze zum Angriff an, bereit, jeden zu töten, der mir über den Weg läuft. Im Rückblick kann ich sehen, dass ich vielleicht tatsächlich mit meinem schuppigen Reptil-*Nagual* getanzt habe, mit der Energie einer Voodoo-Hohepriesterin, die eine andere Gestalt annimmt, um ein Energieportal für die gesamte Gemeinde zu schaffen. Diese schamanischen Gestaltwandler und Priesterinnen ermächtigen sich einer solchen „Besessenheit" als extremen Heilungsakt für ihre Gemeinschaft, und manche Mitglieder meiner eigenen Gemeinde tun das jeden Sonntag, wenn sie vom Heiligen Geist besessen sind. Ich tat es im Film, ohne zu ahnen, dass es die Herzen so vieler misshandelter Kinder dieser Welt berühren würde.

Ein sicherer Ort

Warum bedeuten Hollywood-Filme einen sicheren Ort für so viele Menschen? Ist es möglich, dass Schauspieler auf der Leinwand einen archetypischen sicheren Hafen erschaffen können, in dem die Zuschauer ein Ventil für ihre roheste wilde Seite und hoffnungslose Hilflosigkeit sehen, in dem ihre einzige Hoffnung auf Überleben aus der Allianz mit einer rohen Kali-Macht besteht? Angela gab meinen Filmfans einen sicheren Ort für diese Leidenschaft und diesen Schmerz. Kali, die Frau Shivas, ist die hinduistische Göttin des Todes und der Zerstörung. In ihrer Bösartigkeit als Göttin des Todes und der Zerstörung wird sie als schwarze, blutbefleckte Gestalt mit roten Augen und einer Halskette aus Totenköpfen dargestellt. Sie hackt den Feinden die Köpfe ab (was nicht sehr schön ist), doch auf den atemberaubendsten Abbildungen erforscht sie auf dem Rücken eines Tigers das Universum (was sicher sehr schön wäre).

Ich fühle mich geehrt und bin geschmeichelt, dass so viele Kinogänger spüren, dass ich als Besitzerin all dieser Urmacht eine Beschützerin mit einem guten Herzen bin. Ich würde zwar nie irgendjemanden köpfen, aber ich würde nur zu gern auf einem Tiger reiten. Wir alle brauchen einen Ort für unsere Fantasien. Meine Filme gaben mir die Möglichkeit, meine ganze tierische Wildheit zum Ausdruck zu bringen und die unergründlichen Teile meiner Seele zu honorieren, die mit der Natur verbunden sind, unabhängig davon, wie „hässlich" und „unheimlich" sie auch sein mögen.

Kann es sein, dass ich mich nicht vor einer schwarzen Mamba, die vor meinem Gesicht hin und her tanzte, hingekniet hätte und gesagt hätte: „Du bist schön, und ich liebe dich. Und es tut mir leid, was die Menschen dir antun?", wenn ich es nicht in mir hätte?

„Ich mag keine Spinnen und Schlangen!"

Wie ich festgestellt habe, scheint es zwei Tierarten zu geben, die bei Menschen blinde, irrationale Angst auslösen: Spinnen und Schlangen. Die Vorurteile der Menschen gegen sie sind die am weitesten verbreiteten Vorurteile gegen Tiere, und ich glaube, diese Angst könnte aus Erfahrungen in früheren Leben stammen, aus denen mystische Erinnerungen an die Tödlichkeit dieser Lebewesen stammen. Wenn ich die Tiere verteidige – was ich oft tue –, sage ich immer, dass diese Spinne oder Schlange nur eine unschuldige Kreatur ist, die versucht, in dieser Welt zu überleben, was wir ihnen sehr schwer machen. Die meisten Spinnen und Schlangen sind nicht giftig, doch die Angst vor ihnen scheint in der menschlichen DNS zu stecken, und die Panik, die sie hervorrufen, entzieht sich jeder rationalen Kontrolle.

Eine Minute lang erlebte ich das selbst mit meiner Freundin, der Mamba. Daher musste ich mich daran erinnern, dass ich kein Schwachkopf auf einem Planeten bin, auf dem es von Giftschlangen nur so wimmelt. Ich musste mich daran erinnern, wer ich bin – ein Kind Gottes –, und den Geist der Gnade Gottes sogar im beängstigendsten Augenblick durch mich hindurch scheinen lassen. Ich musste mir eingestehen, dass das, was James Joyce „otherness" (Anderssein) nannte, eine Illusion ist, und dass ich, wenn ich die „andere" in mir selbst erkenne, auch erkennen kann, dass auch sie mich als „die andere“ sah, und die Illusion der Getrenntheit zu einem fließenden Energiestrom verschmelzen kann. Ich tanzte mit ihrer Seele. Und als ich das tat, ließ sie mich am Leben. Doch unsere Begegnung gab mir auch ein neues Leben. Ich kann nur hoffen, dass unsere Begegnung auch ihr Lebenskraft schenkte. Ich musste mich in einen Zustand versetzen, in dem „nicht alle Schlangen bösartig sind“, damit sie mich am Leben ließ, und ich hoffe, sie glitt mit einer neuen Einstellung, dass „nicht alle Menschen bösartig sind“, davon.

TIERSTEREOTYPEN

Eine Möglichkeit, wie ich meinen Schülern ihre blinde Angst vor diesen Tieren nehmen kann, ist, indem ich Scherze mache, dass die Menschen sich vor Tieren mit „zu vielen Beinen“ und vor solchen „ohne Beine“ fürchten. Warum haben wir solche Vorurteile gegen Tiere, die mehr oder weniger Beine haben als wir? Der Witz daran scheint die Angst für einen Augenblick zu besiegen und wie ein Sonnenstrahl durch ein zerbrochenes Fenster ein bisschen Vernunft ins Dunkel zu bringen. Die andere Möglichkeit, wie ich die Angst hinterfrage, ist, indem ich der Einstellung, dass „das eine Schlange ist und ich Schlangen hasse“, widerspreche. Das Lebewesen ist ein Individuum, das auf eine bestimmte Situation (eine Begegnung mit Ihnen!) in einem neuen, noch nie dagewesenen Moment reagieren wird.

Es gibt keinen Wissenschaftler, der mir sagen könnte „Schlangen reagieren so und so“ oder „Nilpferde reagieren so und so“, weil kein Wissenschaftler je in dem Moment dabei ist, in dem ich einer bestimmten Schlange oder einem bestimmten Nashorn zum ersten Mal begegne – einem Tier, das sich möglicherweise nicht so verhält, wie sich eine Schlange oder ein Nashorn je verhalten hat, da es mir – oder Ihnen – noch nie zuvor begegnet ist. Ich bin in Texas aufgewachsen, wo es viele Klapperschlangen gibt, die damals – wie auch heute noch – sofort erschossen werden. Mein eigener Vater erschoss eine Klapperschlange unter unserem Wohnmobil, als ich noch ein

Kind war. Ich wuchs in einer Welt auf, in der „Klapperschlangen sich so und so verhalten“. Die Information, die ich Ihnen jetzt gebe, ist also nicht nur für diese Welt, sondern sogar für *mich* neu.

Ich musste mein Mitgefühl für Spinnen und Schlangen erst entwickeln, so wie Sie es vermutlich auch tun werden, da sie ehrlich gesagt nicht immer zu meinen Lieblingstieren zählten. Als ich in meinem Beruf als Tierkommunikatorin anfing, stellte ich rasch fest, dass ich keine Vorurteile gegen Insekten oder Schlangen haben durfte, weil mir Leute E-Mails schickten und mich fragten, wie sie sich solchen Tieren gegenüber verhalten sollten. Ich musste im Umgang mit ihnen dasselbe göttliche Bewusstsein wie sonst auch anwenden. Wie ich schon bald herausfand, lernte ich nicht nur, Schlangen zu tolerieren, sondern sogar, sie zu lieben. Und damit meine ich, sie *wirklich* zu lieben.

Lassen Sie uns daher diese Integration näher erforschen. Bevor wir über sie als Individuen sprechen, wollen wir Ihrer Sicht eine neue Linse verpassen. Wir wollen damit anfangen, indem wir sie als männliche und weibliche Tiere sehen. Die Spinne oben an der Decke Ihres Schlafzimmers ist nur eine junge Mutter, die ihr Leben meistern will, und der Beutel mit den Eiern ist ihr kostbarster Schatz. Wenn Sie also Herz zeigen und die junge ledige Mutter und ihre ungeborenen Kinder fürsorglich behandeln wollen, dann könnten Sie etwas Mitgefühl mit ihr haben, statt sie nur als eine „Spinne“ zu sehen. Nun ist es wenigstens eine „sie“. Das verleiht ihr eine klarere Identität und ermöglicht es Ihnen, sich ein kleines bisschen mehr mit ihr zu identifizieren. Auf diese Weise kommen Sie der Liebe und dem Mitgefühl schon ein bisschen näher.

Ich wusste, dass die Mamba eine „Sie“ war, und ich wusste auch, dass ich den wichtigsten Teil von mir aufgeben würde, wenn ich sie nicht liebhatte. Das ist nicht der engelhafte Teil von mir, den mein Ich für sich beansprucht, sondern die Aspekte, die ich mir nicht eingestehe und die ich noch ans Licht zerren muss. Die Schlange verkörpert den Teil von mir, der im Schatten liegt, den gefährlichen Teil, und das ist es auch, was mich dazu bringt, zu überlegen, was sie für mich bedeutet. Wenn Menschen sich vor Schlangen fürchten, halten sie sie für geschlechtslose, einschüchternde Kreaturen, die keine Gefühle haben, die sich nicht verlieben, nicht trauern, sich nicht einsam, ängstlich oder bedroht fühlen. Doch genau das Gegenteil ist der Fall.

Diese Mamba kam einer echten, lebendigen Hexe näher als alles andere, und daher möchte ich ein paar Einsichten aus einem meiner Lieblingsbücher, *The Witch and the Clown: Two Archetypes of Human Sexuality* (Chiron Publications, 1987) des brillanten Autorenteams Ann und Barry Ulanov mit Ihnen teilen. Ich habe dieses Meisterwerk mit Ende zwanzig verschlungen. Damals spielte ich auch eine Hexe im Film. Heute ist mir klar, dass diese Integration meiner dunklen Seite, meiner *Schattenseite*, es mir ermöglicht, mit einigen der „düstersten" Kreaturen der Welt zu arbeiten und ihnen mit Verehrung und sogar Liebe zu begegnen. Die meisten Menschen sehen Giftschlangen als „unweiblich" an, weil sie tödlich sind, und ich handelte ganz sicher nicht besonders weiblich, als ich der Mamba ins Auge blickte – zumindest nicht gemäß der traditionellen Definition von Weiblichkeit. Der folgende Abschnitt bietet eine Methode, nicht in einer bestimmten Sichtweise stecken zu bleiben. Obwohl die Autoren von „der Hexe" sprechen, gibt es nach meiner Ansicht keine bessere Weise, meine Mamba und alle anderen Schlangen, vor denen wir uns fürchten, zu beschreiben.

WELCHE HEXE IST WAS?

Wir wollen diesen Abschnitt aus *The Witch and the Clown* auf die Hexe in der Schlange und die Hexe in Ihrem Inneren anwenden:

> Die Hexe ist ein archetypisches Bild des männlichen Elements in der weiblichen Identität, jener gegensätzlichen sexuellen Dynamik, die zur weiblichen Persönlichkeit dazugehört. Sie gibt ein leichtes Ziel für Missmut ab, dient als perfekte Zielscheibe der Schuldzuweisung – selbst in emanzipierten Gesellschaften weit weg von Hexenvergötterung, Hexenjagd, Hexentribunalen und Hexenverbrennung. Sie

> steht immer in übertriebener Pose da, eine Karikatur dessen, was Gesellschaft und Kultur männlich nennen, was für Macht, Verstand, Logik und Präzision steht. Sie verkörpert diese Aspekte auf ihre eigene, ungewöhnliche weibliche Art, was die Sache noch komplizierter macht. Ihre Logik ist daher die Logik der Assoziation und nicht die der Ursache und Wirkung; ihre Präzision ist die Präzision konzentrierter Intensität und nicht die des klaren Konzepts. Ihre Macht ist die des geheimen Lebens der Natur und nicht die der Gesellschaft; ihr Intellekt ist der des Unbewussten und nicht der der Vernunft. Sie personifiziert ein Problem, das alle Frauen auf die eine oder andere Weise betrifft: nämlich wie sich diese gegensätzliche sexuelle Dynamik mit all ihren unmissverständlich männlichen Eigenschaften in die weibliche Identität integrieren lässt.

Die schwarze Mamba führte mich in „das geheime Leben der Natur und nicht das der Gesellschaft" und brachte mich in Einklang mit der Natur, in der der Intellekt meiner Gegnerin mir half, einen neuen Weg zu finden, Tiere, meine Umwelt und sogar mich selbst zu verstehen: nämlich „den des Unbewussten und nicht den der Vernunft". Das war der Ort, an dem es echte Sicherheit gibt. Der folgende Abschnitt spiegelt auf eloquente Weise mein Erstaunen über meine innere und äußere Hexe wider:

> Für Frauen ist die Hexe ein wesentlicher fehlender Teil ihrer sexuellen Identität, der selbst in seiner übertriebensten und verzerrtesten Form ein kulturell entwickelter Teil ist. In ihrer negativen Verkleidung stellt die Hexe das Bild einer Frau dar, die von den maskulinen Aspekten in ihrem Inneren besessen ist. Die Hexe mit ihrem Stoppelkinn und ihrer harschen Art wirkt männlich. Sie scheut die konventionelle weibliche Rolle als Helferin und Hausmütterchen, als Unterstützerin der Abhängigen und Bedürftigen. Sie strebt nach Macht über sich selbst und Macht über andere. Sie will ge-

> heimes Wissen und das Können, dieses Wissen für ihre eigenen Zwecke zu nutzen. Sie möchte Waffen, die andere zwingen, ihren Willen auszuführen. Sie drängt uns ihre Ambitionen auf. Sie muss als höheres Wesen, dem sich andere nur auf eigene Gefahr widersetzen, anerkannt werden.

Wie ich vermute, projizieren manche Leute dieses übertriebene negative Porträt auf wilde Tiere wie meine Schlange, weil sie ihre eigene innere Hexe nicht integriert haben – und die Autoren führen aus, dass auch Männer den Archetyp der Hexe in ihrem Inneren tragen. Manche Männer projizieren diese Karikatur auf Löwen; vielleicht ist das ja der Grund, warum sie das Bedürfnis haben, diesen Teil von sich zu töten, um ihre eigene Wildheit und Gefährlichkeit zu besiegen. Vielleicht haben sie auch das Gefühl, mehr Macht zu erlangen, indem sie unschuldige Tiere ermorden, weil sie selbst auf irgendeine Art misshandelt wurden – vermutlich durch ihre eigenen Väter – und daher folgern, sie würden männlicher werden, wenn sie einen Löwen oder Elefanten „jagen“ oder eine „gefährliche“ Schlange erschießen.

Ich sah die Schlange als eine Person an und beschloss letztendlich, sie zu verteidigen, statt ihr wehzutun, weil ich mich mit ihrem Gefühl, eine Außenseiterin zu sein, identifizieren konnte. Die Ulanovs schreiben hierzu:

> Ihre Umwelt schreibt ihr Kräfte zu, die sich allesamt außerhalb der konventionellen Definition des Weiblichen befinden – eine aktive Interaktion zwischen dem Sichtbaren und dem Unsichtbaren, die Entschlossenheit und Fähigkeit, das Blatt außerhalb der Linien, die von den gesellschaftlichen Traditionen und Grenzen gezeichnet werden, anzumalen. Das ist ihr Verbrechen – nicht etwa Partnerschaft mit dem Teufel, Unterschlagung der Emotionen, Vergewaltigung oder kleine Kinder zu verspeisen. Sie stellt eine Gefahr dar, weil sie die Verbindung zu den verborgenen Geheimnissen der Natur mag; sie kennt und strebt nach Unbekanntem. Ihre

> menschliche Umwelt ist jedoch fixiert auf Zauberei und macht die Hexe für diese Zaubermacht verantwortlich, als wäre es allein in ihrer Macht, auch wenn ihre Rolle als Buhmann von der Gemeinschaft etabliert und ihr heimlich von der gesamten Gesellschaft zugewiesen wird.

Sagen Sie mir, dies würde *nicht* auf meine Freundin, die Mamba, zutreffen. Anscheinend ist es ein Verbrechen, dass wir „die Verbindung zu den verborgenen Geheimnissen der Natur mögen“. In meinem Augenblick der Euphorie teilten sie und ich unser Geheimnis. Für ein paar unvergessliche Momente waren wir nicht allein. Die „Interaktion zwischen dem Sichtbaren und dem Unsichtbaren“ ist mein Job, und „die Entschlossenheit und Fähigkeit, das Blatt außerhalb der Linien anzumalen“, ist die perfekte Beschreibung der Tierkommunikation. Meine Lehrerin war die Mamba, und ich war bereit, mich so weit außerhalb der Linien bringen zu lassen, wie sie wollte. Meine Fähigkeit, mich vollkommen von „gesellschaftlichen Traditionen und Grenzen“ abzusondern, ermöglichte es mir, mitzugehen, während ich direkt hinter ihr in die Geheimnisse des Geists der Natur – und nicht der menschlichen Regeln –, in die Dunkelheit, die verborgenen Geheimnisse der Natur, eintauchte. Gleichzeitig ließ ich *sie* aus der Kiste der Angst, des Hasses und der Vorurteile heraus. Zum ersten Mal wurde sie im hellen Licht für ihre Schönheit bewundert. Sie hat es verdient, sich im Licht zu sonnen, und in diesem Licht konnte ich ihr wunderschönes Gesicht erkennen, jede Falte und Spalte lieben, und ihr Lächeln bewundern und wirklich schätzen.

„Warum bleiben die Hexe und der Clown für uns so lebendig?“, fragen die Ulanovs. „Weil sie Archetypen sind, und als Archetypen verhalten sie sich wie unzähmbare Ressourcen gegen die Stereotypisierung, die Männer und Frauen in vorgeformte sexuelle Identitäten zwingt und sie nicht mehr loslässt.“ Die Sex-Stereotypen widern die meisten von uns – vor allem Frauen – an. Die oberflächlichsten Klischees zeichnen Männer als starke und wortkarge Wesen, die nie

Gefühle zeigen, und Frauen als weiche Wesen, die nie offen nach Macht streben. Frauen mangelt es an logischem Denken, Männern an Gefühlen. Diese hölzernen Vereinfachungen sollten uns wütend machen, und viele von uns arbeiten aktiv daran, dieses herabwertende, aber beharrliche Schubladendenken zu ändern.

Ich spreche die sexuellen Stereotypen an dieser Stelle an, weil ich Ihnen diese Frage stellen möchte: Kann es sein, dass wir unsere sexuellen Klischees irgendwie auf unsere Wahrnehmung der Tiere übertragen haben? Wäre es nicht sinnvoll, sich zu überlegen, ob unsere Vorurteile über Männer – emotionslos und hinterhältig – dieselben Stereotypen sind, die wir auf unsere kleinen tierischen Schurken mit oder ohne Beine projizieren?

Wir scheinen bestimmte Tierarten für brutal und emotionslos anzusehen, während wir andere für sanft und unschuldig halten. Ich persönlich bin schon mehreren Kaninchen begegnet, die einen aus Spaß anfallen, und ich hatte auch schon Hamster, die mir am liebsten den Daumen abgebissen hätten. Doch wir sind mit Vorurteilen über Tiere aufgewachsen, die einfach nicht fair sind. Ich möchte unsere Neigung, „Hier ist ein Tier, das so gefährlich ist, dass es mich töten könnte" zu denken (statt „Hier ist ein Tier, das mich zwar töten könnte, aber wunderschön ist"), hinterfragen. In dem Moment, in dem ich vor der Mamba auf die Knie ging, musste ich die Unterschiede zwischen uns und den Emotionen, die sie für mich mit sich brachten, aufgeben. Ich durfte nicht der Vorstellung „Das macht mir an meiner Welt Angst" nachgeben, sondern vielmehr dem Gedanken: „Das ist es, was mir an *mir* Angst macht." Ich musste die Tatsache honorieren, dass sie das Gegenteil meiner Persönlichkeit widerspiegelte. Auf diese Weise hatte ich keine Angst vor dem, was in der äußeren Welt passieren könnte. Ich musste ihre Gegenwart in meiner inneren Welt akzeptieren, um sagen zu können: „Du bist zwar gefährlich, aber auch du bist ein Kind Gottes."

Die Diskussion über die männliche und weibliche Sexualität könnte sich zwar mit dem inneren Uhrwerk von Adam und Eva befassen, doch ein Kapitel über Schlangen wäre unvollständig, wenn wir nicht auch die mythologische Schlange und das, wofür sie steht – nämlich Satan – ansprechen würden. Wieder einmal beziehe ich mich auf mein geliebtes Buch *Edgar Cayce on Angels, Archangels, and the Unseen Forces*, um Ihnen beim Kampf mit dem Teufel etwas Artilleriefeuer mitzugeben. Natürlich gibt es ihn, wenn auch nur als eine Vorstellung. Wir brauchen uns bloß die Tierversuche in den Versuchslabors, die Massentierhaltung, die globale Erwärmung, die Abholzung der Regenwälder, die Verschmutzung unserer Meere und die Tragödie, dass die Welt immer noch Kriege führt, vor Augen zu halten, um zu wissen, dass mit der menschlichen Psyche etwas ganz und gar nicht stimmt. Egal, ob Sie an einen Teufel „da draußen“ glauben oder akzeptieren können, dass es einen Teufel „hier drinnen“ gibt – lassen Sie uns einen Blick auf eine äußerst hoffnungsvolle neue Methode werfen, mit der man ein uraltes Problem betrachten kann.

Der Kampf zwischen Gut und Böse

Christus wurde als Mensch geboren, um in unserer Welt eine Präsenz, Macht und Liebe umzusetzen, die alle Handlungen oder Manifestierungen des Bösen überwindet. Cayces Sichtweise über Satans Schicksal und das seiner gefallenen Engel war, dass alle durch Licht und Verständnis irgendwann den Weg zurück zu ihrem Schöpfer finden würden. Dieses Konzept unterscheidet sich stark von der Vorstellung, Böses sei unveränderlich und unwiderruflich.

Es gab jedoch gemäß der Bibel eine Zeit, in der Satan nicht der teuflische Gegner Gottes, sondern sein Verbündeter war. Im Buch Hiob führt Gott einen Dialog mit Satan, der mit den „Söhnen Gottes“ (der ersten Ordnung erschaffener Seelen, die mit Gott in Harmonie verbunden blieben) vor ihm erschienen ist und ihm berichtet, dass er auf Erden hin und her gegangen sei. In der Bibelgeschichte bestätigt Gott Hiobs Reinheit und sagt voraus, dass dieser sich niemals von ihm abkehren würde. In einem bizarren schachähnlichen Spiel stimmt Gott zu, dass Satan jeden Treuetest durchführen darf, den er sich aussucht, solange er Hiob keinen Schaden zufügt. Interessanterweise sagt Gott zu Satan, als beide den Plan für Hiob besprechen: „Siehe, alles, was er hat, sei in deiner Hand“ (1:12). Daraufhin begibt sich Satan auf eine Art Amoklauf; er tötet Hiobs Bedienstete, zerstört sein Haus und stiehlt sein Vieh. Doch Hiob kehrt sich nicht von Gott ab.

Wie das Buch Hiob andeutet, verbrachten die Engel und die Erzengel (die „Söhne Gottes“) Zeit mit kreativen Aktivitäten und kehrten dann zu Gott zurück, um ihm von ihren Taten zu berichten. So heißt es nach Hiobs erstem Test durch Satan in der Bibel: „Es begab sich aber des Tages, da die Kinder Gottes kamen und traten vor den Herrn, dass der Satan auch unter ihnen kam und vor den Herrn trat“ (2:1). Man kann davon ausgehen, dass Satan in dieser Zeit immer noch Gottes Gunst genoss. „„... und vor den Herrn trat“ deutet nicht darauf hin, dass Satan in die Finsternis verbannt worden wäre oder Gott hasste. Stattdessen handelte er als Hiobs Gegner oder Coach nach göttlichen Anweisungen.

Wie Satan verkündet, wird ein Mensch sich immer von Gott abkehren, wenn sein Leben in Gefahr ist.

Gott erhöhte den Einsatz noch: „Der Herr sprach zu dem Satan: Siehe da, er ist in deiner Hand, doch schone seines Lebens!“ (2:6). Also macht Satan das, was er am besten kann: Er bringt Chaos in Hiobs Leben, lässt ihn an Furunkeln erkranken, bis Hiob den Tag verflucht, an dem er geboren wurde. Er verliert zwar seine Familie, Gesundheit und alles, was ihm wichtig ist, doch er spricht immer noch nicht schlecht über Gott und kehrt sich auch nicht von ihm ab. Im späteren Teil des Buches Hiob beschenkt Gott ihn mit dem Zweifachen von allem, was er jemals verloren hat.

Wie das Buch *Edgar Cayce on Angels, Archangels, and Unseen Forces* besagt, deuten die Interpretationen von Cayce darauf hin, dass alle Seelen getestet werden, um zu sehen, ob sie es wert sind, irgendwann wieder Mitschöpfer Gottes zu werden: „Teil des Tests ist die Entscheidung, auf alles, was Liebe, Frieden, Harmonie ablehnt, zu verzichten. Wie können wir Liebe, Frieden und Harmonie wählen, wenn wir nicht auch mit dem genauen Gegenteil im Leben konfrontiert werden? Jeder Tag birgt die Chance, zu wählen, wem wir dienen werden: der Quelle von Gut oder von Böse."

Als ich meinem guten Freund Dr. Bernie Siegel diesen widersprüchlichen Abschnitt vorlegte, meinte er: „Am Anfang war Gott nicht besonders nett." Und es scheint, als müsste ich ihm zustimmen.

Wenn es wahr ist, dass wir uns auf dieser Erde in Gottes Trainingslager befinden, wo wir darauf gedrillt werden, dem Bösen in all seinen Formen – einschließlich Angst, Neid, Ablehnung, Verbitterung, Zynismus, Depressionen, Bedauern und Schuld – zu widerstehen und zu lernen, mit unserer gesamten Liebe im Augenblick präsent zu sein, dann gibt es für uns keine besseren Lehrmeister als die Tiere – und ganz besonders die Tiere, die Fangzähne haben und uns töten könnten, wenn wir es *nicht* tun.

Aber ich glaube, es sind die kleinen, nervenden, täglichen geistigen Dämonen, die uns am meisten schaden: die Schlangen des Selbstzweifels, der Schuldgefühle und Hilflosigkeit, die zu Neid oder Wut führen, was wiederum zu dem Gefühl führt, ein Recht auf Dominanz oder gar Rache zu haben. Sie sind die geistigen Virenprogramme, die psychologischen Würmer, die sich ihren Weg in die Abgründe und Tiefen unseres Verstands schlängeln.

Die gespaltene Zunge

Wenn es einen Teufel gibt, dann muss er sich unsere eigenen Schwächen zunutze machen, um uns zu testen, und was wie selbst herbeigeführter Schaden aussieht, ist in Wahrheit nichts als innere Weiterentwicklung, die darauf wartet, umgesetzt zu werden. So wie es in unserer Welt aussieht, wartet sie schon sehr lange darauf. Unabhängig davon, ob diese Negativität ein „Wesen" oder eine Naturgewalt ist – man muss ihr täglich widerstehen, da ihre kontraproduktive, selbstzerstörerische Macht sehr stark ist. Wir müssen die bösartigen Flüstertöne ignorieren. Wir müssen entscheiden, wem wir dienen wollen. Diese teuflische Macht, ob verkörpert oder nicht, ist *real*. Sie lügt, sie betrügt, sie stiehlt, sie manipuliert, sie beraubt Sie der Hoffnung und des Glücks, und sie nimmt Ihrem Leben seine Bedeutung.

Wir können zwar von diesen beharrlichen geistigen und emotionalen bösen Mächten erlöst werden, doch das bedarf der Übung – einer täglichen spirituellen Übung, und dazu braucht man Disziplin. Wir müssen uns für Licht und Liebe statt Dunkelheit und Verzweiflung entscheiden, und das müssen wir jeden Tag immer wieder und wieder tun, vielleicht sogar in jeder Stunde erneut.

Ist es möglich, dass unsere negativen Gedanken über uns selbst und andere mehr Schaden anrichten, als uns bewusst ist? Kann es sein, dass etwas scheinbar so Unschuldiges wie Klatsch und Tratsch unserem spirituellen Wohlbefinden ernsthaft schadet? Von allem Schlechten, das wir täglich ertragen müssen, könnte verletzendes Gerede, an dem wir uns beteiligen, gefährlicher sein, als uns klar ist. *Engel* bedeutet „Bote". Erzengel bedeutet „Bote von großer Bedeutung". Das Gegenteil eines Engels ist jedoch ein Teufel, der destruktive Lügen und Ängste von einem Ort zum anderen trägt. Das bedeutet, wenn Sie eine gespaltene Zunge haben und gerne über andere lästern, agieren Sie ein Schattenselbst aus, das das Gegenteil eines Engels ist. In der Filmserie *Night of the Demons* trug ich Besessenheit mit giftigen Lippen wie einen Herpesvirus von einem Kuss zum anderen und steckte alle damit an. Dann erledigten sie für mich das Töten und dienten dem dunklen Dämonen, von dem ich besessen war.

Wenn wir mit anderen aus Gründen, die unerfüllte Sehnsüchte erfüllen – Lust, doch noch häufiger Einsamkeit und das Bedürfnis, dazuzugehören –, über Dritte herziehen, verbreitet sich der Dämon von einem Mund zum anderen. Und genau das müssen wir uns nun näher ansehen. Das Böse breitet sich wie ein Virus von Wort zu Wort und Ohr zu Ohr aus, bis es zu dem wohlbekannten Verhalten wird, das auf gemeinsamen „Wahrheiten" aufbaut, bei denen die Gruppenmitglieder einander vertrauen und die weitergetragenen Informationen aus unerklärlichen Gründen glauben, unabhängig davon, wie sehr diese Informationen den Grundsätzen des Lebens auch widersprechen mögen. Wir wollen nicht unsere gesamte Umwelt, die Ernährungsquellen, die wir für uns, unsere Partner und Kinder brauchen, zerstören. Doch genau das tun wir. Wir wollen nicht den Boden, auf dem wir gehen, das Wasser, das wir trinken, und die Luft, die wir atmen, zerstören, aber wir tun es. Wir wollen keine Tiere auf eine Weise, die unser eigenes Überleben bedroht, in Massen halten oder versklaven, aber wir tun es.

Das Böse steckt also im Wort. Es steckt im gesprochenen Wort. Es steckt in den Mündern unserer Politiker, Nachrichtensprecher und Autoren für alle Zeitungen, Zeitschriften, Radioprogramme und Fernsehsendungen. Durch das Geld der Sponsoren, die zweifelhafte Botschaften überbringen, wurde es wichtiger, sich auf die Ratings zu verlassen als auf die Botschaft an sich, und die Botschaft im reinen Theater ging verloren. Diese Botschaft war eine Botschaft der Hoffnung, der Gemeinschaft, der Tugenden des Guten und des Dienens, der Lösung von Konflikten im Interesse aller und des Lernens, die Probleme des Lebens zu meistern, um dieses Wissen mit zukünftigen Generationen zu teilen. Das war der Zweck des Theaters, des Films und sonstiger Unterhaltungsformen. Heute ist er beeinträchtigt.

Bösartige Absichten würde ich Giftschlangen nicht unterstellen. Sie schlagen nur dann zu, wenn sie sich in Lebensgefahr wähnen. Sie töten uns nicht, um Taschen, Gürtel oder Schuhe aus *uns* zu machen.

Als ich meiner Mamba begegnete, hatte ich nur den Bruchteil einer Sekunde, um von Horror zu Liebe umzuschalten, und dafür musste die Liebe schon da sein. Wir müssen uns einen Liebesspeicher zulegen, damit er schon vorhanden ist und wir daraus trinken, darin baden, planschen und unsere Energie reinigen können, wenn wir in einer komplizierten Welt der Hoffnung beraubt werden. Das Bewusstsein Gottes ist die Bank, in die wir alle investieren müssen, wenn wir ein bisschen Sicherheit im Leben haben wollen. In der Angst stecken zu bleiben ist eine Entscheidung, die man selbst trifft. Wenn wir im Leben große Veränderungen brauchen, müssen wir zulassen, dass Altes stirbt, damit Neues geboren werden kann. Für mich sind Schlangen ein Symbol des Wandels, und die Mamba wird am häufigsten mit dem Schwanzende im Mund dargestellt, wenn „sich ein Kreis schließt".

Schwarze Mambas: Die Fakten

Ich habe ein paar faszinierende Fakten aus den Webseiten von *The Encyclopedia of Life* und *National Geographic* für Sie zusammengefasst, damit Sie sich ein besseres Bild über meine schimmernde, blitzschnelle Freundin machen und verstehen können, wie wichtig es ist, dass eine Dame wie sie einen nie mit einem Kuss begrüßt. Der Biss der schwarzen Mamba ist unter den Einheimischen Südafrikas als der Kuss des Todes bekannt. Ein einziger Biss kann genügend Nervengift enthalten, um fünfzehn erwachsene Männer zu töten. Die schwarze Mamba lebt in den Steppen und Hügeln des Südostens und Ostens Afrikas. Sie ist Afrikas längste Giftschlange und kann bis zu 4,5 Meter lang werden. Sie gehört auch zu den schnellsten Schlangen der Welt und kann bis zu 20 Kilometer in der Stunde zurücklegen. Ihren Namen hat sie nicht wegen der Farbe ihrer Schuppen, sondern wegen ihres Gaumens, der tintenschwarz ist und den sie zeigt, wenn sie sich bedroht fühlt.

Schwarze Mambas leben in Paaren oder kleinen Gruppen. Mehrere Wochen, nachdem Mambas sich gepaart haben, sucht sich das Weibchen eine geeignete Brutstelle, um dort sechs bis siebzehn Eier abzulegen. Danach verlässt das Weibchen die Brutstätte. Wenn die Schlangenbabys nach drei Monaten schlüpfen, sind sie ungefähr 40 bis 60 Zentimeter lang. Wenn sie eine Länge von 0,90 bis 1,20 Meter erreicht haben, sind sie ausgewachsen.

Schwarze Mambas sind scheu und werden so gut wie immer versuchen zu fliehen, wenn sie aufgestöbert werden. Sie sind schnell, nervös, hochgiftig und wenn sie bedroht werden, äußerst aggressiv. Sie können aus einer Entfernung von ca. 1,20 bis 1,80 Meter angreifen.

Bevor das Gegengift gegen Bisse der schwarzen Mamba gefunden wurde, war ein Biss dieser Schlange zu hundert Prozent tödlich. Der

Tod trat meist innerhalb von ungefähr zwanzig Minuten ein. Unglücklicherweise ist das Gegengift in den ländlichen Gegenden, in denen schwarze Mambas vorkommen, noch selten verfügbar, und es sterben daher noch häufig Menschen an diesem tödlichen Schlangenbiss.

WAS VERKÖRPERN SCHLANGEN?

Verwandlung. Manchmal müssen wir „uns häuten", um weiterzukommen und die Herausforderungen im Leben mit neuem Mut anzugehen. Diese Verbindung zu unserer eigenen Kundalini-Lebenskraft – der Energie in unserem Rückenmark – ermöglicht es uns, uns ein neues Leben zu schaffen und uns wie ein Phönix aus der Asche zu erheben, was auch immer wir dabei hinter uns lassen.

6. Bienen

Kinder der Sonne

Alle hellen und schönen Dinge,
Alle großen und kleinen Geschöpfe.
Alles Wilde und Wunderbare
Hat der Herr gemacht.
Jede kleine Blüte, die sich öffnet,
Jeden kleinen Vogel, der singt,
Er hat ihre strahlenden Farben gemalt,
Er hat ihre winzigen Flügel gemacht.

Cecil F. Alexander, aus „*All Things Bright and Beautiful*"

Bienen sind ein Baustein der Schöpfung. Sie sind extrem wichtige Tiere dieser Erde, ohne die der Großteil der Pflanzenbestäubung, viele Blühpflanzen und dadurch auch viele Tiere nicht länger existieren könnten. Kann es sein, dass die Kreativität und Essenz Gottes in diesen winzigen, scheinbar unmöglich erschaffenen Wesen steckt und dass ihr geschäftiges Summen daher von so großer Bedeutung ist?

Sie sind in jeder Hinsicht einschüchternd. Und sie sind Meister des Designs: in ihren Flugmustern, ihrer verrückten Tanzchoreografie und dem Aufbau ihrer mathematisch verblüffend durchdachten Bienenstöcke. Außerdem produzieren sie eines meiner Lieblingsdinge auf dieser Erde: Honig. Wir haben hier also einen Entwurf, der Behaglichkeit und das Leben selbst verkörpert – etwas, das toll aussieht, etwas Köstliches herstellt und jedes einzelne Wesen auf den Kontinenten der Erde am Leben erhält – und diese Kreatur besitzt nicht nur Intelligenz, die über unsere wildesten Fantasien hinausgeht, sondern auch noch einen Sinn für Humor, der überall deutlich wird. Ich scherze gerne, dass Gott an dem Abend, an dem er die Biene erschaffen hat, betrunken gewesen sein muss, denn wenn ich Ihnen erzählen würde, dass ich eine Comicfigur mit scheinbar viel zu kleinen Flügeln für ihren prallen Körper, die aber trotzdem fliegen könnte, kreiert hätte, dann würden Sie wohl sagen: „Komm wieder auf den Boden der Tatsachen zurück, Amelia!"

Das ist jedoch nur der Anfang. Wenn ich Ihnen nun sagen würde, dass ich meine neue Comicfigur mit einem flauschigen, gelbschwarz gestreiften Anzug und übergroßen Sportstiefeln ausgestattet hätte, und dass sie in Blüten hineinfliegt und ihre Stiefel mit Pollen vollstopft, während sie von Blume zu Blume fliegt und dabei die Blüten streift, bis sie wieder nach Hause fliegt, ihre Stiefel leert und aus dem Pollen einen göttlichen Nektar herstellt – ganz zu schweigen von ihrem Haus, das ein geometrisches Meisterwerk ist und das sie und Tausende ihrer Freunde aus dem klebrigen Zeug, das aus ihrem Bauch herausströmt, gebaut haben –, dann würden mich alle für verrückt erklären!

Doch selbst wenn Sie ihre schicken Stiefel voller Pollen übersehen, ist ihre cartoonartige Zunge immer noch ein faszinierendes Thema. Honigbienen schlürfen den Nektar mit ihren langen Zungen, die mit Saugnäpfen bestückt sind. Ihr tastender Saugrüssel erinnert sogar an einen winzigen Elefantenrüssel. Dazu kommt, dass die Mehrheit der männlichen Bienen einer Königin gehorcht, die die Männchen ausbrütet, nur um Sex mit ihnen zu haben (woraufhin die Männchen sofort sterben).

Wie auch immer wir die Biene betrachten, sie ist zu unglaublich, um sie ernst zu nehmen – und zu wichtig für unser Überleben, um sie *nicht* ernst zu nehmen. In unserer normalen Welt könnte es Honigbienen eigentlich gar nicht geben! Zum Glück gibt es nicht nur diese märchenhafte Kreatur, sondern sie ist auch der wichtigste Baustein in der Nahrungskette der Erde. Können Bienen denken und fühlen? Können sie mit Menschen kommunizieren? Warten Sie es ab!

Alles an Bienen ist reine Magie – vor allem die Tatsache, dass sie kommen, wenn ich sie rufe! Doch das habe ich erst vor kurzem herausgefunden. Seit fünfzehn Jahren wollen Talkshow- und Radio-Moderatoren von mir wissen, warum die Bienen sterben. Vor vielen Jahren wurde ich in *Coast to Coast* – die interessanteste Nachtsendung im amerikanischen Radio, die damals noch von dem berühmten und geliebten Art Bell moderiert wurde – eingeladen. Heute wird sie von George Noory moderiert, der mich nicht nur schon zwei Mal als Gast in der Sendung hatte, sondern mich sogar nach Colorado fliegen ließ, damit ich in seiner neuen Internetsendung *Beyond* vor der Kamera mit einem wilden Mustang kommunizierte, den wir dafür ins Studio holten.

Doch die Geschichte mit den Bienen begann, als Art Bell mich ohne Vorwarnung fragte, was der Grund für das Bienensterben sei. Ich antwortete natürlich, dass die Bienen von den Pestiziden auf ihren Pflanzen vergiftet werden, aber ich bezog mich auch auf die Legende, laut der Albert Einstein in den 1950ern vorausgesagt haben soll, dass die menschliche Rasse nur noch vier Jahre auf der Erde überleben könnte, „wenn die Bienen verschwunden sind“. In Wahrheit stammt das nicht von Einstein, obwohl er es vielleicht als Zitat verwendet hat. Diese Vorhersage tauchte als Erstes in dem Buch *Das Leben der Bienen* (Unionsverlag, 2011) von Maurice Maeterlinck aus dem Jahr 1901 auf. Er schrieb: „Wenn die Biene von der Oberfläche der Erde verschwindet, hat der Mensch nur noch vier Jahre zu leben.“ Vermutlich hat sich Einstein nebenbei darauf bezogen und so die schreckliche Vorhersage berühmt gemacht. Was für eine alarmierende Vorstellung, dass jemand schon vor 116 Jahren vorhersagen konnte, dass die Bienen möglicherweise vom Aussterben bedroht sind! Maeterlinck schrieb weiterhin: „Laut einer Schätzung würden tatsächlich über hunderttausend Pflanzenarten aussterben, wenn die Bienen sie nicht bestäuben würden.“

Es war mir immer äußerst wichtig, zu versuchen, mit Bienen zu kommunizieren und herauszufinden, wie sie ihre Notlage überleben können und was meine Schüler und Bio-Imker tun können, um ihnen zu helfen. Natürlich erkenne ich ihre heilige Rolle in unserer Welt an und nehme sie sehr ernst, doch nun möchte ich Sie auf eine amüsante Reise mitnehmen und das Wunder schildern, das ich persönlich mit Bienen erlebt habe – nicht als Insektenforscherin, sondern als Mystikerin und neugierige Autorin.

Meine ungewöhnlichste Begegnung mit Bienen fand vor drei Jahren im schönen Basel in der Schweiz statt, wo ich jedes Frühjahr Seminare halte. Mittlerweile habe ich Bio-Imker aus aller Welt, die von meinen Seminaren Wind bekommen haben und mich vor den Seminaren per E-Mail bitten, ob ich mit ihren Bienen sprechen und ihnen helfen kann. Das Erlebnis in Basel war jedoch eine meiner ersten Erfahrungen mit einer Bio-Imkerin, die ihr Bienenvolk in den Mittelpunkt meines Seminars stellen wollte. Ich war noch nicht einmal sicher, ob es funktionieren würde – ob wir wirklich Verbindung zu den Bienen aufnehmen und mit ihnen „sprechen“ könnten, da sie, wie die meisten Insekten, mir eher wie ein fremdes Volk als eine Spezies aus dem Tierreich vorkommen. Wie sich herausstellte, war die Frau genauso emsig bei der Sache wie ihre Bienen. Sie schickte mir ständig E-Mails mit Fragenkatalogen, bei denen jedem Hellseher der Kopf rauchen würde. Während andere Tierfreunde wissen möchten, was ihr Tier braucht, um gesund zu sein, wollte diese „Biene“ wissen, von welchem Planeten in welcher Dimension Bienen stammen, wie sie auf die Erde gekommen sind, in welchem Jahrtausend sie sich auf der Erde ansiedelten, was ihre ultimative Aufgabe und ihr Langzeitziel als Helfer der menschlichen Rasse ist, wie ihre Zukunft aussieht, wenn sie diesen Planeten wieder verlassen werden und, und, und ...

Eigentlich mochte ich die Frau gern und konnte ihr kosmisches Bewusstsein und ihre Neugier gut verstehen, doch die Länge und Art der Fragen brachten mich zum Lachen (ich gebe es zu) und schickten mich gleichzeitig auf den Weg ernsthafter, ausführlicher Nachforschungen, die den Rest meines Lebens andauern werden.

Als sie in meinem Seminar in Basel auftauchte, bekam alles einen Sinn. Ich schaute in die kreisrunden Augen einer kleinen, rundlichen Person, die mich ohne zu blinzeln mit einem Schwall an Fragen bombardierte, Fragen, auf die kein anderer kommen würde, nachdem sie schnurstracks auf mich zugesteuert war, den anderen Teilnehmern ausgewichen und mich so schnell auf die Rednerbühne scheuchte, als wäre alles andere in Zeitlupe. Ich sah ihr in die allsehenden Augen, und mir wurde rasch klar, dass sie kein normaler Mensch war – kein menschlicher Geist in einem menschlichen Körper.

Ach, sie ist eine Biene!, dachte ich.

Über die Jahre habe ich zahlreiche Menschen kennengelernt, die sich auf die Rettung oder Erforschung einer Tierart spezialisiert haben, und sie ähneln häufig den Tieren, mit denen sie arbeiten, und weisen sogar deren Eigenschaften auf. Ich kenne mehrere Pferde in menschlichen Körpern und nicht wenig Delfine in Menschengestalt (man erkennt sie an ihrem breiten Grinsen und ihrer Liebe zum Meer), und natürlich bin ich schon vielen Hunden und Katzen in menschlichen Körpern begegnet und sogar ein paar Tigern (wie ich selbst). Doch sie war der erste Mensch, dem ich begegnet bin, der eindeutig kein menschliches Wesen war. Sie war eine Biene! Ich vermute, ihr Geist hatte nur deshalb die menschliche Gestalt angenommen, um Sprachrohr der Bienen zu sein.

Mir wird oft dasselbe vorgeworfen – nämlich, dass ich die menschliche Gestalt annehme, um als Sprachrohr für Tiger zu dienen –, und ich leugne es nicht ab, doch diese kleine Biene amüsierte mich. Sie war so unglaublich aufgeregt, weil sie mir am nächsten Tag, einem Sonntag, eine Kiste voller Bienen mitbringen wollte. Die ganze

Gruppe würde sich bemühen, mit ihrem kollektiven Bewusstsein in Verbindung zu treten und mit ihnen zu „sprechen“. Ich muss zugeben, auch ich war aufgeregt. In meinen jährlichen Seminaren in der Schweiz ist mir ein beständiges Phänomen aufgefallen. Es ist der Grund, warum ich jedes Jahr um die halbe Welt fliege und dort unterrichte: Meine Schweizer Schüler sind außergewöhnlich begeistert bei der Sache. Aus irgendeinem Grund sind meine Seminare in der Schweiz meist voller spirituell weiterentwickelter Leute, die sich Gedanken über das Wesen der Realität und die Zukunft der Galaxie machen, immer verbunden mit der Frage, ob wir Menschen es wert sind, zukünftige Welten zu bewohnen, wenn unsere gefährdete Spezies den Planeten Erde verlassen und sich in einer neuen Dimension im Nullpunktenergiefeld ansiedeln muss. Im Gegensatz dazu wollen die Schüler in den meisten anderen Ländern wissen: „Warum muss Fluffy immer auf den Teppich pinkeln?“

Das hier war keine Auf-den-Teppich-pinkel-Gruppe, und wir waren alle darauf gespannt, nicht nur Verbindung zu den Bienen in der Kiste aufzunehmen, sondern auch mit Bienenvölkern weltweit, um sie zu fragen, wie wir ihnen helfen könnten, damit sie nicht aussterben. In diesem Fall wären ja auch viele Säugetierarten auf der Erde bedroht.

Für viele von uns Naturliebhabern war die Rettung einer Biene aus einem Wasserbecken möglicherweise die erste Rettung eines Lebens überhaupt. Ich finde, man sollte das nicht herunterspielen. Ganz egal, wie hart unsere Kindheit gewesen sein mag oder unser heutiges Leben ist – in der Lage zu sein, eine Biene zu retten war (und ist immer noch) ein Gefühl des Triumphes, des göttlichen Segens und des Wissens, zur richtigen Zeit am richtigen Ort zu sein. So ging es mir als Kind, als kleine Texanerin, die unzählige Bienen aus Swimmingpools gerettet hat. Es war jedes Mal ein starkes Erlebnis. Neulich konnte ich wieder eine vor dem Ertrinken bewahren, in einer dramatischen Rettungsaktion, bei der ich in einen unbeheizten Pool springen musste, um eine halbtote Biene aus dem Wasser zu holen. Und trotz einer ganzen Lawine an Ereignissen, die mir das Gefühl gaben, machtlos zu sein, fühlte ich mich wie neugeboren, als ich diese Biene auf einem großen Blatt aus dem Wasser schöpfte und in Sicherheit brachte! Wir bekommen im Leben nicht die Gelegenheit, viele andere Tiere zu retten, die wir gerne retten würden, aber Bienen geben uns die Chance, Helden zu sein, und das ist keine kleine Sache!

Deshalb kritisiere ich diese Frau nicht wegen ihres bienenartigen Benehmens, sondern schätze vielmehr ihre bienenartige Einstellung, weil ich sie auch habe. (Wenn man darüber nachdenkt, sehen sich Bienen und Tiger in ihren schicken gelb-schwarz gestreiften Anzügen, deren Farbkonstellationen fast identisch sind, verdammt ähnlich! Hummeln und sibirische Tiger sind sich sogar noch ähnlicher.)

Auch hoffe ich, diesen Planeten mit ein paar neuen Ideen bestäubt zu haben und dass mein Summen rund um die Welt in den letzten fünfzehn Jahren einigen wirklich seltenen Talenten geholfen hat zu erblühen. Meine begabtesten Schüler, die heute auch als professionelle Tierkommunikatoren arbeiten, sind der Beweis dafür, dass geistige Bestäubung wirklich funktioniert, und diese erblühenden Hellseher lassen den süßen Nektar der Liebe zu Tieren für jeden fließen, der ihnen nahe genug kommt, um sich bestäuben zu lassen. Und viele meiner Leser lassen sich sicherlich gerne spirituell bestäuben, indem wir einige lebenserhaltende Ideen miteinander teilen.

Ich setzte große Hoffnungen darauf, die inneren Kräfte dieser glänzenden Basler Imkerin zu kultivieren und ihr zu helfen, ihre geistigen Pollensäcke mit neuen Ideen zu füllen. In den sechs Monaten vor diesem Workshop hatte ich viele Dutzend E-Mails von der Bienenfrau erhalten. Es gab also niemanden im Raum, der sich mehr auf dieses Seminar freute als sie – und ich.

Sie hockte den ganzen Tag auf ihrem Stuhl und konnte kaum stillsitzen; sie wartete ungeduldig auf den Sonntagmorgen, an dem wir ihre prächtigen Bienen zu sehen bekommen würden. Ich verkündete der Gruppe, dass der nächste Tag ein ganz besonderer Tag sein würde, da ich noch nie Bienen in meinem Workshop gehabt hatte – zumindest nicht beabsichtigt. In einem Seminar in Hannover flogen vor vielen Jahren ein paar Bienen durchs Fenster, die ich mit Kaffeetassen, die ich mit ein paar Tropfen Zuckerwasser gesüßt hatte, wieder ins Freie lockte. (Achtung: Wenn Sie je eine Biene aus einem Zimmer entfernen wollen, brauchen Sie bloß einen Teelöffel Zucker mit ein bisschen Wasser in ein Glas geben. Die Biene wird sofort in das Glas fliegen, mit dem Sie sie nach draußen in Sicherheit befördern können. Bienen sollten jedoch keinem fremden Honig ausgesetzt werden, da dieser Viren enthalten kann. Sie sollten daher nur mit Zuckerwasser gelockt werden. Das funktioniert einwandfrei.)

An diesem Wochenende würde ich jedoch zum ersten Mal Bienen als tierische Lehrmeister in meinem Seminar haben; daher war die ganze Gruppe schon aufgeregt. Am Ende des Tages schenkte mir die Dame mit den Bienenaugen ein Glas kostbaren, köstlichen Bio-Honig aus ihrer Imkerei. Ich aß den Honig auf meinem Hotelzimmer direkt aus dem Glas. Honig. Meine Leidenschaft. Meine Besessenheit. Ich war im siebten Himmel. Wenn es etwas gibt, ohne das ich nicht leben kann und das ich jeden Morgen zum Frühstück brauche, ist es Bio-Honig. Ich süße damit sogar den Kaffee. Himmlisch. Wenn ich ihn mal nicht bekomme, habe ich den ganzen Tag über Hunger; dann fehlt mir etwas, so als hätte mein Körper nicht die richtigen Informationen, die er braucht, um den Tag gut zu überstehen.

Sie können sich daher sicher vorstellen, warum ich alles über Bienen lernen und verstehen wollte, wieso sie auf mich so anziehend wirken. Ich freute mich sehr auf die geistige Begegnung mit ihnen und darauf, welche neuen Informationen wir alle von diesen meisterhaften Ingenieuren des Lebens auf der Erde erfahren könnten. Ich vermutete, dass sie auf mysteriöse Weise mit den Schöpfern der dreidimensionalen Realität auf unserem Planeten verbunden sind und zumindest dem himmlischen Schöpfer weitaus näherstehen als wir Menschen, da sie helfen, das gesamte System aufrechtzuerhalten. An diesem Abend summte ich vor Aufregung.

Doch am nächsten Morgen gab es ein Desaster. Als ich im Workshop ankam, wartete die Bienenfrau nervös und ganz aufgelöst an meinem Podium auf mich. Mit Tränen in den Augen berichtete sie mir, dass sie die Bienen an diesem Morgen nicht in die Kiste hatte locken können, um sie zum Workshop mitzubringen. Jeden Tag kehrten sie in ihre Kiste zurück, doch ausgerechnet heute, als wir sie brauchten, kamen sie nicht. Die Imkerin war verzweifelt. Ich machte mir Sorgen, dass wir als menschliche Spezies die Bienen so vor den Kopf gestoßen haben, dass sie sich noch nicht einmal dazu herablassen wollten, in mein Seminar zu kommen und uns ihre Seite der Geschichte zu erzählen. Hatten wir Menschen sie so enttäuscht, dass sie von der Chance, mit uns zu reden und es uns zu ermöglichen, die Dinge wieder zu richten, keinen Gebrauch machen wollten?

Ich versprach der Bienenfrau, dass wir die Fotos verwenden wollten, die sie dem Seminarveranstalter gemailt hatte. Wir würden sie an die Wand projizieren, damit wir ihren kleinen Freunden trotzdem ihre (umfangreiche) Liste an Fragen stellen könnten und ihren Bienen die für sie vorgesehene Zeit geben könnten, uns Neues zu lehren. Die Teilnehmer und ich verbrachten die Stunde vor dem Mittagessen mit Meditation, bei der wir das kollektive Unbewusste der Bienen (ihre „Gruppenintelligenz" oder auch „die Seele der Spezies") kontaktierten und uns für die Gifte, die unsere Mitbürger über ihre Blumen schütten, entschuldigten, ihnen für die unschätzbar wertvolle Arbeit dankten, die sie auf unserem blauen Planeten verrichten, und sogar versuchten, ihre geistige Bienenkönigin um Rat zu bitten. Wir sagten der göttlichen goldenen Königin im Gebet, dass wir sie und ihr Volk lieben und die Art und Weise, wie sie behandelt und zerstört werden, wiedergutmachen wollen. Wir versuchten auch, die schier endlose Liste esoterischer Fragen, die die Imkerin beantwortet haben wollte, zu stellen und channelten sogar Botschaften der Liebe und Dankbarkeit von den Bienen an ihre Bienenfrau.

Nichts half der Imkerin. Sie saß den ganzen Vormittag über kraftlos auf ihrem Stuhl und starrte ins Leere.

Wie ich vermute, hatte die leere Kiste ihren Stolz verletzt, und sie fühlte sich von ihrem „eigenen Volk" verraten, weil es sein Versprechen, mitzukommen, nicht eingehalten hatte. Sie hatte mir monatelang E-Mails geschickt, und so war das ein ziemlicher Schlag für sie.

Doch die Bienen hatten andere Pläne. Wir versuchten, mit den Fotos an der Wand zu sprechen, über unsere klugen kleinen Freunde zu meditieren, doch wir würden schon bald eine Dosis Bienenweisheit bekommen, bei der ich am liebsten mit winzigen Flügeln in die Lüfte aufgestiegen wäre.

Um eins blies ich zur Mittagspause und verließ gerade den Konferenzraum, als einer meiner Teilnehmer angerannt kam. „Frau Kinkade! Kommen Sie schnell! Hier ist jemand, der Sie treffen will! Das müssen Sie sich unbedingt ansehen!"

Ich folgte meinem Schüler zur Haustür hinaus auf die Straße. Dieser Teil von Basel ist keineswegs ländlich. Ich unterrichtete damals in einem Industriegebiet von Basel. Er rief aufgeregt: „Sehen Sie – da vorne!" Er zeigte in die Luft weiter unten in der Straße.

Dort bewegte sich eine Wolke die Straße hinauf in meine Richtung. Eine dicke Wand aus Irgendwas arbeitete sich durch den Verkehr, über die Autos und an äußerst beunruhigten Fußgängern vorbei. So eine große, summende Wolke hatte ich noch nie gesehen.

Genau. Sie kamen zu meinem Seminar und tauchten vor unseren staunenden Augen in einem ganzen Schwarm auf der Türschwelle auf! Man könnte meinen, dass die Bienen der Imkerin nicht den ganzen Tag beengt und unbequem in der Kiste sitzen wollten, um meinen Workshop zu leiten. Daher hatten sie Gesandte geschickt.

Anscheinend waren unsere Bemühungen mit Erfolg gekrönt. Wir hatten tatsächlich Verbindung zu ihnen aufnehmen können. Nun können die Neinsager unter Ihnen es Zufall nennen, dass der größte Bienenschwarm, den je einer von uns gesehen hatte, durch die verkehrsreiche City von Basel bis vor unsere Türschwelle geflogen war, nachdem wir über eine Stunde lang gebetet und versucht hatten, mit ihnen zu kommunizieren.

Was sie zu mir gesagt haben? Na ja, ich ließ sie zur Erleichterung des Eigentümers, der im vorderen Bereich ein Café eingerichtet hatte, nicht ins Gebäude, aber ich konnte lange genug mentale Verbindung zum Schwarm aufnehmen, um eine wichtige Nachricht von den Bienen zu empfangen, bevor sie wieder wegflogen: „Wir können dich hören, Amelia! Du hast uns gerufen und wir sind gekommen!“ Und als die Imkerin hinter mir zur Tür hinausflog, um sich das Wunder anzusehen, und vor Freude zitternd neben mir stand, hörte ich, wie die Bienen sie beim Wegfliegen persönlich ansprachen: „Wir lieben dich. Wir lieben dich. Wir lieben dich. Danke für alles!“

Aus dem Saugrüssel der Bienen

Die Welt der Bienen ist unglaublich faszinierend, und bei meinen Recherchen für Sie habe ich herausgefunden, dass die Wissenschaftler trotz einer ganzen Schatzkiste aus Fachinformationen noch kaum an der Oberfläche des gesamten Wissens über Bienen gekratzt haben. Ich freue mich, trotzdem berichten zu können, dass trotz unseres zerstörerischen Verhaltens gegenüber Wildbienen viele Forscher, die Experimente mit Bienen machen, dies mit größter Sorgfalt und Respekt tun. Natürlich müssen wir Menschen mehr darauf achten, nur Bio-Honig und Bienenwachs zu kaufen, das auf tierfreundliche Weise gewonnen wurde, um sicherzustellen, dass der Honig, den die Bienen zur Ernährung ihrer Jungen und der Bienenkönigin lagern, vorsichtig rationiert wird und nicht von schamlosen Imkern durch Zucker ersetzt wird. Zum Glück gibt es viele Biohonighersteller, die mit Respekt und sogar Hochachtung für ihre Bienen sorgen, und beim schlimmsten Experiment, das ich fand, wurden die Bienen mit einem Farbtupfer auf dem Rücken markiert, um ihre Flugmuster erforschen zu können, was ihnen nichts auszumachen schien.

Doch viele Wissenschaftler leisten großartige Arbeit und machen riesige Fortschritte im Erforschen des Verhaltens von Bienen, und alle Fakten, die ich herausfand, waren faszinierend. Ich möchte Sie daher auf eine Reise in den Bienenstock mitnehmen, um das Leben der Honigbienen näher zu erforschen.

VERFOLGT UND VERWIRRT

Honigbienen gehören zu den Tierarten, die eine nahtlos kooperative Gemeinschaft bilden, eine Harmonie, die durch die klare Rollenverteilung und Aufgabe eines jeden Gruppenmitglieds erreicht wird. Die Bienenexperten auf Arkive.org beschreiben auf ihrer Seite „Honey bee" die drei verschiedenen Rollen, die Honigbienen im Kastensystem ihres Stocks übernehmen. Meine Mutter, Dr. Kinkade, die einen Doktortitel in Strahlenbiologie und Molekularchemie hat, hat ein paar Korrekturen eingefügt (ja, auch meine Mutter ist eine fleißige Biene!):

> Die Honigbiene *(Apis mellifera)* gehört wohl zu den bekanntesten Insekten der Welt, da sie eine lebenswichtige Rolle bei der Bestäubung von Blühpflanzen, darunter auch unseren Erntepflanzen, spielt. Es existieren drei „Kasten" in einem Bienenstock: eine „Königin" (das fruchtbare Weibchen), die „Drohnen" (fruchtbare Männchen) und die „Arbeiterinnen" (unfruchtbare Weibchen). Alle drei Kasten sehen ähnlich aus; ihr Körper ist mit kurzen Härchen bedeckt und setzt sich aus einem Kopf, einem Brustkorb und einem Unterleib zusammen. Der Kopf hat zwei große Augen, [drei kleinere] und zwei Antennen. [Auch hat er eine lange, klebrige Zunge, die so genannte *proboscis*, und ein Paar Kinnbacken, deren Funktion ähnlich der einer Zange ist.] Oben auf dem Brustkorb sitzen zwei Flügelpaare und unten drei Beinpaare, und zwischen dem Brustkorb und dem Unterleib befindet sich eine schlanke „Taille". Die Königin hat einen viel längeren [und schlankeren] Unterleib als die Arbeiterinnen, und die Drohnen lassen sich anhand ihres breiteren Unterleibs und ihrer viel größeren Augen identifizieren.

DIE BABYSTATION IM NIRVANA

Halten Sie sich fest. Seien Sie bereit, Demut zu empfinden. Ich erzähle Ihnen jetzt etwas Unglaubliches, das – leider – beweist, dass diese winzigen Lebewesen in vielerlei Hinsicht weiterentwickelter sind als wir. Jede Honigwabe besteht aus so genannten kleinen Brutzellen, die Honig oder ein einzelnes Bienenei enthalten können, aus dem heraus sich das Baby verpuppt. Das bedeutet, dass der perfekt konstruierte Bienenstock als Speisekammer der Bienen und auch als ihr Brutkasten dient.

Das Kinderkriegen der Biene hat mit dem privilegierten Leben einer Königin wenig zu tun. Während eine weibliche Arbeiterin in ihrem Leben nur wenige Eier legt, legt eine Bienenkönigin Tausende von Eiern. Die Königin legt in einem besonderen Teil des Stocks, der als Babystation dient, ein Ei in jede Brützelle. Und jetzt müssen Sie sich festhalten, denn das nächste Detail wird Sie von den Socken hauen!

Die Königin hat die Kontrolle darüber, ob sie männliche oder weibliche Eier legt! Nein, im Ernst. Auch wenn das wie ein Märchen klingt, ist es doch Tatsache. Wenn sie ihr gelagertes Sperma dazu benutzt, um das Ei zu befruchten, schlüpft aus der Larve ein Weibchen (das zur Arbeiterin oder in seltenen Fällen zur neuen Königin heranwächst). Wenn sie das Ei unbefruchtet lässt, schlüpft ein Männchen aus der Larve (und entwickelt sich zur Drohne). Das bedeutet, dass weibliche Bienen die Gene ihrer Eltern erben, während männliche Bienen nur die Gene ihrer Mütter erben. Nicht gerade das, was wir von den guten alten Säugetieren kennen, nicht wahr?

Die Webseite *How Stuff Works* liefert diese Fakten:

> Die Bienenkönigin legt männliche und weibliche Eier, und nach ca. drei Tagen entstehen kleine weiße Larven. Die jungen „Babysitter“-Arbeiterinnen versorgen sie in den ersten zwei Lebenstagen, indem sie sie mit einer reichhaltigen Flüssigkeit, die „Gelée royale“ oder auch „Bienenköniginnenfuttersaft“ genannt wird, füttern. Die heranwachsenden Arbeiterinnen werden dann mit Pollen und Nektar ernährt,

> während nur Larven, die weiterhin mit Gelée royale ernährt werden, zu Königinnen heranwachsen. Die jungen Königinnen ernähren sich ausschließlich von Gelée royale, bis sie den Kokon spinnen. Nach sechs Tagen beginnt das verpuppte Stadium. Bienenlarven schmelzen mehrmals, bevor sie ihren Kokon spinnen. Zu diesem Zeitpunkt verschließen die Arbeiterinnen ihre Zellen mit winzigen Platten aus Bienenwachs als Schutz, während sie sich verpuppen.

Wissen Sie, welche Bilder diese geometrischen Meisterwerke aus sechseckigen Kammern in mir hochkommen lassen? Man beachte, dass die Babymumien in jedem goldenen Grab – der Honigwabe – darauf warten, wieder zum Leben erweckt zu werden, sobald die Larve „stirbt", indem sie sich im Kokon voller ewigen himmlischen Mannas (Honig) auflöst, und sie von ihren Vorfahren im Grab hinterlassen werden, um sie im „Leben danach", wenn sie in ihren neuen (beflügelten) Körper schlüpfen, zu füttern. Wenn man diese Vorstellung weiterspinnt, sind die Wände in beiden Arten der Grabkammern golden angestrichen – die der Menschen mit Blattgold und ihre mit Bienenwachs –, und unsere uralte Version des Hexagramm-Hotels ist tatsächlich in der Form eines *platonischen Körpers* (einer Pyramide) erbaut – einer mathematischen Komponente, die für die Konstruktion des Hexagramms notwendig ist.

Wir werden nun unsere Denkkappen aufsetzen und unsere Zeitmaschine herausholen, um am Ende dieses Kapitels ein paar kontroverse neue Ideen zu erforschen, darunter die Blume des Lebens und die heilige Geometrie. Ich werde die bekannten Fakten über Bienen auf weiteren Seiten aufführen, doch erst möchte ich Sie auffordern, zu beachten, dass Bienen ihre Wachshäuser – diese architektonischen Meisterwerke – ohne Nägel, Mörtel oder Metermaß, ganz zu schweigen von elektrischem Werkzeug bauen. Jedes Sechseck passt perfekt auf, neben und unter die anderen. Die einzigen uns bekannten Strukturen auf der Erde, die aus Stein gebaut sind, wurden zu Zeiten errichtet, an denen die (primitiven?) Menschen weder Bohrmaschinen noch Werkzeug zum Abmessen solch großer Bauten hatten und schon gar kein Transportmittel für fünf Millionen Kalksteinblöcke, und das waren die Behausungen der Mumien von Herrschern, wie beispielsweise König Tutanchamun.

Auch die Bedeutung der Metamorphose ist nicht zu verachten. Das ist ein weiteres Konzept, das wir Menschen gerne herunterspielen oder als unwesentlich abtun, weil wir dazu nicht fähig sind. Ich hörte einmal einen Vortrag meiner hervorragenden Kollegin Dr. Martha Beck über Imago-Zellen, nachdem ich ihrer Hündin Cookie hatte helfen dürfen.

Passen Sie gut auf. Das hier wird Ihr Leben verändern. Martha Beck verwendete in ihrem Vortrag Schmetterlinge als Analogie für die menschliche Spiritualität, doch die Konzepte lassen sich genauso gut auf Bienen, Libellen und alle anderen Lebewesen anwenden, die die Magie der Metamorphose beherrschen.

Wie Dr. Beck ausführt, löst sich die Puppe in eine Suppe aus Zellen auf – buchstäblich in einen halben Teelöffel Flüssigkeit –, wenn die Schmetterlingslarve einen Kokon spinnt. Sie nennt diese klebrige Masse „Imago-Zellen“ nach dem lateinischen Begriff für *Magie* sowie *imaginär* und *Imagination* (Fantasie). Ich füge noch *Image* – das Bild – hinzu. Wenn wir uns vorstellen, dass man seine *Fantasie* nutzt, um ein *magus* zu sein oder *Magie* anzuwenden, dann bedeutet Magie ganz einfach, die kreative Quelle oder den Funken Gottes für eine kreative Handlung zu nutzen. Ein *magus* wie ich ist jemand, der sich eine Handlung oder ein Ergebnis vorstellen und erträumen kann, die oder das noch nicht existiert. Dafür gibt es im Englischen auch noch den Begriff *artist* (Künstler).

Wie Martha berichtet, verschwindet die Puppe des Schmetterlings und ihre Körperzellen zerfallen. Doch in dem mit Flüssigkeit gefüllten Kokon geschieht ein kleines Wunder. In diesem Stadium, in dem buchstäblich keinerlei Zellenarrangement mehr vorhanden ist, lassen die Zellen das Chaos irgendwie hinter sich, und es entsteht eine neue Ordnung. Die Zellen der Puppe arrangieren sich neu, und dann passiert etwas Erstaunliches. Es bildet sich ein neuer, ganz anderer Körper mit Flügeln. Und für diese Kreatur haben sich sämtliche Regeln geändert. Sie kriecht nicht mehr und kämpft auch nicht mehr mit anderen Raupen auf ihrem Blatt um Terrain und Futter; sie frisst ihre Umgebung nicht mehr auf. (Jetzt verstehen Sie, worauf ich hinauswill.) Sobald die beflügelte Kreatur geschlüpft ist, hockt sie auf einem Blatt oder einer Blume in der Sonne und wartet, bis ihre Flügel trocken sind. Sie muss sich selbst orientieren, da sich alles in ihrer Realität verändert hat. Sie frisst keine Blätter mehr. Nun muss sie in Blüten hineinfliegen und den Nektar mit ihrem neuen Saugnapf heraussaugen. Sie kriecht nicht mehr – nein, jetzt kann sie ganz schnell fliegen. Sie muss nicht mehr im Zeitlupentempo auf den Blättern nach Nahrung suchen. Ihre Aufgabe ist jetzt, Windböen zu finden, die es ihr erleichtern, mühelos zur nächsten Blüte zu fliegen. Statt ihre eigene Umgebung zu zerstören, hat sie nun einen gesegneten, konstruktiven Nutzen, indem sie Nektar trinkt und Pflanzen bestäubt. Sie ist nicht länger eine unattraktive, dicke, kleine Raupe, das hässliche Entlein der Insekten. Jetzt hat sie bunt schillernde Flügel wie ein Engel und gehört zu den schönsten Insekten der Erde.

Ja, ich bin bei der Analogie angelangt. Die Menschheit muss eine Metamorphose vollziehen. Auch die Bienenlarve frisst und nimmt nur von ihrer Umgebung, bis sie sich verpuppt und zu einer wertvollen und unersetzbaren Ressource für Pflanzen und Tiere wird. Wir müssen diese Metamorphose jetzt vollziehen und gleichzeitig an Mobilität gewinnen. Und auch wenn uns durch das Finden unseres spirituellen Selbst und unserer Lebensaufgabe keine Flügel wachsen, kann zumindest unser Bewusstsein mobiler werden und wir können wertvolle Hüter der Erde und ihrer Tiere werden. Wenn wir die spirituelle Metamorphose nicht bald vollziehen, werden wir unsere natürlichen Ressourcen aufbrauchen, zugrunde gehen und alle Tiere mit uns in den Abgrund reißen.

Diese Thesen sind natürlich nur meine persönliche Meinung. Ich habe in meinen anderen Büchern viele Meditationen und Lektionen über das menschliche Potenzial aufgeschrieben. Wenn Sie mehr über meine spirituellen Lehren erfahren möchten, dann rennen Sie in den nächsten Buchladen oder bestellen Sie sie bei Amazon. Beginnen Sie mit Ihren täglichen Meditationen, Gebeten und Affirmationen, damit Sie Ihre Identität ändern und anfangen können, mit den Tieren um sich herum zu kommunizieren. Sie werden froh sein, es getan zu haben, und Ihre Tiere werden es Ihnen danken. Doch für den Augenblick wollen wir unseren gestreiften Flauschanzug wieder anziehen und noch mehr Spaß haben. Hier sind einige köstliche Fakten, denen man nicht nur zustimmen, sondern die man sogar *schmecken* kann. Willkommen in der leckeren Welt der Honigproduktion!

Honig – Nektar der Götter

Wie ich schon sagte, gehört Honig zu meinen Lieblingsnahrungsmitteln, und für mich ist er wirklich der Nektar der Götter. Seit ich mehr über seine Produktion und Zusammensetzung weiß, bin ich noch sicherer, dass Honig die Nahrung der Märchenwelt ist. Wie die meisten Leute wissen, beginnen Bienen die Honigproduktion – ihr Futter –, indem sie sich auf Blüten setzen. Sie sammeln einen Zuckersaft, den Nektar, indem sie ihn mit der Zunge aus der Blüte heraussaugen. Doch an diesem Punkt beginnt es, märchenhaft zu werden: Was die meisten von uns *nicht* wissen, ist, dass die Bienen diesen Blütensaft in ihrem *Honigmagen* lagern, der sich von ihrem normalen Magen unterscheidet. Ich weiß, es klingt verrückt. Aber lesen Sie weiter!

Honigbienen leben in Bienenstöcken. Wie viele meiner Generation bin auch ich von der Natur so weit entfernt, obwohl ich in Texas auf dem Land aufgewachsen bin, dass ich noch nie einen wilden Bienenstock gesehen habe. Anscheinend lebten Bienen schon lange, bevor Menschen Honig und Bienenwachs entdeckten, in ihren Stöcken! Ihr stärkster natürlicher Feind war (wie alle amerikanischen Cartoon-Zuschauer wissen) der Bär. Dank Yogi Bär und Boo Boo weiß sogar meine Generation, dass Bienen früher in der Wildnis lebten, wo Bären versuchten, ihren Honig zu stehlen. Doch das ist auch für starke Bären nicht so einfach! Ein typischer Bienenstock behaust um die sechzigtausend Bienen. Die meisten von ihnen sind Arbeiterinnen, die fleißig Honig produzieren!

Beschämt muss ich zugeben, dass sogar ich leicht vergessen kann, wo Honig wirklich herkommt (statt aus dem Regal im Supermarkt) und wie kompliziert seine Herstellung ist. Und vor der Offenbarung über die Wichtigkeit der Bienen für unsere Erde und unsere Nahrung neigte auch ich dazu, sie als kleine Pest anzusehen, die man am besten aus seinem Garten fernhält. Als Kind trat ich mit meinen Sandalen auf dem Schulweg auf eine Biene – und *wie* die mich wissen ließ, dass es ihr zwischen meinen Zehen ganz und gar nicht gefiel! Ich glaube, wir alle haben so etwas schon erlebt, und daher ist es leicht, die kleinen fliegenden Schatzsucher als etwas Negatives anzusehen.

Doch ich wuchs im Süden auf, da wir aus Texas nach Louisiana zogen, als ich noch klein war. Und im Süden der USA ist Honig auf den täglichen heißen Brötchen ebenso notwendig wie der Zucker im „süßen Tee" und die Tabasco-Sauce im Gumbo. In den letzten Jahren (schreibe ich voller Scham) neige ich auch dazu, im Supermarkt über den Preis von Honig zu schimpfen und so zu fluchen, wie es kein Geistlicher tun sollte. Warum also ist Honig so teuer?

- Um ein Pfund Honig zu produzieren, müssen Bienen eine Gesamtstrecke von ca. Hunderttausend Kilometer fliegen!
- Jede nektarsammelnde Honigbiene sucht bis zu hundert Blüten pro Tag auf!
- Das sind sehr viele Honigbienen, die sich abschuften, weil jede Biene in ihrem ganzen Leben nur ungefähr ein Zwölftel eines Teelöffels Honig produziert!

Lassen diese Fakten einen die goldenen Tropfen flüssigen Sonnenscheins, die man sich auf die Frühstücksbrötchen tropft, nicht noch mehr schätzen? Die Bienen verbringen buchstäblich jede Minute ihres kurzen Lebens damit, den Honig herzustellen, den wir Menschen ihnen stehlen, und Imker scheuen keine Mühe bei der Errichtung von Bienenstöcken und der Haltung von Honigbienen. In einem Zeitalter, in dem die Supermarktketten um die günstigsten Preise kämpfen, haben die meisten Konsumenten vergessen, wie kostbar das Wundernahrungsmittel Honig eigentlich ist.

Auch ich bekenne mich schuldig, schon das billigste Produkt im Supermarkt gekauft zu haben, bevor ich herausfinden musste, dass dieser billige „Honig", den ich nach Hause gebracht hatte, kein reiner Honig, sondern mit Maissirup gestreckt war. Diese Praktik wird immer häufiger angewandt, vor allem in den Ländern der Dritten Welt, wie zum Beispiel in meinem geliebten Afrika.

WILLKOMMEN IM HONIGHOTEL!

Das nächste Mal, wenn Sie das kleine summende „Mistviech", das Ihnen um den Kopf schwirrt, mit der Fliegenklatsche erschlagen wollen, sollten Sie dies bedenken: Die kleine Pollenschmugglerin ist auf dem Rückweg zum Bienenstock, um alle Babys füttern zu können, wenn sie ausgeschlüpft sind. Die Arbeiterinnen sammeln die Flüssignahrung für eine Milliarde winzige Babyfläschchen. (Okay, in Wirklichkeit enthält der Bienenstock nur ein paar Hundert Brutkasten-Abteilungen, aber das hier ist die erste Nahrung, an der ein Bienensäugling saugt, und sie gibt ihm die Energie für seinen neu geschlüpften Körper und die Kraft, die er braucht, um hinaus in die freie Natur zu fliegen und unsere Blumen zu bestäuben.) Außerdem sollten Sie nicht vergessen, dass Bienen für ein Drittel der Obst- und Gemüsesorten, die wir Menschen verzehren, zuständig sind. Wenn die Damen mit ihren prall gefüllten Pollenkörben (beziehungsweise klebrigen Stiefelchen) in den Stock zurückkehren, verteilen sie den Honig an die Hunderte von ungeborenen Babybienen und lagern den Rest, um das Bienenvolk durch den Winter zu bringen. Was bleibt, ist eine Speisekammer voller goldener Honigschätze, die wir Menschen zwangsläufig plündern. Wollen Sie nun immer noch die kleine Summerin mit der Fliegenklatsche erschlagen?

Honigbienen, die im Frühling oder Sommer geboren werden, leben nur sechs bis sieben Wochen, während das Leben einer im Herbst geborenen Arbeiterin vier bis sechs Monate lang sein kann. Doch ihre Aufgaben sind extrem wichtig, und wir dürfen sie niemals töten, ganz egal, wie sehr sie uns auch nerven mögen.

Wie stellen Bienen Honig her? Soweit ich weiß, strömen alle weiblichen Arbeiterbienen im Frühjahr und Sommer aus, um in einem Umkreis von ca. 6 Kilometern rund um ihren Bienenstock den Nektar aus den nahesten hundert Blüten zu sammeln. Die Arbeiterin versucht emsig, unsere Welt und ihre Blumen zu retten, und daher müssen wir ihre Sammeltouren mit ganzer Kraft fördern! Die männlichen Honigbienen – die Drohnen – und die Königin sammeln keinen Nektar. Das bedeutet, dass jedes Mal, wenn Sie eine Biene sehen, es ein weibliches Tier ist. Ich hoffe, das ermutigt euch insektengenervten Leserinnen, Mitgefühl für diese fleißige Arbeiterin zu haben und sich nicht davor zu fürchten, dass sie zustechen oder sich in Ihren Haaren festsetzen könnte.

Manche Imker stellen ihren Bienen in „Gefangenschaft“ künstliche Fertigbienenstockrahmen hin, um sie dazu anzuregen, ihre ganze Kraft auf die Honigproduktion statt auf die Bienenstockherstellung zu verwenden. Doch nicht alle Imker praktizieren diese Methode. Manche betreiben eine „natürliche Bienenzucht“, die es den Bienen ermöglicht, ihre eigenen Stöcke zu bauen, so wie sie es auch in der Wildnis tun würden.

Der gesammelte und in den Zellen gelagerte Nektar enthält noch viel Wasser. Daher fächern die Bienen ihm mit den Flügeln Luft zu, damit das Wasser verdunsten kann, bis der Nektar nur noch 17 Prozent Wasser enthält. Sobald die Nektarlösung konzentriert genug ist, versiegeln die Tiere die Zellen und bauen dafür Wachswände als natürliche Isolierung für den Honig. Wenn ein Imker diese Türen aus Bienenwachs sieht, zeigt ihm das, dass der Honig geerntet werden kann – woraufhin er die Bienenstöcke ausplündert!

Der von den Bienen gelagerte Honig kann sich auf unbegrenzte Zeit in den versiegelten Zellen halten, ohne schlecht zu werden, so dass die Bienen ihn je nach Bedarf – und wenn sie keinen Nektar sammeln können – fressen können. Natürlich können Bienen im Winter, wenn keine Blumen blühen, auch keinen Nektar sammeln. Daher sind diese versiegelten Honigbehälter die Speisekammer voller „Dosen", die das Bienenvolk durch die kalte Jahreszeit bringen. Schließlich muss das Bienenvolk auch im Winter rund zwanzigtausend Arbeiterinnen und ihre Königin ernähren.

Verstehen Sie nun, wie kostbar Honig ist? Er ist die einzige Nahrung, die Bienen durch den Winter bringen und die all ihre Babys ernährt, wenn sie im Frühjahr ausschlüpfen. Man kann nur hoffen, dass ein Imker nicht den ganzen Honig aus dem Stock holt und versucht, ihn durch raffinierten Zucker zu ersetzen. Der Honig enthält sämtliche Nährstoffe, die Bienen zum Überleben brauchen und die der Zucker, den wir Menschen ihnen anbieten können, nicht enthält. Honig ist für Bienen das ideale Nahrungsmittel: Er ist reich an Energie, da er voller Nährstoffe und natürlichem Zucker ist. Doch wie können Bienen sich von einer einzigen Substanz ernähren? Und warum enthält sie so viel natürlichen Zucker? Na ja, sie brauchen viel Energie. Die Flügel einer Honigbiene schlagen ca. 11.400 Mal in der Minute. Was für ein Fitnesstraining! Außerdem schlagen sie mit den Flügeln, um die Temperatur im Bienenstock zu regulieren, und daher brauchen sie ständig Energiezufuhr, um die Flügel weiterhin bewegen zu können. Heißt das, dass sie auch die Temperatur fühlen können und ihren Körper als kleines Thermometer sowie als Fächer benutzen können? Es sieht so aus.

Lassen Sie uns noch mehr Feenstaub auf dieses verzauberte Szenario streuen. Bakterien und Pilze können sich in hohen Zuckerkonzentrationen nicht ausbreiten. Das konserviert den Honig ewig. Er hat so gut wie kein Verfallsdatum. Er kann zwar austrocknen und Kristalle bilden, aber er verdirbt nicht. Sind Sie schon davon überzeugt, dass Bienen Zauberer sind? Ich bin es.

Unglücklicherweise haben wir Menschen ihre vollkommen saubere Nahrung verunreinigt. Aufgrund der schlechten landwirtschaftlichen Methoden sind Bienen mittlerweile gezwungen, auf mit Unkrautvernichtern verseuchten Feldern und Wiesen Nektar zu sammeln. In einer vollkommenen Welt würden wir nicht nur alle Bio-Honig kaufen, sondern auch versuchen, ihn von lokalen Imkern zu kaufen. Das würde Honigbienen und anderen Pollenbestäubern eine gesündere Umwelt bescheren.

Und das fördert die größte ethische Bienenfrage zutage: Haben wir überhaupt das Recht, sie ihres Honigs zu berauben? Wenn das Wetter warm genug ist, so dass sie Nektar sammeln und genügend Nahrung in Form von Blüten finden, dürfen wir Menschen meiner Meinung nach Honig in bescheidenen Mengen entnehmen, ohne Schaden anzurichten. In der Natur ist räuberisches Verhalten ein natürlicher Vorgang. Andere Insekten, Säugetiere und sogar Vögel (häufig mit Hilfe anderer Raubtiere) stibitzen auch aus dem Honigtopf. Ich glaube, die Schlüsselwörter sind *Maßhalten* und *Rücksicht*. Ein Imker braucht Fachwissen und Bedacht, um zu verstehen, wie viel oder wie wenig Honig entnommen werden darf, um das Überleben des Bienenvolks sicherzustellen, da die Bienen im Winter von ihrem Honiglager leben müssen.

Wie stellen Bienen Bienenwachs her?

Um das herauszufinden, besuchte ich einen Hersteller von Bio-Bienenwachskerzen. Die Info, die ich fand, war erstaunlich. Ich liebe Duftkerzen, und so gehört ein weiteres Produkt der Bienen zu den Dingen, die ich am liebsten mag. Was ich jedoch noch nicht wusste, war die Tatsache, dass Bienen das Wachs aus ihrer Bauchgegend ausscheiden und es dann kauen müssen, um das Wachs für die Wände ihrer Stöcke zu erhalten. Lesen Sie dazu Folgendes von BeeswaxCo.com:

> Arbeitsbienen, die nur ca. 35 Tage im Sommer leben, entwickeln spezielle wachsproduzierende Drüsen am Unterleib. … Bienen fressen Honig (6–8 Pfund Honig werden konsu-

miert, um ein Pfund Wachs zu produzieren), was diese wachsproduzierenden Drüsen dazu stimuliert, den Zucker in Wachs umzuwandeln, das durch kleine Poren ausgestoßen wird. Das Wachs bleibt in Form von Flocken am Unterleib der Biene hängen. An diesem Punkt sind die Flocken relativ durchsichtig und werden erst dann weiß, wenn sie durchgekaut worden sind. Beim Kauen werden Speichelsekretionen dem Wachs hinzugefügt, die es weicher machen und seine Farbe verändern …

Eine Honigwabe aus Bienenwachs ist ein Triumph der Architektur. Sie besteht aus Zylindern in Form eines Sechsecks, die sich nahtlos aneinanderfügen. Es ist erwiesen, dass sechseckige Zellen die effizienteste Form für die kleinstmögliche Menge an Wachs und das höchste Volumen an Honig ist. Wie sich auch gezeigt hat, ist diese Form eine der widerstandsfähigsten, die gleichzeitig am wenigsten Material erfordert.

Ein Tag im Leben einer Biene

Sind Sie schon beeindruckt? Wie schaffen diese brillanten Schönheiten es nur, so viele anspruchsvolle Aufgaben durchzuführen? Wir wollen unsere intuitiven Brillen aufsetzen und uns einen Tag im Leben einer weiblichen Arbeiterbiene näher ansehen. Der folgende Tagesplan stammt aus Howland Blackistons Buch *Imkern für Dummies* (TB, Viley-VCH Verlag, 2016), und Sie werden sehen, dass Mr. Blackiston ganz und gar kein „Dummy“ ist! Diese Aufstellung hat mich total verblüfft. Er präsentiert uns den Kalender einer Arbeiterin von dem Tag an, an dem sie aus ihrer Zelle schlüpft und im Nu den Entbindungsraum für das nächste Baby sauber macht, das auf der Säuglingsstation schlüpfen wird!

Die Hausarbeit der Hausbiene (Tage 1 bis 3)

Sobald eine Arbeiterbiene erwachsen wird, bleibt sie rund drei Wochen lang als „Hausbiene“ im Bienenstock. Zu ihren ersten Aufgaben gehört das Säubern der Zelle, aus der sie gerade herausgekrochen ist. Diese Zelle und andere leere Zellen werden geschrubbt und poliert, bis sie wie aus dem Ei gepellt sind, um mit neuen Eiern sowie Nektar und Pollen gefüllt zu werden.

Die Arbeit eines Bestatters (Tage 3 bis 16)

In den ersten paar Wochen ihres Lebens trägt die Hausbiene alle verstorbenen Bienen aus dem Stock und legt sie so weit weg vom Stock wie möglich ab. Auch kranke oder tote Brut wird rasch entfernt, bevor sie für das ganze Bienenvolk zum Gesundheitsrisiko werden kann.

Die Arbeit eines Kindermädchens (Tage 4 bis 12)

Junge Hausbienen kümmern sich um die sich entwickelnden Larven, die sie füttern und versorgen. Im Durchschnitt schauen Kindermädchenbienen 1.300 Mal am Tag nach jeder einzelnen Larve.

Die Arbeit als Zofe und Dienstmädchen (Tage 7 bis 12)

Da ihre königliche Hoheit nicht in der Lage ist, die meisten ihrer Grundbedürfnisse selbst zu befriedigen, besorgen das manche Hausbienen für sie.

Das Entgegennehmen und Lagern des Nektars (Tage 12 bis 18)

Hausbienen nehmen auch den Nektar der zurückgekehrten Feldbienen entgegen. Diese bringen den Nektar in Zellen unter, die für diesen Zweck vorgesehen sind. Auch sammeln Hausbienen den Pollen ein, den die Feldbienen mitbringen, und packen ihn in Zellen weg. Der reifende Honig und die Pollen sind die Nahrung für das Bienenvolk.

Die Lüftung des Bienenstocks (Tage 12 bis 18)

Hausbienen wechseln sich auch bei der Lüftung und Befeuchtung des Bienenstocks ab, indem sie mit den Flügeln schlagen. Sie sind eine Art lebendige, pelzige Deckenventilatoren.

Der Bau des Bienenstocks (Tage 12 bis 35)

Im Alter von ca. 12 Tagen sind Hausbienen reif für die Produktion von Bienenwachs. Die von ihnen produzierten Wachsflocken unterstützen den Bau neuer Wachswaben, die Versiegelung des gereiften Honigs und der Zellen, in denen sich die Puppen entwickeln.

Wächter des Bienenstocks (Tage 18 bis 21)

Die letzte Aufgabe einer Hausbiene, bevor sie ausfliegt, ist die Bewachung des Bienenstocks. Hausbienen sind aufmerksam und wachsam; sie untersuchen jede zurückkehrende Biene auf den vertrauten Geruch. Nur Familienmitgliedern wird Einlass gewährt. Gelegentlich werden auch Bienen aus anderen Stöcken hereingelassen, wenn sie die Wächter mit Nektar bestechen. Solche Besucher klauen nur ein wenig Honig oder Pollen und verschwinden dann wieder.

Der Wechsel zur Feldbiene (Tage 22 bis 42)

Nun, da ihr halbes Leben schon vorbei ist, fliegt die Hausbiene aus dem Stock hinaus und wird zur Feldbiene. Sie unternimmt ihre ersten Orientierungsflüge. Dabei wendet sie sich dem Bienenstock zu und hüpft in der Luft auf und ab und um die Öffnung herum. So prägt sie sich ein, wie ihr Stock aussieht und wo er liegt, bevor sie damit anfängt, ihn zu umkreisen und ihre Kreise immer weiter auszuweiten.

Dadurch macht sie sich mit Orientierungspunkten vertraut, die sie letztendlich wieder sicher nach Hause geleiten werden.

Wenn Sie glauben, Ganztagsjob und Kindererziehung seien stressig – wie wäre es dann mit Arbeiten rund um die Uhr? Für diese Bienen gibt es weder Eis noch Reality-Fernsehen! Sie dürfen ihre sechs Füße nie auf die Couch legen und einen guten Krimi lesen (übrigens schlage ich meinen eigenen, *Aurora's Secret*, vor, wenn ich darf, denn darin kommt Tierkommunikation und das Verständnis ihrer Sichtweise vor, auch wenn er ein frecher Roman ist). Aber falls Sie je Insektenspray gegen Bienen anwenden wollten, dann hält dieser Bericht der hart schuftenden Mädels Sie doch davon ab, nicht wahr?

Und nun wollen wir uns aus Spaß auch einen Tag im Alltag und Liebesleben einer männlichen Drohne ansehen.

Die Begattung der Bienenkönigin

Die einzige Lebensaufgabe der Drohnen ist, sich mit der Königin zu paaren. Jedes Bienenvolk bringt mehrere hundert Drohnen hervor, damit die Königin sich aus diesen Hunderten den geeigneten Partner „für Samstagabend" aussuchen kann. Die Drohnen versammeln sich wie eine Gruppe von Junggesellen im Nachtclub an einem bestimmten Ort und warten auf die Königin. Wenn sie wüssten, was ihnen droht, wären sie vielleicht nicht so darauf bedacht, auserkoren zu werden.

Wie Bienenexperten berichten, unternimmt die Königin gewöhnlich drei Hochzeitsflüge, auf denen sie sich mit ungefähr zwanzig Drohnen paart. Die meisten der Drohnen werden übersehen und bekommen kein heißes Date mit der Königin, was für eine Drohne eine sehr gute Sache ist. Eine Drohne, die gerade Sex mit der Königin hatte, braucht keine Zigarette mehr. Sie braucht einen „Bienenpriester"! Sofort nach der Begattung werden der männlichen Drohne die Geschlechtsorgane abgerissen, woraufhin sie auf der Stelle stirbt. Die Königin fliegt mit den Genitalien ihres Partners weg. Man kann nur hoffen, dass die Drohnen mit einem glücklichen Lächeln auf dem runden Gesicht sterben.

Wenn Drohnen dem Tod entkommen, weil sie von der Königin nicht für ein Date ausgewählt wurden, können sie bis zu vier Monate lang leben. Am Ende des Sommers verlassen die männlichen Bienen den Bienenstock und kehren nicht zurück. Sie verbringen den Rest ihres Lebens damit, sich vom Nektar der Blumen zu ernähren, ein Stelldichein mit einer weiblichen Biene zu finden und sich gelegentlich mit anderen Männchen um das Revier zu kloppen. Ja, genau dieses Verhalten habe ich auf den Parkplätzen der Country-und-Western-Lokale in Texas, wo ich zum Tanzen hingehe, auch schon beobachtet. In der menschlichen Variante dieses Szenarios ist der Nektar zwar Jack Daniel's und an den alten Cowboystiefeln klebt Pferdemist statt Pollen, aber das Nachspiel der alternden Partnersuchenden ist dasselbe.

In Wahrheit sind Drohnen völlig harmlos. Wenn Sie jemals von einer Biene gestochen wurden, dann war es ein Mädchen mit aufbrausendem Temperament oder eine Arbeiterin, die sich bedroht oder belästigt fühlte. Auch die Königin kann stechen, doch die Drohnen werden ohne Stachel geboren; sie sind eben nur die süßen Jungs der Bienenkönigin. Manche Forscher glauben, dass Drohnen bei der Inkubation der Brut ungeborener Bienenbabys helfen, was sie zu Babysittern *und* Spermabanken machen würde. Sie erfüllen also ganz wichtige Funktionen im Bienenstock. Ich habe jedoch noch nie mit einer Drohne persönlich gesprochen und kann daher nicht bestätigen, ob sie die ungeborenen Kinder hüten. Die unvergesslichste Unterhaltung, die ich je mit einem Insekt hatte, war nicht mit einer Honigbiene. Sie fand mit ihrer noch süßeren und knuddligeren Kusine, der Hummel, statt, die nicht fürs Honigmachen, sondern für ihr herrliches Brummen berühmt ist. Warum summen Bienen eigentlich? Aus zwei Gründen: Erstens produziert ihr superschneller Flügelschlag Vibrationen, die ein Summen hervorrufen. Je größer die Biene ist, desto langsamer ist ihr Flügelschlag. Der tiefere Ton macht ihr Summen lauter; daher scheinen größere Bienen lauter zu summen als kleinere Tiere. Ich möchte eine Geschichte über einen stattlichen Herrn, den ich eher zufällig kennenlernte und der sehr laut und tief summte, mit Ihnen teilen.

„ICH BIN DER C-A-S-A, DER N-O-V-A, UND ALLE ANDEREN SIND BLOß F-L-I-E-G-E-N"

Obwohl dieses Kapitel von der Honigbiene handelt und ich nicht die Hunderte von anderen Bienenarten einbringen werde, können wir unmöglich über das Summen der Bienen reden, ohne den summwürdigsten Musiker, den *Bombus*, zu erwähnen. In seinem Artikel „Why Do Bees Buzz“ (Warum summen Bienen), der am 4. Juli 2005 in *Scientific American* erschien, schreibt der Bienenforscher Gard Otis:

> Manche Bienen, vor allem die Hummeln *(Bombus)*, können ihre Flügelmuskeln und den Brustkorb (den mittleren Teil ihres Körpers) vibrieren lassen, während sie Blumen aufsuchen. Durch diese Schwingungen wird der Pollen von den Staubbeuteln der Blüte auf den Körper der Biene geschüttet. Ein Teil des Pollens wird dann auf die nächste Blüte getragen, die die Biene besucht, wodurch sie bestäubt wird. Die Biene streift den restlichen Pollen auf spezielle pollentragende Strukturen (die sich bei den meisten Bienen auf den Hinterbeinen befinden) und trägt ihn zum Nest zurück, um die Larven damit zu füttern.

Singt die Hummel laut diesem Forscher nicht? Natürlich tut sie das! Sie singt der Blüte langsamen Rhythm & Blues vor, um sie zu bestäuben, und vibriert mit der Brust gegen ihren wiegenden Stängel, bis sie buchstäblich den Pollen aus ihr herausgeschüttelt hat, den sie in ihren weiten, kniehohen Stiefeln verstaut.

Wenn Hummeln Blüten zum Schwingen bringen, um den Pollen zu lösen, ist ihr Brummen erstaunlich laut. Honigbienen *(Apis)* besitzen nicht die Fähigkeit, durch Summen zu bestäuben, und sind meist still, während sie den Pollen auf den Blüten einsammeln. Manche

Blüten sind jedoch recht undurchdringlich und lassen nur den Bestäubungsprozess durch Summen zu. Tomaten, grüner Paprika und Heidelbeeren haben schlauchförmige Staubbeutel, in denen der Pollen steckt. Wenn die Hummel die Blüte zum Schwingen bringt, fällt der Pollen aus dem schlauchförmigen Beutel auf den pelzigen Rücken der Hummel. Aus diesem Grund bestäuben Hummeln diese Pflanzen weitaus effizienter, als Honigbienen es können.

Erst heute Vormittag versuchte eine Hummel, mich zu vernaschen. Während ich Honig in meinen Joghurt löffelte, flog ein riesiger Bombus durchs offene Fenster in mein Schlafzimmer, um selbst nachzusehen, ob ich schon wach sei. Entweder hatte er gehört, dass ich gerade über ihn schreibe, oder er hatte meinen rosa Schlafanzug und meine Nachtcreme, die nach Rosen duftet, mit etwas Bestäubungswürdigem verwechselt, denn er kam mir sehr nahe und wurde ziemlich persönlich. Erst lugte er von oben in mein Satinoberteil, um die Größe meiner Morgenblüten abzuchecken. Ich verscheuchte ihn aus meinem Schlafanzughemd, doch das ermutigte ihn nur noch mehr. Er schoss in die Höhe, machte einen Salto und stürzte sich im Senkrechtflug auf mein Muffinbrötchen. Als ich ihn schwungvoll wegscheuchte, wich er nur für einen kurzen Moment aus, summte im Zimmer herum, segelte dann auf meinen Rücken und fokussierte sich auf meine Hüften. Als ich mich schreiend und heftig wedelnd umdrehte, flog er meinen Kopf an und streichelte mein wirres blondes Haar, das er offensichtlich für einen Hibiskusbusch hielt. Dann steuerte er die Zimmerdecke an, wo er desillusioniert auf der Stelle trat. War er getroffen worden? Kam etwa Rauch aus seinem Cockpit? Er rief „Mayday“ aus und flog im Sturzflug auf meinen Kopf zu, während er auf meine Gegenangriffe mit immer lauterem Brummen reagierte. Zeit, den Turm anzusteuern! Er umkreiste meinen Kopf, um mir zu zeigen, wie gut aussehend er war, bevor er landete. Seine Härchen kitzelten mein Ohr, dann knutschte er meinen Hals und drückte seinen dicken, pelzigen Rumpf an mich. Wieder einmal wich ich seinen Annäherungsversuchen aus, doch er war schneller als ich und schoss über meinem Kopf außer Reichweite.

„Hör mal, du allgegenwärtige Pest!“, schrie ich und wedelte mit den Armen, als würde ich einen ganzen Gänseschwarm verscheuchen. „Ich schreibe ein Buch über euch! Und ich habe noch nie mit einem von euch gesprochen! Warum redest du nicht mit mir?!“ Plötzlich machte er den Motor aus, ließ sich auf Augenhöhe fallen und blieb vor mir in der Luft stehen. Wir schauten uns eine ganze Weile lang in die Augen – meine beiden Augen starrten in seine fünf (zwei Augen, die sich aus Millionen von Teilen zusammensetzen, und drei „normale“ Extraaugen).

„Ich meine es ernst, Romeo! Hast du und hat dein Volk eine Mitteilung an die menschliche Rasse?“ Der kleine Meistersummer drehte die Lautstärke auf, und ich machte mir schon Sorgen, dass er langsam sauer auf mich wurde und sich auf meiner Nase niederlassen würde, um mich zu stechen. Ich hatte es weiß Gott verdient, weil ich wirklich unhöflich zu ihm war und ihn so behandelt hatte, als würde ich an ihm Federball üben. Zum Glück bin ich nicht sonderlich gut darin und erwischte ihn daher nicht. Doch nun brummelte er wütend herum, und ich versuchte mit aller Macht, meine aufgebrachten Gefühle unter Kontrolle zu bekommen, mich zu beruhigen und mein Herz zu öffnen, um mich auf sein Lied einzustellen. Doch ich hörte gar nichts. Es wurde nichts von diesem kleinen Flieger übertragen.

Schließlich schaffte ich es, mein Radar in seine Gedanken einzuklinken. Da hörte ich es: „I said a hip hop, the hippie the hippie, to the hip, hip hop, and you don’t stop the rock it to the bang bang boogie, say, up jump the boogie, to the rhythm of the boogie, the beat. And me, the groove, and my friends are gonna try to move your feet.“

Aha. Ich schaffte es, die funkige Hummel in den Garten zu befördern, wo sie den rosa Bougainvillea-Blüten, die ihre Annäherungsversuche sicher zu schätzen wussten, „Bumble’s Delight“ (seine Version von „Rapper’s Delight“) vorsang. Können wir uns überhaupt eine andere Realität vorstellen, in der Farben und Düfte und Lieblichkeit vorherrschen? Spinne ich? Glaube ich wirklich, Hummeln würden die Schönheit der Blumen, die sie verführen, derart bestaunen, dass sie sich an sie ankuscheln und ihnen Liebeslieder vorsingen? Ja, das glaube ich wirklich. Und wenn wir Menschen nichts als dunkle Schatten sind, die in einer so verschwommenen Dimension, dass sie uns gar nicht wahrnehmen, um diese wunderschönen, lebhaften Kreaturen herumhuschen, dann bete ich, dass wir diese geschützte Unschuld niemals zerstören. Selbst ich schaffe es nicht auf eine Ebene, auf der ich das innere Heiligtum belauschen und die Gedanken von DJ Hip Hop Bang Bang Boogie hören kann. Oder auch umkehrt: Vielleicht hielt er mich ja für den gemeinsten Kirschbaum, den er je gesehen hat.

Am Ende des Tages denkt der Bombus womöglich nicht allzu viel über die Kommunikation mit Menschen nach. Außerdem produziert er vielleicht auch nicht so viel Honig wie seine kleine emsige Kusine, die Honigbiene. Doch mit seinem Schmuse-Rap bestäubt DJ Bombus einige der schüchterneren Früchte und Gemüsesorten (auch wenn er bei mir und auf meinem duftenden rosa-gestreiften Schlafanzug nicht landen konnte). Hummeln leben zwar nicht so lange wie Honigbienen, doch sie scheinen im Leben mehr Spaß zu haben.

BIENENLIEDER

Wie schon erwähnt, begann ich meine Hollywood-Karriere als Tänzerin in Filmen, in Fernsehsendungen und als heiße Nummer in Rockvideos. Vergessen Sie nicht, dass Donna Summer mich einmal mit dem Helikopter von einer Aufführung zur nächsten fliegen ließ, während ich als Back-up-Tänzerin für sie arbeitete. Als sie mich mitten auf der Bühne des griechischen Theaters in Los Angeles absetzen ließ, verursachte das ein ziemlich aufgeregtes Summen. Und wie ich auch schon erwähnte habe, wurde ich mit meinen „Dämonentänzen" in zweitklassigen Filmen zur Kultfigur, und das Beste an meiner Tanzkarriere war, dass ich diese frechen Tänze selbst choreographieren durfte. Später bildete ich viele Jahre lang Tänzer aus und gab Kindern Unterricht in Ballett, Jazz, Stepptanz und sogar Gymnastik. Ich tanze immer noch Salsa und Cha-Cha-Cha auf Salsakongressen in aller Welt. Und daher ist für mich der faszinierendste Aspekt im Leben einer Biene ihre Fähigkeit zu tanzen. Allein die Vorstellung, dass Bienen durch das Tanzen miteinander kommunizieren – wie ich es früher auch tat –, macht diese kleinen Lebewesen noch faszinierender; und die Tatsache, dass ihre Ballettaufführungen wichtige Informationen weitergeben – und dass sie offensichtlich miteinander „reden" können –, ist etwas, das so manchem bedeutenden Wissenschaftler zu schaffen macht.

Bei der jüngsten Diskussion geht es um ein Thema, das ich nach meiner kurzen Hollywoodkarriere als klassisch ausgebildete Ballerina und Jazztänzerin, die *nicht* gesungen hat, gut nachvollziehen kann. Als eine Backup-Tänzerin von Ray Charles saß ich einmal auf seiner Klavierbank und sang ihm ins Ohr. Vermutlich war es das einzige Mal, dass er sich wünschte, lieber taub als blind zu sein. Ich kann nämlich nicht singen. Die neuesten Forschungsergebnisse deuten jedoch darauf hin, dass sich der Summton einer Biene beim Tanzen verändert und auch wichtige Informationen enthält. Offensichtlich singen *und* tanzen Bienen. In der Bienenwelt gibt es jedoch einen deutlichen Unterschied zu unserer Welt: Im Gegensatz zu vielen unserer männlichen Broadway-Künstler ist die Bienenkönigin die einzige der Truppe, die *nicht* singt und tanzt.

Ach, wäre ich doch nur viel kleiner, dann würde das Tanzen vielleicht trotz meines Alters noch als ehrenwerter Beruf angesehen werden, und mein schrecklicher Gesang würde zum Krächzen meiner pelzigen Kollegen passen!

SCHWÄNZELT DEN GANZEN SOMMER LANG!

In dem Artikel „How Honeybees Communicate with the Waggle Dance Talk" (Wie Honigbienen mit der Schwänzeltanzsprache miteinander kommunizieren) auf www.HiveandHoneyApiary.com berichten Bienenforscher Folgendes:

> Honigbienen führen eine Reihe von Bewegungen aus, die „Schwänzeltanzsprache" genannt werden. Dies tun sie, um andere Arbeiterinnen über den genauen Ort der Nahrungs-

> quelle zu informieren. Wenn sie gute Futterquellen gefunden haben, kehren sie zum Bienenstock zurück und führen auf der Bienenwabe einen Tanz auf.

Der Bericht der NC State University mit dem Titel „The Honey Bee Dance Language“ (Die Tanzsprache der Honigbiene) geht noch mehr ins Detail:

> Wenn eine erfahrene Honigsammlerin mit einer Ladung Nektar oder Pollen, die so nahrhaft ist, dass die Rückkehr zu dieser Futterquelle sinnvoll ist, zum Bienenstock zurückkehrt, führt sie auf der Oberfläche der Honigwabe einen Tanz auf, mit dem sie anderen Arbeiterbienen mitteilt, wo sie das Futter finden können. Die Tänzerin „buchstabiert“ zwei Informationen – Entfernung und Richtung der Futterstelle. Daraufhin verlassen die Arbeiterbienen den Stock, um den Nektar oder Pollen zu finden.
>
> Die Entfernung und die Richtung werden in getrennten Abschnitten des Tanzes dargestellt.
>
> Wenn eine Futterquelle ganz nahe am Bienenstock ist (weniger als 50 m davon entfernt), führt die Arbeiterin einen Rundtanz auf. Dabei rennt sie in engen Kreisen umher und verändert plötzlich die ursprüngliche Richtung. Sie kann den Tanz mehrmals an derselben Stelle der Wabe wiederholen oder sich an eine andere Stelle begeben, um ihn dort erneut aufzuführen. Nach Ende des Rundtanzes verteilt sie häufig Futter an die Bienen, die ihr folgen. Also kommuniziert ein Rundtanz die Entfernung (in diesem Beispiel „nahe am Stock“), jedoch nicht die Richtung.

Es gibt nicht viele vergleichbare menschliche Tänze. Squaredancing und der Texas Two-Step drehen sich zwar auch im Kreis, doch diese Tänze werden nie Solo getanzt. Als Tänzerin, die von den Cherokee- und den Choctaw-Indianern abstammt, ruft dieser „runde“ Bienentanz Bilder in mir hervor, in denen meine Vorfahren zu

Trommelklang rund ums Feuer tanzen. Stellen Sie es sich so vor: Wenn die Nahrung nahe am Stock ist, tanzt die kleine Biene wie eine Indianerin rund um ein Lagerfeuer, stampft dazu im Rhythmus zu den Trommeln auf, während die Trommler einen Gesang skandieren, der die Hörer in Trance versetzt. „Hay-yah-yah-yah, hay-yah-yah-yah." Stecken Sie der Biene noch ein paar Federn ins Fell und ziehen Sie ihr ein Paar Mokassins an – und dann haben Sie das Bild meiner Ur-Urgroßmutter, die durch Rundtänze ihrem Stamm eine Geschichte erzählt. Also gut, es ist ein bisschen weit hergeholt, aber Sie müssen zugeben, dass es eine bestimmte Stimmung hervorruft. Allein die Vorstellung von Indianern, die nachts um ein Feuer tanzen, während sie von Schatten gejagt werden, tröstet meine Seele und weckt meine Sehnsucht nach einer Zeit, an die ich mich nur zu gerne erinnern würde. Stellen Sie sich vor, wie Hausfrauen ihren Kindern Geschichten über die Natur und das Leben erzählen, zu den Geistern von Vater Wolf und Mutter Bär beten, die Sonne, den Mond, den Regen und die Sterne verehren – statt Reality-Fernsehen zu sehen, Eis zu essen, süchtig nach dem Handy zu sein und Antidepressiva zu schlucken. Diese Bienen, ihre kreisförmigen Tänze und das Trommeln ihrer winzigen Flügel machen mich wehmütig nach einer einfacheren Welt, die ich gerne gekannt hätte.

Der Rundtanz ist jedoch für den Hinweis auf gutes Futter in der Nähe des Bienenstocks reserviert. Sagen wir mal, die Biene möchte einen komplizierteren Weg zu tollem Pollen weiter weg vom Stock beschreiben. Es gibt noch zwei kompliziertere Tänze für bestimmte Entfernungen. Heißt das, Bienen können beim Rückflug von Blumen Entfernungen messen und Meter zählen? Lassen Sie uns zur Beantwortung dieser Frage zu den Experten der NC State University zurückkehren:

> Futterquellen in mittleren Entfernungen zwischen 50 und 150 Metern vom Bienenstock werden mit Hilfe des Sickeltanzes beschrieben. Dieser Tanz ist wie ein Hörnchen geformt und stellt den Übergang zwischen dem Rundtanz und einem Schwänzeltanz dar.

> Der Schwänzeltanz oder Wedeltanz wird von Bienen vollführt, die Futterquellen mehr als 150 m vom Stock entfernt anfliegen. Dieser Tanz kommuniziert im Gegensatz zum Rundtanz Entfernung *und* Richtung. Beim Schwänzeltanz rennt die Biene eine kurze Strecke geradeaus, dreht in einem Halbkreis zu ihrem Startpunkt zurück, rennt wieder geradeaus und vollführt dann einen Halbkreis in der entgegengesetzten Richtung, um somit einen Doppelkreis (eine „8") zu vollenden. Während sie die gerade Linie des Tanzes abläuft, wackelt der Körper der Biene, vor allem ihr Unterleib, lebhaft hin und her …
>
> Während sich mehrere Variablen des Schwänzeltanzes auf die Entfernung beziehen (wie beispielsweise das „Tempo" oder die Dauer der Summtöne), liefert die Dauer des Laufs auf gerader Strecke, in Sekunden gemessen, den einfachsten und zuverlässigsten Hinweis auf die Entfernung. Mit der Entfernung zur Futterquelle vergrößert sich auch die Dauer des „Schwänzelanteils" des Tanzes (der „Schwänzelrennstrecke"). … Eine Biene, die zum Beispiel eine Schwänzelstrecke von 2,5 Sekunden rennt, rekrutiert Arbeiterinnen für eine Futterquelle, die ungefähr 2,625 Meter weit weg ist.

Was die Choreografie betrifft, stelle ich Ähnlichkeiten mit dem Laufsteg der Modewoche in Paris fest. Models dürfen nicht mit den Hüften wackeln, da sie sonst mit ihren hohen Pumps auf dem Laufsteg umknicken und sich den Hals brechen könnten, doch ein bisschen Hüftwackeln findet je nach Höhe der Absätze trotzdem statt. Stellen wir uns nun die geformte 8 vor, als würden wir auf Eiskunstläufer herunterblicken, die beim Training eine perfekte 8 aufs Eis legen. Das ist das Muster, das jede Biene tanzt, während sie den Weg zu dem neuen Vorrat an Pollen weist, den sie in ihren gut gefüllten Stiefeln mit nach Hause gebracht hat. Dazu kommt ein Gefühl übermütiger Freude und ein schamloses, wildes Hüftwackeln, und jetzt halten Sie sich fest: Die Dauer des Hüftwackelns scheint in direktem Verhältnis zur Entfernung des neuen Pollens vom Bienenstock zu stehen! Wie unsere Experten schätzen, entsprechen zwei Sekunden Schwänzeln fast genau zweitausend Meter vom Bienenstock. Drei Sekunden würden dreitausend Meter bedeuten, und so weiter. Das ist der Aspekt der Tanzlänge. Nun wollen wir uns mit dem Winkel des Laufstegs befassen. Setzen Sie Ihre Denkkappe auf, denn jetzt fängt es an wehzutun. Der Bericht der NC State University führt dazu Folgendes aus:

> Obwohl die Darstellung der Distanz beim Schwänzeltanz relativ direkt ist, ist die Methode, mit der die Richtung kommuniziert wird, schon komplizierter. Die Orientierung der tanzenden Biene während des geraden Teils ihres Schwänzeltanzes deutet die Richtung der Futterquelle im Verhältnis zur Sonne an. Der von der Biene eingenommene Winkel zur Vertikalen stellt den Winkel zu den Blumen im Verhältnis zur Richtung der Sonne draußen vor dem Bienenstock dar. Mit anderen Worten: Die Tanzbiene überträgt den Sonnenwinkel in den Gravitationswinkel. … Eine Honigsammlerin, die andere Arbeiterinnen zu einer Futterquelle führen will, die sich in derselben Richtung wie die Sonne befindet, führt einen Tanz vor, bei dem der Schwänzel-Renn-Teil auf der Honigwabe direkt nach oben führt. Wenn die Richtung zur Futterquelle stattdessen direkt gegensätzlich zur Sonne zu finden ist, verläuft die gerade Rennstrecke vertikal nach unten. Falls sich die Futterquelle 60 Grad links von der Sonne befindet, verläuft der Schwänzel-Renn-Teil vertikal 60 Grad nach links.
>
> Da wegweisende Informationen relativ zur Position der Sonne und nicht nach dem Kompass vermittelt werden, verändert sich der Tanz einer Honigsammlerin als Hinweis auf eine bestimmte Futterquelle während des Tages, da die Sonne tagsüber weiter wandert. Eine Futterquelle, die beispielsweise im Osten liegt, lässt die Honigbiene morgens fast genau senkrecht nach oben tanzen (da die Sonne ja im

Osten aufgeht), doch am Spätnachmittag tanzt die Biene ziemlich senkrecht nach unten (weil die Sonne im Westen untergeht). Daher ist der Stand der Sonne eine Schlüsselvariable bei der Deutung der Wegbeschreibung im Tanz.

Haben Sie alles verstanden? Sind Sie bereit, aufzuspringen und es nachzumachen? Ich möchte versuchen, eine Analogie zu finden, die es vereinfacht. Stellen Sie sich Folgendes vor: Die zurückgekehrte Biene sucht sich einen Laufsteg aus, der in die andere Richtung als die neue Futterquelle zeigt. Sie nutzt dafür jedoch den Winkel, in dem die Sonne in Bezug auf ihre Zuschauer im Bienenstock steht. Das bedeutet, dass sie die Bühne dem Winkel der Sonne anpasst. Genau – die Tanzbiene kann sogar *Mathe*! Sie vermittelt durch ihren Tanz trigonometrische Informationen. Mit Hilfe der Choreografie ihres Tanzes benutzt die Biene ihren eigenen Körper als Stoppuhr, Kompass, Winkelmesser, dreieckiges Lineal und Sonnenuhr – und all das gleichzeitig.

Wie Bienenforscher berichten, müssen Honigbienen miteinander kommunizieren, weil sie soziale Insekten sind, die in einem Bienenvolk leben. Achten Sie auf das Wort „müssen" – nicht etwa „wollen" oder „können". Sie „führen möglicherweise private Gespräche über Geometrie, weil keine menschliche Gemeinschaft ohne jede Ausbildung eine massive Konstruktion aus vollkommenen Sechsecken (Hexagrammen) erbauen könnte". Doch auch wenn sie kommunizieren müssen, bedeutet dies etwas Beispielloses. Erstens geben Insektenforscher damit zu, dass Honigbienen miteinander kommunizieren. Das allein ist schon ein Meilenstein. Offensichtlich weisen die Bienen wie kleine Reiseführer einander den Weg. Doch die Wissenschaftler sind sich uneinig in der Frage, ob Honigbienen den Weg ausschließlich durch ihre Tanzbewegungen weisen oder ob sie auch Hinweise über Gerüche geben, da ihre Stiefel mit dem Pollen des besten Blumengartens weit und breit gefüllt sind. Die meisten Bienenforscher sind sich einig, dass die Fluglinien über das Bienenballett und verlockende Aromen übermittelt werden.

Einige wissenschaftliche Spielverderber argumentieren jedoch, der Tanz hätte keine Bedeutung und die Bienen würden nur über den Geruch der Mitbringsel in ihren Stiefeln miteinander kommunizieren. Ich möchte zwar keine Beurteilung abgeben, aber meiner Meinung nach klingt das ziemlich bescheuert. Das ist so, als würde man zu Baryshnikov auf die Bühne gehen, nachdem er die Starrolle in *Don Quichote* getanzt hat, um ihm zu sagen, dass man der Geschichte nur deshalb folgen konnte, weil man die Tapas in seinem Atem gerochen hat.

Ein Schlag für das menschliche Ego?

Schon Aristoteles fiel der Schwänzeltanz um 330 vor Christi auf. Doch ein anderer großer Geist, der die Tänze der Bienen bemerkte und drei Jahre lang systematisch untersuchte, kam zu der Überzeugung, dass Bienen durch ihre Choreografie miteinander kommunizieren können. Seine wundersamen Schwänzel-Entdeckungen eroberten die Herzen und Fantasie der ganzen Welt, und selbst ein paar Wissenschaftler schwänzelten mit ihm mit. 1967 veröffentlichte der deutsche Zoologieprofessor Karl von Frisch das Buch *Tanzsprache und Orientierung der Bienen* (Springer, 1965) mit den Forschungsergebnissen von fünf Jahrzehnten über die Kommunikation der Honigbienen. Seine bahnbrechenden Recherchen und jahrelange Forschung machten sich bezahlt. Die Erforschung der Entschlüsselung der Schwänzeltanzsprache brachte ihm 1973 den Nobelpreis ein. In einem Artikel, der in der Februarausgabe 2010 der Fachzeitschrift *MaxPlanckForschung* erschien, zitiert Tina Heidborn die Beobachtungen von Tania Munz des Max-Planck-Instituts für Wissenschaftsgeschichte, die gerade ein Buch über von Frisch schreibt:

> „Die Entdeckung, dass Tiere so detailliert und darüber hinaus so symbolisch miteinander kommunizieren können, war eine Sensation", sagt Munz. „Doch von Frischs Entdeckung warf auch einige ernsthafte Fragen über das Selbstbild der Menschen auf. Wenn sogar so primitive Tiere wie Insekten so glänzend kommunizieren können, was bedeutet das dann

> für den angeblichen Unterschied zwischen Mensch und Tier? Jahrhundertelang galt die Sprache als alleiniges Gut der Menschen (zumindest aus Sicht der Menschen). Sie wurde als die Grenze angesehen, die den *Homo sapiens* von den anderen lebenden Organismen auf der Erde unterscheidet. Von Frischs Forschungsergebnisse haben dieses Selbstbild zerstört.“

Ich kann nur sagen: „Gut so. Es wird aber auch Zeit!“ Wie können wir je für die Lektionen, die die Natur und all ihre Lebewesen für uns bereithalten, empfänglich werden, wenn wir unsere aufgeblähte Überheblichkeit nicht in der Versenkung verschwinden lassen?

Bienen: Die Fakten

Nach Schätzung des US-Ministeriums für Landwirtschaft ist die Gesamtzahl überwachter Honigbienenvölker aufgrund des Zerfalls des Ökosystems des Bienenvolks und anderer Umweltfaktoren von 6 Millionen in den 1940er Jahren auf nur noch 2,5 Millionen im Jahr 2015 zurückgegangen. Honigbienen sind lebensnotwendige Teile unseres eigenen Ökosystems; sie sind äußerst effiziente Bestäuber unserer Erntepflanzen und der Wildpflanzen. Wir brauchen sie, um unsere Ernten gesund zu halten, und daher sind sie für unser Dasein auf der Erde lebensnotwendig. Doch in den letzten Jahren verringerte sich ihre Anzahl milliardenfach. Sie sind nicht nur Schlüsselfaktoren unserer Umwelt, sondern die Imkerei, Honigproduktion und Bestäubung durch Bienen hat für die USA einen jährlichen wirtschaftlichen Wert von ca. 14 Milliarden Dollar.

Passen Sie jetzt gut auf. Das hier ist wichtig!

Ein Artikel in der Zeitschrift *Time*, der am 19. August 2013 unter dem Titel „Mass Deaths in Bee Colonies May Mean Disaster for Farmers – and Your Favorite Foods“ (Das Massensterben in den Bienenstöcken könnte zur Tragödie für Bauern – und für Ihre Lieblingsspeisen – werden“) beginnt wie folgt:

Sie können der *Apis mellifera*, die auch als westliche Honigbiene bekannt ist, für jedes dritte Mundvoll, das Sie heute verzehren, dankbar sein. Von den Mandelbaumplantagen im Herzen Kaliforniens – wo Milliarden von Honigbienen aus den gesamten Vereinigten Staaten jedes Frühjahr eintreffen, um eine Multimillion-Dollar-Ernte zu bestäuben – bis hin zu den Heidelbeergebieten von Maine sind Bienen die unbesungenen, unbezahlten Arbeiter des amerikanischen Agrarsystems. Sie erwirtschaften jedes Jahr einen Wert von über 15 Milliarden Dollar in der Landwirtschaft. Im Juni hat ein Bioladen in Rhode Island als Teil einer Kampagne, die die Bedeutung der Honigbienen publik machen soll, zeitweise sämtliche Lebensmittel aus den Obst- und Gemüseregalen entfernt, die es ohne Bestäubung nicht gäbe. Von 453 Nahrungsmitteln verschwanden so 237, darunter Äpfel, Zitronen, Zucchini und Speisekürbissorten. Honigbienen „sind der Klebstoff, der unser Agrarsystem zusammenhält", schrieb die Journalistin Hannah Nordhaus in ihrem Buch *The Beekeeper's Lament* aus dem Jahr 2011.

Hinter dem goldenen Sternentor

Die Wissenschaft hat uns einige erstaunliche Konzepte darüber, wie die Natur funktioniert, geliefert, und ich werde keine der Forschungsergebnisse, die ich über Bienen fand, als falsch abtun. (Außer der Vorstellung, ihr Tanz hätte keine Bedeutung.) Ich sage jedoch, dass Sie womöglich das Werkzeug zur Erforschung der Natur um Sie herum und sogar der spirituellen Bereiche in Ihrem Inneren haben, die sich nicht auf die Ergebnisse unserer Vorfahren stützen. Viele Wissenschaftler haben ein Farb-Zahl-Modell entworfen, mit dem sich die Welt um uns herum erklären lässt, ein Modell, das den menschlichen und energetischen Austausch zwischen Mensch und Tier (dem Beobachter und dem Beobachteten) nicht mit einbezieht, sondern sich stattdessen auf Schlussfolgerungen des Beobachters verlässt, so als würde das erforschte Tier *nicht* beobachtet. Ich erkenne zwar die Vorteile dieser Methode an und verstehe auch das Bemühen – die Tiere und Insekten so zu beschreiben, als würden sie von keinem Beobachter gestört – und ich halte das auch für eine noble Sache. Dieses Malbuch-Modell zur Erforschung unserer Umwelt und der Ergänzung jeder wissenschaftlichen Frage, die aufgeworfen wird, erfüllt jedoch nicht die Bedürfnisse der menschlichen Psyche. In diesem Malbuch ist nämlich kein Platz, an dem Ihre Seele mit den Informationen, die Sie erhalten, interagieren könnte.

Einige der Puzzleteile, die Wissenschaftler identifiziert und zusammengefügt haben, sind absolut brillant – so wie zum Beispiel die Studie der Bienentänze und wie sie die Entfernung zur Futterquelle anhand ihrer Choreografie abmessen. Genauso beachtenswert ist die Definition, wie die Bienenkönigin die Kontrolle über die DNS ihres Jungvolks hat. Forscher wie Dr. Karl von Frisch kratzen längst am kollektiven Ego der Menschheit, indem sie ausführen, dass Bienen in vielen Aspekten – darunter auch ihre Kommunikation untereinander – weitaus höher entwickelt sind als Menschen. Aber dennoch gibt es unbewusste, bewährte Methoden, wie man sich der Wissenschaft annähern kann, und ich spürte, dass es verbotene Subjekte, spirituelle Verbindungen gibt, die wir noch nie erforscht haben. Tatsächlich scheint um solche Vorstellungen herum eine unsichtbare Wissensbarriere zu bestehen, die uns wegschauen lässt, wenn wir einer neuen Entdeckung zu nahe kommen.

Ich bin noch nie mit dem Strom geschwommen und werde auch jetzt nicht damit anfangen. Auf der persönlichen Ebene wandern meine Gedanken immer zur großen Pyramide von Gizeh, wenn ich über Bienenbabys nachdenke, die sich in vollkommenen Sechsecken in Metatrons Würfel verpuppen, umgeben von sechs goldenen Wänden und einem unverwüstlichen „Nektar der Götter“, der anscheinend ewig haltbar ist (Honig). Im Alter von dreizehn Jahren rutschte ich auf dem Bauch durch enge Gänge, deren Decken so niedrig waren, dass ich nicht aufrecht darin stehen konnte, in die königliche Kammer. Schon allein dadurch fühlte ich mich ein wenig wie eine Bienenlarve. Ich kroch vorwärts, bis ich mich im Bauch der großen Pyramide von Gizeh wiederfand und die Kammer des Königs betreten konnte. Ich war in den Pyramiden und auch im Tempel der Göttin Sekhmet in Luxor.

Ich kann nur so viel sagen: Mein Gefühl – ein so mystisches und intuitives Gefühl, dass es sich kaum in Worte fassen lässt – ist, dass die Verbindungen zwischen der heiligen Geometrie der Pyramiden, der Grabmäler, in denen die Könige ihren Körper als Mumien einbalsamiert zurückließen, um später wiederbelebt zu werden (wovon damals ausgegangen wurde), und den goldenen Brutkästen, in denen Hunderte von Bieneneier lagern und die kleinen Meister der heiligen Geometrie ausbrüten, noch unerforschtes Terrain sind.

Ich weiß mit Sicherheit, dass ein großes, wundervolles Bewusstsein das Universum erschaffen hat, und dass dieser himmlische Designer über unsere egoistische Wahrnehmung weit hinausgeht. Und sein prächtiges Bewusstsein findet sich überall in jedem Lebewesen, egal ob groß oder klein. Der Schöpfer hat sie alle erschaffen. Doch er hat die Verantwortung, für sie zu sorgen, auf uns übertragen: für jede kleine Blüte, die sich öffnet, für jeden kleinen Vogel, der singt. Er hat ihnen ihre strahlenden Farben geschenkt. Er hat ihre winzigen Flügel gemacht. Können wir sie retten, bevor es zu spät ist?

Was können wir tun, um die Kinder der Sonne zu retten?

Von allen Tieren, über die ich in diesem Buch schreibe, gibt es für die Bienen am meisten Hoffnung. Ihre Gefährdung lässt sich rückgängig machen. Die Lösung ist ganz einfach. Und sie macht echt Spaß!

Eines der schädlichsten Dinge, die wir zu Hause tun können, ist, aus unserem Garten einen Rasen zu machen – und noch schlimmer: ihn mit Unkrautvernichter zu besprühen. Gepflegte grüne Rasenflächen garantieren, dass Bienen kein Futter mehr finden. Gelegentlich zeigen sich auf dem Rasen ein paar Löwenzahnblüten, und meistens „jäten“ die Menschen diese Wildblumen oder vernichten vermeintliches Unkraut, indem sie Chemie daraufschütten. Wir Menschen übersehen gerne die Biene, die in den Löwenzahn hineinklettert oder um das wild gewachsene Kraut herumsummt. Wir legen viel Wert auf etwas, das wertlos ist. Und wir verbringen viel Zeit und Geld damit, völlig unnütze Rasenflächen zu hegen und zu pflegen (und zu mähen!), die den Bienen, von denen unser Überleben abhängt, sogar schaden.

Hier ist eine Lösung, die schön, köstlich duftend und gut für die Umwelt ist: Wenn wir Menschen vor unserem Haus statt Rasen Wildblumenwiesen pflanzen, können wir unseren kostbaren Freunden etwas saubere Nahrung bieten. Sie brauchen sauberen Nektar und reinen Pollen aus unverseuchten Wildblumen. Selbst wenn Sie Ihre gepflegte Rasenfläche nicht opfern wollen, könnten Sie einen kleinen Wildblumengarten am Rand oder hinten im Garten pflanzen oder auch ein Wildblumenfeld in einem großen Tontopf aussäen, das Bienen anzieht.

Wenn jeder überall auch nur einen prallen Topf voller schöner Wildblumen vor seinem Haus aufstellen würde, der unsere kostbaren Bienen dazu verführen würde, saubere, nährreiche Pollen zu sammeln, dann könnten wir ihren früheren Bestand wieder zurückgewinnen und sehr stolz auf uns sein. Wildblumensaat gibt es so gut wie umsonst. Wenn Sie jeder Weihnachtskarte, jedem Geburtstagsgruß und jedem Geschenk auch nur ein paar Päckchen Wildblumensaat beilegen und möglicherweise auch Wildblumenpflanzpartys im Frühjahr veranstalten, dann haben wir in ein paar Jahren vielleicht wirklich etwas, worüber wir fröhlich summen können.

In *The Sacred Cookbook: Forgotten Healing Recipes of the Ancients* (Three Seed Productions, 2013) schreibt Nick Polizzi:

> Im Alten Testament der Bibel wird Israel als „ein Land, in dem Milch und Honig fließt" beschrieben. Die heiligen Schriften aus Indien und Ägypten erwähnen Honig. Die Pharaonen wurden damit begraben. Johannes der Täufer aß die Heuschrecken mit Honig beträufelt, und im alten Rom

> wurde er zur Heilung von Kampfwunden verwendet …
> Verehrung des klebrigen Goldes findet sich in der schriftlichen und gemalten Geschichte beinahe jedes menschlichen Volksstamms und jeder menschlichen Zivilisation. Nach dem Mythos der Cheyenne ernährten sich die ersten Menschen von Honig und wilden Früchten und mussten nie hungern. Das hebräische Wort für Biene ist *dbure*, das von *dbr* – dem „Wort" – abstammt. Alte hebräische Schriften beziehen sich auf Honig als „die Wahrheit", da er in seiner ursprünglichen Form perfekt ist und keinerlei Verfeinerung bedarf. Das Honigsammeln der Bienen gilt als göttliches Wunder.
> In den Veden wird Honig sogar einem Gott gleichgestellt.
> Der Tempel des ägyptischen Gottes Osiris galt auch als „das Herrenhaus der Bienen", und die Bienenzucht kommt aus dem alten Ägypten.

Ist es gemäß dieser neuen Definition von *Wort* nicht möglich, dass der berühmte Satz im ersten Buch Moses, „Im Anfang war das Wort ... und Gott war das Wort", auch so übersetzt werden könnte: „Im Anfang war das Wort ... und ‚Biene' war das Wort"? Der Hummel würde das sicher gefallen. Lassen Sie uns alles in unserer Macht Stehende tun, um sie und ihre Kumpel von der Liste gefährdeter Arten streichen zu können.

Was verkörpern Bienen?

Kreativität durch endlose Energie. Sie lehren uns, dass wir durch unsere heilige Verbundenheit zur Natur und unsere eigenen Seelen endlose Energiereserven finden. Sie zeigen uns, wie wir Rollen akzeptieren, unsere Arbeit lieben, stolz auf unser Handwerk sein, immer fleißig sein und Gutes für das Allgemeinwohl tun können. Bienen sind die Weber der physikalischen Realität, meiden nie ihre Verantwortung und hinterfragen auch nie ihren Platz im Universum. Sie haben Freude an ihrer Arbeit und zeigen uns, dass wir alle in der

Gesellschaft sinnvolle Arbeit und eine produktive Rolle finden können. Bienen spiegeln unsere Fähigkeiten, in Teamarbeit zu bauen und neue Strukturen im Leben zu erfinden, wider. In einem Leben der Zusammenarbeit und des Dienstes am Wohl aller Spezies erfahren wir grenzenlose Energie.

Bienen zeigen uns, dass der Frühling immer wieder kommen wird, ganz egal, wie lang der Winter auch sein mag, und dass der Frühling auch wieder in unsere Herzen einkehrt, wenn wir hart arbeiten, gesund bleiben und den Kreislauf der Jahreszeiten ehren. Wenn wir im Einklang mit unserem eigenen inneren Rhythmus bleiben und Spaß an der Arbeit haben, ist kein Job eine Last. Bienen zeigen uns, wie wir Gottes Arbeit leisten und den Planeten Erde unterstützen können. Doch vor allem lehren Bienen uns, Süße in unser Leben zu bringen und den unendlichen Reichtum an irdischer Schönheit zu schätzen. Und sie erinnern uns daran, zu springen und zu tanzen, egal wie albern wir dabei wirken mögen. Wie *süß*!

7. Wale

Der Beirat der Weisen

Und Gott sprach: Es errege sich das Wasser mit webenden und lebendigen Tieren, und Gevögel fliege auf Erden unter der Feste des Himmels. Und Gott schuf große Walfische und allerlei Getier, dass da lebt und webt, davon das Wasser sich erregte, ein jegliches nach seiner Art, und allerlei gefiedertes Gevögel, ein jegliches nach seiner Art. Und Gott sah, dass es gut war. Und Gott segnete sie und sprach: Seid fruchtbar und mehrt euch und erfüllt das Wasser im Meer, und das Gefieder mehre sich auf Erden. Da ward aus Abend und Morgen der fünfte Tag.
— 1. Buch Moses

Meine erste verzauberte Begegnung mit Walen fand vor vielen Jahren nördlich von Kapstadt statt. Dort leitete ich gerade einen Wochenend-Workshop und hatte einen verdorbenen Magen, wie er häufig vorkommt, wenn man in der Dritten Welt unterwegs ist. Meine Teilnehmerin Wynter bot mir an, mich zu ihrem *songoma* Michael, einem Arzt, der in der traditionellen Naturmedizin – nur Kräuter und Energiearbeit ohne westliche Medikamente – ausgebildet ist, zu bringen. Michael war auch ein berühmter Medizinmann. Mittlerweile hat er sich zur Ruhe gesetzt, um eine Familie zu gründen, doch sein Einfluss auf mein Leben war enorm. Er konnte nicht nur meinen Körper so scannen, wie ich es bei Tieren anwende und lehre, mir Details über meine Vergangenheit und Zukunft sagen, Engelsenergie channeln und die Gestalt von Tieren annehmen, sondern sogar das Wetter beeinflussen.

Ich gebe zu, über die Jahre sehr erfolgreich Verbindung zu Wettergeistern aufgenommen zu haben, und es erstaunt mich immer wieder, wie toll sie mit mir zusammenarbeiten. Durch Michael fühlte ich mich ein bisschen normaler, was schon allein die beste Medizin für mich war, mir nämlich nicht mehr so sehr wie eine Petunie im Zwiebelbeet vorzukommen. Viele der übernatürlichen Fähigkeiten, die ich einsetze, sind für ihn alte Hüte, und so war er der perfekte Doktor – nicht nur für meinen Körper, sondern auch für meine Seele.

Doch bei dieser Gelegenheit kam die Magie nicht durch ihn. Sie kam durch die Wale. Und das geschah so: Ich kämpfte um einen Termin bei Michael, was nahezu unmöglich war, weil er nicht nur einen vollen Terminkalender, sondern auch noch viele Patienten ohne Arzttermin hatte, die stundenlang in seinem Wartezimmer warteten. Gleichzeitig versuchte ich in diesen letzten Tagen meiner Afrikareise, eine Walbeobachtung an der Küste von Hermanus in meinem Stundenplan unterzukriegen. Die Bootstour war gefährlich, weil sie vom Wetter abhing. Ich wollte unbedingt beides: in Michaels Sprechstunde gehen und die Wale sehen, und das auch noch in dieser Reihenfolge.

Leider bekam ich keinen Arzttermin bei ihm, und so plante ich den Whale-Watching-Trip ein. Aus dem Nichts zog ein Sturm auf. Ein heftiger Wind kam auf. Das ist ein magisches Vorkommen, das ich mittlerweile mit Medizinmännern verbinde, da ich über die Jahre selbst gelernt habe, einen Sturm herbeizurufen, wenn die Wettergeister mit mir zusammenarbeiteten. Doch damals wurden meine Hoffnungen auf einen sonnigen Tag von einem Medizinmann überschattet, der die Winde aufwirbeln ließ! Das Telefon klingelte. Es war der Tour-Veranstalter, der mir meldete, dass er den Whale-Watching-Trip für diesen Tag absagen musste. Dann läutete das Telefon noch einmal. Diesmal war es Michael, der mir sagte, dass er einen freien Termin hätte. Also ging ich an diesem Tag zum Arzt, statt Wale zu beobachten. Wie Michael mir sagte, sollte ich vor meiner Abreise noch einmal zu ihm kommen, doch ich protestierte und sagte, dass ich an meinem letzten Tag in Kapstadt mit dem Boot aufs Meer hinausfahren wollte, um vor meinem Rückflug nach Amerika die Wale kennenzulernen. Sein Gesichtsausdruck verriet, dass ihm diese Vorstellung nicht behagte. Er wollte mich vor meinem Abflug noch einmal persönlich behandeln.

Trotzdem reservierte ich für den nächsten Tag einen Platz auf dem Boot. Doch auch am nächsten Tag war das Wetter stürmisch. Heftige Böen wüteten am Himmel. Es war Zeit, zurück zum Arzt zu gehen. Enttäuscht rief ich in seiner Praxis an, um noch einen Termin auszumachen, nachdem der Tour-Veranstalter angerufen und den Bootstrip erneut abgesagt hatte – zum zweiten Mal innerhalb von zwei Tagen wegen des mysteriösen Sturms. Missmutig suchte ich erneut die Arztpraxis auf, um mir eine weitere Ladung faulig stinkender Kräuter gegen meine Bauchkrämpfe abzuholen.

In der Sprechstunde des Medizinmanns schmollte und lamentierte ich, weil ich die Wale verpasst hatte. „Ich wollte unbedingt die Wale sehen! Soll ich wirklich dieses grässliche Zeugs trinken? Und wann kriege ich endlich die Wale zu sehen?“

Und dann geschah das Wunder. Wynter und ich waren auf dem Weg von der Arztpraxis zum Flughafen von Kapstadt, von dem aus ich nach London zurückfliegen würde, ohne den Walen begegnet zu sein, als ein unerwarteter Verkehrsstau alle Autos entlang der Küste zwang, anzuhalten. Das ist nicht unbedingt das, was man sich auf dem Weg zum Flughafen wünscht, wenn man einen internationalen Flug erwischen muss. Doch ich fluchte nicht lang.

Die Leute parkten mitten auf der Straße, sprangen heraus und schauten über die Seitenbarriere der Straße. Wir hielten an und stiegen neugierig aus, um den Grund der Aufregung zu sehen. Die Leute zeigten aufs Meer. In den Wellen spielten zwei riesige Wale. Ich hatte noch nie Wale so nahe an der Küste gesehen und hätte nicht gedacht, dass sie so nahe ans Land kommen würden. Die beiden erwachsenen Wale spielten Fangen; sie jagten sich gegenseitig im Wasser und brachten mit ihren Körpern gigantische Yin-Yang-Muster hervor. Sie waren uns so nahe, dass es fast so aussah, als würden sie sich gleich auf ihre Schwanzflossen stellen und den Strand hinaufwatscheln.

„Sie sind gekommen, um sich von dir zu verabschieden", sagte Wynter. „Du konntest nicht zu ihnen kommen, also sind sie zu dir gekommen!" Ich winkte ab, weil es zu gut klang, um wahr zu sein. Doch als ich mich geistig auf sie einstellte, hörte ich, wie sie mich riefen, und alle Zuschauer beobachteten, wie sie mit den Flossen winkten und mit dem Schwanz schlugen, um meine Aufmerksamkeit zu bekommen.

Damals wusste ich noch nichts über Wale und hielt sie für die beliebten Wale aus dem Süden, die jedes Jahr an die Küsten von Hermanus kommen, um die Touristen zu begeistern, die nur wegen ihnen aus aller Welt angereist kommen. Doch als ich näher hinsah, merkte ich, dass es sich um die heiß geliebten Buckelwale handelte, jene verzauberten Herrscher des Ozeans, die für ihren Gesang berühmt sind. Hätte ich mit dem Boot hinausfahren können, dann hätte ich Buckelwale gesehen. Und nun waren sie hier und beglückten mich!

Wir führten zwar kein tiefsinniges Gespräch, doch ihr fröhlicher Tanz mit Flossenklatschen und Schwanzschlägen sagte alles. Könnten wir ihre Signale in menschliche Worte fassen, dann hätte ihre einzige Mitteilung bei unserer ersten Begegnung gelautet: „Hey, Amelia! Wie geht's, Amelia? Sieh uns an! Schau uns beim Tanzen zu! Juhu, juhuu! Lerne uns kennen! Komm bald wieder!"

Als ich in den Flieger stieg, war ich immer noch wie berauscht und nichts und niemand hätte mir das Lächeln nehmen können. Doch unsere Begegnung war nur eine flüchtige gewesen. Skeptiker hätten sie als reinen Zufall abgetan.

Unsere zweite Begegnung ließ sich nicht länger als Zufall abtun, und es war auch keine glückliche. Viele Jahre später lebte ich in Seattle, und mein damaliger Freund und ich planten einen Whale-Watching-Trip am Puget Sound zwischen Seattle und Vancouver. Beachtenswert ist, dass ich nur als Touristin mitfuhr und so dumm war zu glauben, dass es nur ein lustiger Ausflug werden würde.

Am Tag vor der Bootstour stellte ich mich aufs Meer ein und suchte nach den Tieren, denen ich am nächsten Tag begegnen würde. Ich fand eine Herde, die aus fünf Schwertwalen bestand. Volltreffer! Genau die Wale, die ich kennenlernen wollte! Ich hatte noch nie einen Schwertwal in der freien Natur gesehen und war begeistert, dass sie sich mir zeigten und sich womöglich am nächsten Tag mit mir treffen wollten. Dann nahm ich etwas noch viel Mysteriöseres auf dem inneren Radar auf. Wie gesagt, ich bin keine Walexpertin. Ich kann sie kaum von einer Sardine unterscheiden, und daher riss mich das aufgetauchte Meerestier total vom Hocker. Es war riesig. Damit meine ich nicht ein bisschen riesig, sondern über alle Größenmaße hinaus gigantisch.

Der Wal war von der Herde der Schwertwale getrennt. Er befand sich noch weit draußen auf dem Meer und bewegte sich auf die Küste von Puget Sound zu. Um mich zu sehen? Das konnte ich nicht erkennen. Doch er hatte eine Agenda und befand sich auf einer Mission. Ich wusste, dass es ein Er war, da er sich als junger männlicher Wal identifizierte – das, was bei Menschen ein junger Mann Anfang zwanzig wäre, der aufs College oder zum Militär gehen könnte.

Ich fragte ihn, was er vor der Küste von Seattle mache. Seine Antwort lässt sich am ehesten als „Auskundschaften“ beschreiben. Daraufhin fragte ich ihn, ob er alleine sei, und er antwortete mit „Ja“. Ich stellte mich auf seine Persönlichkeit ein, um herauszufinden, mit wem ich es hier zu tun hatte, da dies meine erste Unterhaltung mit einem Wal war. Offensichtlich war er das, was bei uns Menschen ein junger Marinesoldat wäre, ein speziell ausgebildeter Krieger, eine Art Ninja, dessen Sinne so fein geschult waren, dass er weite

Strecken zurücklegen konnte, um neues Terrain für seine Gemeinschaft zu erkunden.

Aber sein Äußeres! Du meine Güte! Ich kann nur sagen, dass sein Körper einer riesigen treibenden Austernschale in der Größe eines Schlachtschiffs ähnelte.

„Guten Abend! Was bist du? Und bist du wirklich alleine?"

Er hatte keine Bezeichnung für seine Spezies, und darüber bin ich froh, da die Menschen diesen majestätischen Lebewesen so unschöne und entwürdigende Namen gegeben haben, dass ich es für das Beste hielt, wenn er unsere Bezeichnung für seine Artgenossen nicht erfuhr. Er versicherte mir, dass er wirklich allein unterwegs war, und während ich das Gewässer durchforschte, fand ich viele, viele Meilen weit keinen seiner Artgenossen. Er zeigte mir auch seine Meereskarte und seine Route, und ich konnte erkennen, dass er seit Wochen allein durchs Meer schwamm und vorhatte, am nächsten Tag am Puget Sound anzukommen – ausgerechnet an dem Tag, an dem mein Boot hinausfahren würde! Offensichtlich würde ich dem Rambo der Wale begegnen. Ich schwebte im siebten Himmel.

„Wo sind denn deine Leute stationiert?", fragte ich ihn.

„Vor Hawaii", sagte er.

„Du bist den ganzen Weg von *Hawaii* hergeschwommen? Ganz alleine?" Ich konnte es nicht glauben.

„Ja", antwortete er.

„Und was suchst du hier?"

„Futter. Frisches Futter."

Das Gefühl, das ich von ihm empfing, war ein ganz anderes als die Schwingungen der fünf Schwertwale. Er hatte eine völlig andere Form und war vollkommen autonom, absolut friedlich und voller Vertrauen in seine Fähigkeiten, so als wäre er der oberste Kommandeur der CIA. Den Großteil des Zaubers, der ihn umgab, kann ich nicht in Worte fassen, doch als ich mich auf seine Mission einstellte, fühlte ich mich wie im Computerraum eines Raumschiffs in einer futuristischen Episode von *Krieg der Sterne*, in dem der Programmierer alle Monitore gleichzeitig bedient, während er mühelos das Raumschiff navigiert.

Und ich bekam das faszinierende Gefühl – was mit unserer menschlichen Logik nichts mehr zu tun hat –, dass er die Informationen über das neue Territorium um ihn herum nach Hause weiterleitete, noch während er die Informationen aufnahm. Es war, als könnte seine Herde vor Hawaii seine Reise durch seine Augen sehen. Er funktionierte wie eine Kamera, die Informationen speichern und sie seinem Volk schicken konnte, das seine Erkundungen live mitverfolgte, als würde es eine Live-Sendung im Fernsehen sehen.

Ich fragte ihn danach. „Was immer du gerade siehst, kannst du nach Hause senden?"

„Ja."

„Und was tust du, wenn du Futter findest?"

„Dann werden wir als Herde von Hawaii zurück zum Puget Sound ziehen."

Okay, haltet euch fest. Der wilde Ritt hat gerade erst begonnen, und wie ich schon sagte, ist die Geschichte nicht lustig.

Als ich mich in dieser Nacht naiv – oder dumm – auf meine Begegnung mit den Walen freute, geschah etwas Schreckliches. Ich versuchte immer wieder, mentale Verbindung mit dem Anführer der fünf Schwertwale aufzunehmen, um ihn zu bitten, sich am nächsten Tag mit mir zu treffen. Ich konnte den Chef der Herde ausfindig machen. Es war eine Matriarchin, doch dann passierte etwas sehr Unangenehmes in meinem Kopf. Ich fühlte mich wie in einem Kriegsfilm, in dem wir das miterleben, was Soldaten auf dem Schlachtfeld in Vietnam durchmachten. Ich versuchte zu schlafen, doch jedes Mal beim Eindösen hörte ich dröhnende Schläge, bei denen mir beinahe die Ohren explodierten. Um Mitternacht war ich so fertig mit den Nerven, dass mir so war, als würden Flieger um mich herum Bomben werfen. Der Druck in meinen Ohren tat höllisch weh, und ich fing an zu weinen. Überall um mich herum explodierten Bomben, Bomben, Bomben, und obwohl ich versuchte, ihnen zu entkommen und meine Familie zu retten, gab es für uns kein Entrinnen. In einem aufgewühlten Meer voller gewaltiger Schläge und Explosionen wurde ich immer panischer.

Das ging die ganze Nacht so. Jedes Mal, wenn ich versuchte einzuschlafen, ging der Donner aus Bomben und Terror wieder los, und mir war, als würden gleich meine Ohrtrommeln von all dem Lärm bluten.

Mein armer Freund sagte mir, dass es nur Einbildung war, doch auch um zwei Uhr morgens weinte ich und konnte nicht schlafen. Mit einer Hellseherin zu leben ist nicht leicht. Es war nicht das erste Mal, dass er die ganze Nacht über miterleben musste, wie ich auf unsichtbare Dämonen reagierte, und die Tatsache, dass dem Wal-Trip mein Ausflippen über Unterwasserexperimente voranging, war sicher nicht das, was er sich unter Freizeitspaß vorstellte. Früh am nächsten Morgen begab ich mich aufgewühlt und mit roten Augen zum Boot, das zum Puget Sound schippern würde.

Ich versuchte, mich zusammenzureißen. In der Öffentlichkeit erzähle ich Fremden nie, wer ich bin und was ich tue. Ich achte sehr auf meine Privatsphäre, wenn ich nicht gerade arbeite. Doch an diesem Tag überkam mich irgendwas. Eine junge Frau stellte sich als unsere Tour-Leiterin vor und erwähnte ihre vielen Qualifikationen als angehende Marinebiologin. Normalerweise drücke ich niemandem aufs Auge, dass ich Hellseherin bin. Doch an diesem Tag war ich von der höllischen Nacht davor möglicherweise einfach zu erschöpft und neben der Kappe. Daher nutzte ich die Chance, als ich einen Augenblick mit der sympathischen jungen Frau alleine war, als das Boot losfuhr. Ich nahm sie zur Seite und sagte: „Ich bin Hellseherin. Vielleicht glauben Sie an so was nicht, aber da draußen auf dem Meer befinden sich fünf Schwertwale und noch ein anderer junger Wal. Ich weiß zwar nicht, was für eine Art von Wal er ist, aber er sieht aus wie eine riesengroße Auster. Er ist noch außer Sichtweite, ist aber schon auf dem Weg hierher."

Das Mädchen zuckte noch nicht mal zusammen. Sie unterhielt sich sogar fasziniert über meine Eindrücke mit mir.

„Wo kommt der junge Wal denn her?", wollte sie wissen.

Wie gesagt habe ich keine Ahnung von Walen oder wo sie heimisch sind. Es klang daher so überirdisch, dass ich mich irren *musste*. Ich holte tief Luft und schloss die Augen. Gleich würde ich mich so lächerlich machen, dass sogar ich sie dabei nicht ansehen konnte.

„Hawaii. Er sagt, er sei die ganze Strecke von Hawaii alleine geschwommen."

Sie riss die Augen auf und lächelte strahlend.

„Echt?! Sie kommen *zurück*?"

Wie sie mir bestätigte, war eine Herde aus fünf Schwertwalen vor wenigen Tagen in dieser Gegend gesichtet worden. Ich sagte ihr, dass die Gruppe von einem Weibchen angeführt wurde, und das nette Mädchen bestätigte, dass ihr Team die Matriarchin und ihre Truppe vor ein paar Wochen gesehen hatte.

Sie wusste jedoch auch nicht, was für eine Unterspezies das junge Männchen war und sagte, dass in letzter Zeit keine anderen Walarten im Sound gesichtet worden seien. Sie schien sich jedoch große Hoffnungen zu machen – und ein Geheimnis zu haben, wollte jedoch nichts sagen, bevor er sich zeigte.

Ich hockte hinten im Boot, ließ mir von der Brise die Haare aufwirbeln und wünschte mir, dass sie mir auch den Nebel aus dem Hirn pusten würde und die Wellen der Panik, Frustration und Wut wegtragen würde. Aber das Gefühl, von Explosionen verfolgt zu werden, konnte ich nicht abschütteln.

Als ich spürte, dass sich unser Boot den fünf Schwertwalen näherte, fasste ich unsere Tour-Leiterin am Arm und sagte: „Wir sind schon fast über ihnen. Sie schwimmen unter dem Boot." Wie sie bestätigte, waren wir in der Nähe der Stelle, an der die Wale vor ein paar Tagen gesehen worden waren. Ich fragte sie, ob das Militär hier Unterwasserexperimente durchgeführt und dabei Explosionen verursacht hatte, die diese Wale beunruhigen und ihr Sonar durcheinanderbringen würden.

Sie nickte. „Es gibt hier drei Militär-Stützpunkte um uns herum, und ja, sie machen Unterwasserexperimente."

Ich bat die Matriarchin der Schwertwal-Herde, ihr Völkchen heraufzurufen, damit wir sie sehen könnten, doch in der Stunde, die wir auf dem Wasser trieben, bekamen wir keinen einzigen Schwertwal zu Gesicht. Natürlich wollte ich sie unbedingt sehen, so wie auch alle anderen Touristen.

„Würdet ihr bitte an die Oberfläche kommen?", flehte ich sie an.

„Kannst du uns helfen?", hörte ich von der starken Matriarchin.

„Nein", schickte ich ihr als Antwort zusammen mit einer Welle der Trauer.

„Warum kannst du uns nicht *helfen*, wo du uns doch *hören* kannst?", fragte sie.

„Ich glaube, das Militär der Menschen führt die Experimente durch. Und der Lärm muss für euer Sonar wie Explosionen klingen. Ich kann sie nicht davon abhalten. Keiner hört auf mich. Es tut mir so leid."

„Dann fahr zur Hölle! Warum sollten wir dann auftauchen, um dich kennenzulernen?", fragte sie. Ich spürte, dass die Herde aufgebracht davonschwamm, weg von mir und dem Boot. Die Matriarchin war wütend auf mich, und das zu Recht, weil sie zum ersten Mal im Leben ein menschliches Wesen an Land vorgefunden hatte, das ihre Schallwellen empfangen konnte – und trotzdem war ich für sie und ihr Volk völlig nutzlos.

Mir wurde das Herz schwer und mir war übel. Ihre Reaktion war völlig angemessen. Ich war es nicht wert, von dieser Meeresgöttin und ihrer Familie unterhalten zu werden, nur damit die Touristen ein paar Schnappschüsse machen konnten. Es machte für sie keinen Sinn, zuzulassen, dass ich mir einbildete, ich hätte Verbindung zu ihr aufgenommen. Sie schuldete mir keine Zirkusnummer. Ich verdiente sie nicht. Und so, wie wir diese Tiere behandeln, verdient kein Mensch eine solche Belohnung.

Am Boden zerstört setzte ich mich wieder hin und fühlte mich, als hätte ich einen Schlag in die Magengrube erhalten. Aber ich schmollte nicht lange, da alle anderen im Boot plötzlich frohlockten und mit dem Finger in die andere Richtung zeigten. Ein unerwarteter Gast traf ein – und *wie*! Ein riesiger Wal, der im Meer planschte und Wasser aus seinem Atemloch blies, wurde am Horizont gesichtet. Er schwamm direkt auf unser Boot zu.

Mein Riese tauchte auf, um sicherzustellen, dass ich ihn sah, und um alle anderen im Boot zu begeistern. Ich klammerte mich immer noch an den Arm der Tour-Leiterin, während wir uns umdrehten, um einen Blick auf ihn zu erhaschen.

„Ich weiß, es klingt verrückt, dass er sagt, er sei aus Hawaii. Aber er ist hier auf einer Aufklärungsmission, um zu sehen, ob er seine Herde von Hawaii hierher umsiedeln kann. Er möchte sehen, ob das Futter hier oben jetzt wieder gut ist."

Die Tour-Leiterin bestätigte aufgeregt: „Es ist ein Pottwal! Die wurden mehr als drei Jahre lang hier nicht mehr gesichtet! Ihre Futterquelle ist vor drei Jahren versiegt und daraufhin sind sie alle nach Hawaii verschwunden!"

„Sie wollen aber zurückkommen!" Ich hatte einen Kloß im Hals. Uns beiden kamen die Tränen, während sie mich umarmte. Wenn sich die Nahrungsquelle genügend erholt hatte, um sie zurückzulocken, war das ein sehr gutes Zeichen für das Ökosystem im Puget Sound.

Mein Rambo kam zwar nicht sehr nahe ans Boot, doch trotz der Entfernung konnte ich erkennen, dass er ein attraktiver Bursche mit einem gewinnenden Lächeln war, und was mich an eine Austernschale erinnert hatte, war das Muster der Rankenfüßer auf seinem Rücken. Er und ich hatten nur einen kurzen Augenblick für uns, bevor er wieder abtauchte, doch zum Abschied schwamm er noch neben unserem Boot her.

Ich verwende in diesem Buch viele Adjektive wie *aufregend, bewunderungswürdig, phänomenal, der verzauberndste Moment in meinem Leben* und so weiter. Doch für das, was ich an diesem Tag erlebte, gibt es keine Worte. Dieser Jedi-Ritter aus der Welt der Wale hatte Verbindung zu mir aufgenommen, damit ich ihn hören konnte, und er schwamm eine weite Strecke – bei perfektem Timing –, um innerhalb meiner begrenzten Sicht an unserem Boot aufzutauchen. Für diese Ehre fehlen mir die Worte. Leider habe ich auch keine Worte für das amerikanische Militär, das die Lebewesen unserer Meere foltert, ohne es zu wollen. Mir würden zwar schon ein paar Wörter einfallen, doch sie eignen sich nicht für eine spirituelle Person.

Viele Menschen haben mir über die Jahre E-Mails geschickt und mich nach den Walen gefragt und auf welche Weise wir Menschen ihr Sonar stören. Sie fragen mich, warum so viele Wale weltweit an den Küsten angeschwemmt werden und aus mysteriösen Gründen zugrunde gehen, und beklagen, dass wir tragischerweise im Internet so viele Bilder von verblutenden Delfinen sehen.

Was können wir tun? Ich habe noch keine Antworten auf diese Frage gefunden. Meine Bitte an Sie alle ist keine Belehrung einer Expertin, sondern eine globale Bitte, darauf zu bestehen, dass Militär und Unternehmen mit den Unterwasserexperimenten aufhören, die unsere Wale und Delfine umbringen oder sie aufgrund gestörter Sonarmuster so desorientieren, dass sie nicht länger überleben können.

Meine Schüler und Leser schicken mir viele E-Mails, in denen sie mich fragen, ob es auf der Erde einen sicheren Ort gibt, an den wir die Wale „schicken“ können, um ihnen die Information zu übermitteln, dass es ein sicheres Stück Ozean weitab des Zugriffs unseres Militärs und seiner ständigen Verbrechen gegen die Natur gibt.

Wie ich erfahren habe, gibt es einen Zufluchtsort vor der Küste der Kanaren. Es handelt sich um eine militärfreie Zone, in der unsere Meeresbewohner, die von Schallwellen angetrieben werden, ein bisschen Frieden finden können. Seit meiner ergreifenden Begegnung mit den Schwertwalen versuche ich, ihnen diese Botschaft zu übermitteln, und bitte sie darum, neue Gebiete auf der Suche nach sauberem, sicherem Terrain so weit wie möglich von uns Menschen entfernt auszukundschaften.

Glücklicherweise hatte ich seit der herzergreifenden Tour an den Puget Sound noch eine spannende Begegnung mit diesen prächtigen Lebewesen, und meine bisher letzte Begegnung mit Walen ist eine heitere Geschichte mit Happy End. Ungefähr ein Jahr nach der grauenhaften Nachricht der Schwertwale in Seattle lebte ich wieder einmal in Los Angeles. Eine meiner Leserinnen kontaktierte mich über meine Webseite. Sie heißt Gaby und ist eine deutsche Tierärztin in Kalifornien, die sich sehr freute, dass ich zurück „nach Hause“ in Südkalifornien zog. Mittlerweile hat sie ihre Tierarztpraxis aufgegeben und arbeitet nun ganzheitlich mit Pferden. Wir lernten uns kennen und wurden rasch Freunde. Ich besuchte sie sogar und verbrachte mehrere Tage in ihrem Haus im idyllischen San Juan Capistrano, wo wir darüber sprachen, wie sehr ich mir wünschte, auf eine Walbeobachtungs-Expedition vor der Küste von Dana Point zu gehen, von wo aus alle Touristenboote aufs Meer hinausfahren, um die wandernden Wale zu beobachten.

Sie erzählte mir, dass sie zufällig mit einem Mann befreundet sei, der eines dieser Boote steuerte. Es war Captain Larry, der damals für *Captain Dave's Dolphin and Whale Watching Safaris* arbeitete. (Larry ist leider mittlerweile aus dieser Firma ausgeschieden.) Captain Larry traf sich sogar mit uns auf einen Drink, damit Gaby mich ihm vorstellen und ihm meine Tätigkeit erklären konnte. Ich spielte meine Fähigkeiten herunter, da ich nie vorhersehen kann, wann oder wie meine Verabredungen mit Haien oder Walen stattfinden. In Gegenwart dieses Mannes, der seinen Lebensunterhalt damit verdiente, Touristen zu Walsichtungen zu bringen, wollte ich keine unglaublichen Dinge behaupten, die ich möglicherweise nicht umsetzen konnte.

Larry lachte nur über das, was ich „tue“, so wie die meisten Männer, deren Beruf es ist, Wildtiere ausfindig zu machen. Er versprach mir jedoch, mich im Boot mitzunehmen und dass wir auf alle Fälle Spaß haben würden. Die Firma bot für ihre Ausflüge eine 100-Prozent-Geld-zurück-Garantie an. Wenn man als Tourist an diesem Tag keine Wale zu sehen bekam, erhielt man dafür ein kostenloses Ticket für eine erneute Bootsfahrt an einem anderen Tag.

Wir setzten den Termin auf ein paar Wochen später. Das Datum war um Gabys Geburtstag herum, und so beschloss sie, zehn Frauen einzuladen und aus dem Bootstrip eine Geburtstagsparty zu machen. Sie entschied sich für einen Sonntag. Ich plante, am Samstag vor der Party mit dem Boot hinauszufahren und zu beten, dass wir am Sonntagnachmittag Wale sehen würden.

Da mir das Alpha-Weibchen der Schwertwale, die Femme fatale des Meeres, noch nicht mal einen flüchtigen Blick auf ihren prächtigen schwarzweißen Frack gegönnt hatte, waren meine Erwartungen jedoch nicht sehr hoch. Außerdem weiß ich, dass das US-Militär auch Experimente vor der Küste Südkaliforniens durchführt. Und daher hätte ich es mir nie träumen lassen, von einer Herde Wale mit breiten Lächeln und offenen Flossen begrüßt zu werden. Doch dann schwamm Gott herbei und versetzte mir eine Kopfnuss mit der Schwanzflosse ...

Am Freitagmorgen vor der Geburtstagsparty saß ich still am Computer, als fünf Riesenwale in mein Arbeitszimmer „schwammen“ und meinen Gedankenfluss unterbrachen. Eine Quantenmail von fünf lauten Seeungeheuern lässt sich nicht so einfach ignorieren.

„Oje, jetzt geht es schon wieder los“, dachte ich. „Was kann ich für euch tun?“, fragte ich dann. „Und werdet ihr alle am Sonntag kommen?“

„Nein. Du musst am *Samstag* kommen! Am Sonntag sind wir schon wieder weg!“, sagte einer von ihnen, der für die ganze Gruppe sprach.

„Aber die Party findet doch am Sonntag statt! Könnt ihr nicht bis Sonntag warten? Dann sind wir alle auf dem Boot“, fragte ich.

„Nein“, beharrte der Sprecher der Wale. „Wir sind in Eile! Ihr müsst schon morgen kommen, wenn ihr uns sehen wollt!“

Es waren große Wale. Damit meine ich *richtig* große Wale. So groß wie kleine Segelboote. Sie waren eine andere Unterart von Wal, die ich noch nie gesehen hatte – nicht so groß oder massig wie der Pottwal, sondern langgestreckt, schlank und dunkel. Und wieder bestand die Herde aus fünf Tieren. Um ganz sicherzugehen, erkundigte ich mich nach ihrer Zahl. „Wie viele seid ihr denn?“

„Fünf! Wir haben nicht viel Zeit! Ihr müsst eure Pläne ändern!“

Damit schwammen sie weg und verschwanden aus meinen Gedanken. Ich weiß, was Sie jetzt denken: Es klingt, als wäre ich schon leicht der Realität entrückt gewesen, doch nach der Begegnung mit den Walen an der Küste von Seattle wusste ich es besser, als diese Vision anzuzweifeln. Also rief ich Gaby an.

„Gaby, du musst die Party einen Tag vorverlegen! Die Wale waren gerade bei mir! Es sind fünf riesige Wale, die sich mit uns treffen wollen! Aber sie haben gesagt, sie würden *morgen* kommen, nicht am Sonntag! Sie sind auf der Durchreise und haben es eilig. Sie sagen, sie können nicht bis Sonntag warten.“

Gaby glaubte an mich und meine durchgeknallte Vorhersage. In den nächsten Stunden rief sie die anderen neun Bekannten an und sagte ihre Geburtstagsparty ab. Doch davor rief sie Captain Larry an und gab die Nachricht an ihn weiter. Sie buchte für Samstag statt Sonntag zwei Plätze auf seinem Boot für uns. Ich stopfte ein paar Sachen in meine Reisetasche und startete, um noch am Abend in San Juan Capistrano einzutreffen, damit ich am nächsten Morgen frisch und munter für die Bootstour war. Zum Glück musste ich mich nicht durch eine weitere Nacht voller Unterwasser-Detonationen quälen.

Am nächsten Tag war ich etwas genervt, als ich die Schlange von mindestens fünfzig Leuten sah, die alle im Boot mitfahren wollten. Doch dann tauchte Captain Larry auf, der mich und Gaby an der langen Warteschlange vorbei aufs Kapitänsdeck schleuste, von wo aus wir unsere Privattour genießen konnten. Wir fühlten uns wie Promis!

Ich muss jedoch zugeben, dass ich ein wenig das Gefühl hatte, von diesem erfahrenen alten Seemann getestet zu werden, und mir war klar, dass ich die Zielscheibe vieler Witze sein würde, wenn sich meine fünf Phantomwale doch nicht zeigten. In den letzten Tagen waren nur wenige Wale gesichtet worden; ein oder zwei Wale in der Ferne waren schon viel. Meine Geschichte von fünf Riesenwalen, die bei ruhigem Wasser aus dem Meer auftauchen würden, klang unglaublich. Auch muss ich zugeben, dass ich selbst nach all den Jahren immer noch ein paar Schmetterlinge im Bauch spüre, wenn ich auf ein wildes Tier warte, mit dem ich verabredet bin. Die See war ruhig, und in der ersten Dreiviertelstunde war kein Wal weit und breit zu sehen, doch ich rief mir immer wieder das Ereignis in Südafrika ins Gedächtnis, als die Königin der großen weißen Haie erst eine Stunde, nachdem der Kapitän hatte umdrehen wollen, auftauchte. Wieder einmal hockte ich wie eine arme Irre meditierend und betend da, während ich mir die Hände an die Schläfen hielt, um meine mickerigen menschlichen Schallwellen so gut ich konnte auszusenden.

Sie hörten sie! Plötzlich sah ich, wie die Menge auf dem Deck unter uns ausflippte. Ein sehr großer Wal war an die Wasseroberfläche gekommen und posierte nun für Schnappschüsse. Doch dann tauchte auch noch ein zweiter Wal auf der anderen Seite des Boots auf. Und gleich darauf kam ein dritter direkt vor meinen Augen an die Oberfläche! Und dann noch einer!

Als der fünfte Wal hinter dem Boot auftauchte, bekam ich ein mulmiges Gefühl, das ich noch nie erlebt hatte. Die Wale schwammen unter dem Boot, tauchten und spielten um das Boot herum, und sie waren so riesengroß, dass sie unser Boot mit dem Kopf oder dem Schwanz leicht hätten zum Kentern bringen können. Was sie natürlich nicht taten. Larry stellte den Motor ab und wir trieben mitten in fünf Riesenwalen. Er informierte mich, dass es Finnwale waren und dass eine so große Herde selten ist.

Und wieder einmal fehlen mir die Worte bei dem Versuch, das Gefühl zu beschreiben, das ich in ihrer Gegenwart empfand. Mir war, als wäre ich von einem Rat der Götter umgeben. Es war, als wären Apollo, Zeus, Merkur, Hermes und Athena in ihren Triumphwagen vom Himmel herabgefahren und auf der Erde real geworden. Und dann fassten sich die fünf Götter und Göttinnen um mich herum an den Händen. Alle fünf Wale hatten anscheinend auch „ihren Motor abgeschaltet". Sie trieben vollkommen still im Kreis um unser Boot herum. Der Friede, der in meinem Herzen einkehrte, und die Güte, die sie ausstrahlten, gaben mir das Gefühl, als hätten sich die Erzengel unerwartet manifestiert und als würden sie Gelassenheit, Kraft und Hoffnung in jedes Wassermolekül meines Körpers pumpen. „Hoffnung" ist vielleicht der falsche Ausdruck, da Wale glauben, schon alles zu haben, was sie brauchen. Dieses *Alles* geht mit einer Anmut und Dankbarkeit einher, die Menschen nicht ausstrahlen. Es ist also nicht Hoffnung, sondern eher der Glaube an ihre Fähigkeiten und ihren Platz in dieser Welt, das Vertrauen, dass sie so stark sind, dass alles in Ordnung kommt, eine elektrische Fähigkeit, sofort und mühelos miteinander zu kommunizieren, und das Gefühl des Einsseins mit anderen Lebewesen ihrer Spezies.

Diese Gefühle spüre ich nicht, wenn ich versuche, mit Menschen zu kommunizieren. Dieses Allwissen der Wale hat etwas Einzigartiges, und wenn ich mich darauf einstelle, fühle ich mich sicherer und geborgener als je zuvor. Dieser Ältestenrat kreiste eine Weile ums Boot herum, bevor einer der Wale schließlich untertauchte und die anderen ihm folgten. Sie sprachen nicht in den Worten mit mir, die mein hellseherisches Hören sonst aus Informationen heraushört. Stattdessen vermittelten sie mir eine mystische Form von Feineinstellung, so als würden sie alle meine Körperflüssigkeiten mit einer

Stimmgabel zum Schwingen bringen, als würden sie alles, was ich dachte und fühlte – was ich *war* –, in ein vereintes Feld der zusammenhängenden Freude bringen.

An diesem Tag hatte ich das Gefühl, mein ganzes Leben lang ein loser Stecker gewesen zu sein, der an einem leblosen Draht hing, und plötzlich waren fünf Finnwale aus dem Nichts aufgetaucht und hatten mich, ohne darüber nachdenken zu müssen, wieder in die Steckdose gesteckt. Der Energiestrom, der durch meinen Körper strömte, fühlte sich unerwartet gut an. Ich befand mich im Herzen eines fünfzackigen Sterns, während fünf Blitzschläge aus jeder Richtung in meinen Körper einschlugen. Sie kamen in mein Inneres, strahlten ihr Sonar aus allen fünf Richtungen in mich hinein, *taten etwas mit dem Wasser in meinem Körper* und erneuerten mein Energiefeld. Alles in mir, was sich unsicher, traurig, ängstlich und unbeständig gefühlt hatte, löste sich auf wundersame Weise auf. Sofort fing jedes Atom in meinem Körper an zu singen und mühelos in einem Glücksmeer zu fließen.

Natürlich war auch Gaby begeistert, und Captain Larry war total baff, doch ich konnte nicht erklären, was sie „gesagt" hatten oder warum sie unsere Verabredung eingehalten hatten. Vielleicht waren sie nur gekommen, um mir ein Geschenk zu machen – nämlich dieses „Wiedereinstecken". Und da unsere Kommunikation nicht einseitig war, konnte ich ihre Körper scannen und meine Schwingungen ihrer Frequenz anpassen und bekam so die Gelegenheit – wenn auch nur für ein paar Augenblicke – zu spüren, wie gut es sich anfühlt, ein Finnwal zu sein.

Dies sind die vier Begegnungen, die ich bisher mit Walen hatte, und bis heute sind darunter nur Buckelwale, die Schwertwale, die sich nie zu erkennen gaben, der Pottwal und die fünf Finnwale. Ich hoffe, im Leben noch viel mehr Wale kennenzulernen, und vielleicht kann ich Sie sogar zu einem Walbeobachtungsausflug in Kapstadt in Verbindung mit Haitauchen unter der Anleitung der tollen, mutigen Lesley Rochat mitnehmen.

Ich werde einige Recherchen über die Walarten, denen ich begegnet bin, mit Ihnen teilen. Noch faszinierender sind einige Theorien über Schallwellen, und zwar nicht nur die Art von Sonar, die Wale untereinander anwenden, sondern auch die Art, die ich allgemein für die Tierkommunikation nutze. In diesem Kapitel werden wir ein paar Konzepte über intuitive Kommunikation näher untersuchen, und ich werde Ihnen Techniken vorstellen, damit auch Sie anfangen können, mit Ihren Tieren zu Hause zu „sprechen". Ihre Vierbeiner werden sich über Ihre Bemühungen freuen, und keiner verdient es mehr, gehört zu werden, als die Tiere, die Sie lieben.

Ich werde das Nullpunktenergiefeld in der Sprache der Laien erklären, und da es auch ein Meer ist, ist dieses Kapitel über den Ozean der richtige Zeitpunkt für seine Einführung. Es gibt keine bessere Analogie als die zum Sonar des Wals, um zu erklären, wie wir alle lernen können, übersinnliche Wahrnehmung in Verbindung mit „hellseherischen" Fähigkeiten zu nutzen. Denn dieses Konzept eignet sich wunderbar als Verdeutlichung der menschlichen Fähigkeit, Frequenzen bei der Tierkommunikation aufzugreifen, und nicht nur Informationen zu senden, sondern auch zuzuhören und Informationen zu empfangen.

Und natürlich werden wir uns den Gesang der Wale und das, was sie meines Erachtens einander wirklich sagen, näher ansehen. Doch zuerst möchte ich Ihnen ein paar lustige Fakten über die Walarten nennen, denen ich bisher begegnet bin und mit denen ich gesprochen habe.

BUCKELWALE

Der Buckelwal hat seinen Namen wegen des großen Bogens im Rücken, der sich beim Auftauchen zeigt. Diese freundlichen Wale sind schwarzgrau, werden 14,6 bis 15 Meter lang und lassen sich leicht an ihren langen, kegelförmigen, flügelartigen Flossen erkennen. Wenn sie sich bei ihren berühmten Akrobatikkunststücken in die Luft werfen, können sie große Wassermassen aufwirbeln, da sie dreißig- bis vierzigtausend Kilo wiegen. Sogar ein Buckelwalbaby kann mit einem kleinen Salto das ganze Wasser aus einem Swimmingpool schleudern! Wegen ihres musikalischen Talents beim Komponieren und Singen und wegen ihrer komplexen Melodien werden diese liebenswerten Meeresriesen „Liedermacher des Meeres“ genannt. Weiter hinten in diesem Kapitel werden wir den Rhythm & Blues der Buckelwale näher erforschen.

Laut meiner Lieblingsorganisation zur Rettung und zum Schutz der Wale, der Sea Shepherd Conservation Society, finden sich Buckelwale in allen Meeren der Erde. Die meisten Buckelwalschwärme folgen einer gewöhnlichen Wanderroute; im Sommer ernähren sie sich in kühlen und sogar Polargewässern und überwintern in tropischen Gewässern, wo sie sich paaren und ihre Kinder gebären. (Dieses clevere Arrangement bringt mich zum Lächeln und erinnert mich an viele der schlauen Rentner, die als „Schneevögel“ in Palm Springs überwintern und in den heißen Sommermonaten in kühlere Gefilde übersiedeln.) Buckelwale wandern jedes Jahr im April und Mai von der Antarktis über südafrikanische Meere zu tropischen Gewässern vor der Küste von Mosambik, dem Süden von Madagaskar und Angola. Das ist der Grund, weshalb ich die beiden Wale vor der Küste von Kapstadt im Wasser planschen sah, als sie sich von mir verabschiedeten, bevor ich zurück nach Hause fliegen musste. Diese tollen Tiere haben ein unglaubliches Durchhaltevermögen; sie reisen bei jeder saisonalen Wanderung eine Strecke von über 3.100 Meilen (5.000 Kilometer) fast ohne Pausen. Während der Wanderung legen sie mehr als 1.000 Meilen im Monat zurück.

Vielleicht ist das der Grund, warum sie unterwegs singen und neue Melodien ausprobieren – als Zeitvertreib, so wie meine Geschwister und ich es als Kinder auf langen Autofahrten durch den Westen von Texas taten. Einmal fuhren meine Eltern drei Tage lang durch, und ich weiß noch, dass wir Kinder und meine Mutter im Auto viel gesungen und uns alberne Verse ausgedacht haben, damit die Zeit schneller verging.

Möglicherweise singen die riesigen Baritone des Meeres auf ihren „Fahrtstrecken“ einfach nur, um sich die Zeit zu vertreiben und die Mädels zu unterhalten. Ihre Geschwindigkeit beträgt nur 3 bis 9 Meilen pro Stunde, doch wenn sie Gefahr wittern, können sie auf bis zu 16,5 Meilen pro Stunde beschleunigen. Zum Glück können sie auch tief abtauchen – bis zu zehn Meter tief – und bis zu dreißig Minuten lang die Luft anhalten!

Doch im Allgemeinen bleiben sie in der Nähe der Küste, da ihre Futterstellen und die Plätze, an denen sie sich paaren und gebären, nahe am Strand liegen. Da diese sanften Riesen langsame Schwimmer sind, sind sie tragischerweise eine leichte Beute für Walfänger. Die International Whaling Commission (Internationale Walkommission) stellte sie zwar 1966 unter weltweiten Schutz, doch bis in die 1970er wurden Wale massenweise illegal von den Sowjets abgeschlachtet, und noch heute fangen und töten Japan, Norwegen und Island Wale. Marineforscher schätzen den heutigen Bestand an Buckelwalen auf circa dreißig- bis vierzigtausend, was weniger als 35 Prozent des ursprünglichen Bestands ist. Was für eine Schande, dass menschliche Walfänger so viele dieser prachtvollen Musiker ausgelöscht haben!

Diese zauberhaften Kreaturen lieben kulinarische Delikatessen, denn sie ernähren sich von einigen der winzigsten Lebewesen im Meer, die so klein sind, dass sie sogar durch eine Cocktailgabel hindurchfallen würden. Buckelwale ernähren sich von Krill, kleinen krabbenartigen Krustentieren und verschiedenen Arten kleiner Fische. Ein Wal frisst bis zu 1,36 Tonnen Futter am Tag. Können Sie sich vorstellen, in einem Meer aus Jambalaya mit Meeresfrüchten zu schwimmen und das Gefühl zu haben, als hätte Gott alles, was Sie je brauchen, in den großen Topf geworfen? Was für eine Vorstellung, in einer Welt zu leben, in der wir alle das Gefühl hätten, in einem Universum des Überflusses bestens versorgt zu sein! Kein Wunder, dass sie den ganzen Tag über fröhliche Lieder trällern!

Und wie viel Spaß Wale haben können, wenn sie nicht von Walfängern gejagt werden, denn diese fröhlichen Riesen können sogar *tan-*

zen! Buckelwale sind geborene Akrobaten. Sie können ganz aus dem Wasser springen und mit beiden Flossen nach oben auf dem Rücken schwimmen. Die Hip-Hop tanzenden Buckelwale führen auch Tanzbewegungen aus, bei denen sie ihre riesigen Schwanzflossen aus dem Wasser strecken und sie dann auf die Oberfläche klatschen lassen oder bei denen sie mit den Flossen auf die Wellen schlagen, als würden sie auf einer Basstrommel spielen. Das Foto des Jahrhunderts für jeden fotografierenden Walbeobachter ist jedoch ein Buckelwal, der wie ein Spion den Kopf bis zu dreißig Sekunden lang aus dem Wasser streckt und sich wie ein Periskop verstohlen umsieht. Dieses Verhalten hat natürlich irgendeine geheime Bedeutung für Buckelwale, während das Klatschen mit den Flossen ein deutliches Zeichen von Freude ist, eine Art „High Five" der Wale.

Die Brunftzeit der Buckelwale ist meist im Winter bis Anfang Frühling nahe an der Wasseroberfläche warmer, tropischer Meere. Die romantischen Urlaubsziele der Tiere unterscheiden sich kaum von unseren. Die Tropen sind ein beliebter Urlaubsort für diesen Jumbo-Jet-Set. In ihren Tagträumen kommen vielleicht keine Hängematten zwischen zwei Palmen unter dem Sternenhimmel Tahitis vor, doch die männlichen Buckelwale verführen die Weibchen mit zärtlichen Liebesständchen.

Welche Junggesellin mit Flossen könnte da widerstehen? Was auch immer die Jungs singen – es funktioniert eindeutig. Jedes Weibchen trägt im Durchschnitt alle zwei bis drei Jahre ein Walkalb aus, und die Trächtigkeit dauert zwölf Monate.

Bei meinen Recherchen über Buckelwalbabys fand ich heraus, dass neugeborene Wale für einen Zeitraum von fünf bis sieben Monaten ungefähr fünfundvierzig Liter Muttermilch pro Tag trinken, bis sie entwöhnt sind und feste Nahrung zu sich nehmen können. Wir können ziemlich sicher davon ausgehen, dass Buckelwalmamas sehr gute Mütter sind, und durch diese lange Säugezeit muss die Bindung zwischen Mutter und Kind sehr stark sein.

Für mich ist der faszinierendste Aspekt ihres Lebens natürlich ihr Musikkomponieren, doch darauf werde ich in einem späteren Abschnitt, dem ich die wissenschaftlich fundierte Überschrift „Doo-Be-Doo-Be-Doo“ gegeben habe, näher eingehen. Wir wollen uns nun jedoch einen Wal ansehen, der eine andere Farbe hat – meinen kleinen James-Bond-Wal, den Spion, der mich liebte, den Marinesoldaten in der Größe eines Schlachtschiffs, der sich mit mir am Puget Sound traf.

POTTWALE

Pottwale sind die größten Wale mit Zähnen und haben den größten Kopf aller Tiere der Welt, der 6 Meter lang, 3 Meter hoch und 2,1 Meter breit sein kann. Dieser Riesenkopf umfasst ungefähr ein Drittel der Körperlänge des Wals und ist oft mit kreisrunden Narben bedeckt, die nicht nur von Rankenfüßern, sondern auch von den Saugnäpfen des Riesentintenfischs, den sie jagen und fressen, herrühren. (Daher die Ähnlichkeit mit der riesigen „Austernschale“, die ich sah, als ich mich mental auf meinen klugen Wal einstellte!)

Diese stattlichen Wale haben das größte Gehirn aller Lebewesen, die je auf der Erde gelebt haben. (Kein Wunder, dass mein James Bond sein mentales Sonar so stark aussenden konnte, dass sogar mein kleines blondes Affenhirn es empfangen konnte!) Unglücklicherweise befinden sich in ihren Köpfen auch große Mengen einer Substanz, die Spermazeti genannt wird und für ihr Wohlbefinden notwendig sein könnte. Diese mysteriöse klebrige Masse hat die Aufmerksamkeit der Walfänger auf sich gezogen. Früher glaubten Walfänger, die ölige Flüssigkeit sei Sperma (offensichtlich sind sie nicht die Hellsten! Was für mich auch die Frage aufwirft, welche Probleme sie in ihrer Hochzeitsnacht bekamen ...), doch auch heute noch ist der Wissenschaft die Funktion von Spermazeti unerklärlich. Gemäß einer weit verbreiteten Theorie hilft die Flüssigkeit – die bei Kälte wachsartig fest wird – den Walen, ihre Schwimmfähigkeit zu verändern, so dass sie tieftauchen und wieder an die Oberfläche aufsteigen können. Sie können sogar wie U-Boote abtauchen! Pottwale sind dafür bekannt, dass sie auf der Suche nach leckerem Tintenfisch bis zu einem Meter tief tauchen können. Trotzdem sind sie Säugetiere und brauchen Luft zum Atmen, aber diese hervorragenden Schwimmer können bis zu neunzig Minuten unter Wasser die Luft anhalten!

Hinsichtlich ihres Mittagstisches unterscheidet sich ihre Nahrung deutlich von der ihrer Cousins, den Buckelwalen, die sich ausschließlich von Unmengen an Krill ernähren. Der Lunch eines Pottwals kann sich verzweifelt wehren und dem Wal mit einem seiner vielen Arme einen Faustschlag ins Auge verpassen. Diese Walart, die große Zähne hat, verzehrt Tausende Pfund Tintenfisch und andere Fischarten täglich – ungefähr 900 Kilo.

Doch einen so großen Appetit haben riesengroße Athleten eben. Sie brauchen die Energie, um schnell schwimmen zu können – leider, um menschlichen Jägern zu entkommen. Obwohl die normale Geschwindigkeit eines Pottwals nur ungefähr 4,5 bis 14 Stundenkilometer beträgt, kann er auf der Flucht vor einem Walfangboot bis zu 43 km/h schnell schwimmen. Könnten sie doch nur noch schneller entkommen!

Ausgewachsene männliche Wale werden ca. 15 Meter lang und wiegen ca. 36 bis 45 Tonnen. Weibchen sind zierlicher; sie werden ungefähr 10 bis 12 Meter lang und wiegen schlanke 12,5 bis 16 Tonnen. Und wenn die Größe des Gehirns dieser Wale Sie beeindruckt, dann lesen Sie weiter: Das Herz eines durchschnittlich großen Pottwals hat vier Kammern und wiegt fast hundertfünfzig Kilo – so viel wie zwei erwachsene Männer! Kein Wunder, dass es bei Mr. Bond und mir Liebe auf den ersten Blick war. Nicht nur hat er ein riesiges Gehirn, aber man stelle sich nur die Größe seines *Herzens* vor!

Die weiblichen Pottwale halten zusammen und reisen als Gruppe. Sie und ihre Jungen scheinen in Schwärmen von bis zu zwanzig Tieren zu wandern, während die männlichen Machos sich allein fortbewegen oder von einer Gruppe zur nächsten wechseln. Die Fortpflanzung der Pottwale bleibt, abhängig von der Jahreszeit, immer gleich, und Wale werden das ganze Jahr über trächtig. Die Zeit eines Pottwal-Kalbs im Mutterbauch ist länger als die eines Buckelwals. Eine Pottwal-Mutter ist unglaubliche sechzehn Monate lang schwanger, und das Baby kommt nahe an der Wasseroberfläche und mit dem Schwanz zuerst zur Welt. Das Neugeborene schwimmt dann instinktiv innerhalb von zehn Sekunden an die Oberfläche, um mit der Hilfe seiner Mutter seinen ersten Atemzug zu machen. Das wirft für mich die Frage auf, ob diese Säugetiere nicht weitaus besser auf das Leben im Meer vorbereitet sind als wir für das Leben an Land. Während wir Zweibeiner das Laufen oder auch nur das Kriechen in zwei Monaten lernen müssen, passen sich die Wale mühelos ihrer Umgebung an. Innerhalb einer halben Stunde nach seiner Geburt kann ein Walbaby schwimmen. Das Neugeborene hat eine Länge von knapp 4 Metern und ein Gewicht von ca. 900 Kilo. (Versuchen Sie mal, ein Babyhütchen in dieser Größe zu finden!) Ein weiblicher Pottwal bringt ungefähr sieben bis zehn Kälber zur Welt, und das oft mit der Unterstützung von Hebammen. Häufig helfen nämlich andere Wale bei der Geburt. Walbabys trinken um die zwanzig Liter Muttermilch am Tag und werden erst im Alter von zwei Jahren entwöhnt. Ungestört können diese Wale in der freien Natur bis zu vierzig Jahre alt werden.

Buckelwale sind zwar nicht die einzigen Sänger der Meere, doch während die Buckelwale Jazzmusiker sind, erinnern mich Pottwale an eine Latinoband mit einer heißen Schlagzeugeinlage in einem Salsatanzlokal. Sie bringen eine Reihe von Klang- oder Klickgeräuschen hervor, die nach Meinung von Walforschern der Kommunikation oder Ortung durch Echos dienen. Tragischerweise haben die Menschen, statt ihre Klangmuster zu untersuchen und zu versuchen, mehr über ihre Kommunikationsmethoden herauszufinden, eine andere Verwendung für diese Wunder der Schöpfung gefunden. Pottwale wurden in der Hochzeit des Wahlfangs im achtzehnten und neunzehnten Jahrhundert zu kostbaren Trophäen. In Herman Melvilles Moby Dick, in dem Pottwale als gefährliche menschenfressende

Seeungeheuer verdammt wurden, wurde ein Pottwal verewigt. Die sanften Riesen wurden wegen ihrem Öl und Ambra, einer Substanz, die sich um die Tintenfischschnäbel im Magen eines Wals bildet, gejagt. Ambra war – und ist immer noch – eine kostbare Substanz, die für Parfüm verwendet wird. (Ich hatte keine Ahnung, woraus Ambra hergestellt wird, und als ich es herausfand, schaute ich mir die Bestandteile all meiner Lieblingsparfüms genau an. Die Parfümflaschen, in denen Ambra vorhanden ist, habe ich in die Tonne geschmissen, wo sie auch hingehören. Auch wenn ich Parfüm liebe, hatte ich keinen Schimmer, dass dafür meine geliebten Wale ausgeschlachtet werden, und Parfüms, die Ambra enthalten, wird man nie mehr an meinem Hals schnuppern können.) Dank der Horrorgeschichten wie Moby Dick kümmert die langsame und grausame Ermordung dieser majestätischen Tiere, bei der das „Sperma" aus ihren wunderschönen Köpfen herausgeholt wird, viele Leute nicht.

Schwertwale

Schwertwale sind für ihre elegante Schwarzweißfärbung und ihre lange Rückenflosse bekannt. Wegen ihrer schicken Fräcke sind sie bei den Menschen besonders beliebt und werden in Form von Stofftieren und Cartoons verewigt, doch leider sind sie auch die Stars mehrerer Shows, bei denen die Menschen sie in engen, kleinen Aquarien gefangen halten. Schwertwale, die häufig als „Killerwale" verschrien werden, sind keine echten Wale, sondern im Grunde die größte Unterart der Delfine. Sie können mehr als 5 Tonnen schwer und 7 bis fast 10 Meter lang werden, was fast so lang ist wie ein Schulbus. Der größte Schwertwal, der je registriert worden ist, hatte eine Länge von 9,75 Metern. Die Größe und Stärke der Tiere macht sie zu einem echten Kraftwerk und zu einem der schnellsten Meeressäuger; sie können über 50 km/h schnell schwimmen.

Laut der Roten Liste der International Union for Conservation of Nature (IUCN) greifen Schwertwale, die angeblichen „Killerwale", nie Menschen an. Der Mythos ihrer Gefährlichkeit beruht auf ihrer erstaunlichen Fähigkeit, große Meerestiere wie beispielsweise Seelöwen und Wale zu jagen. Wegen ihrer auffälligen Schwarzweißzeichnung und ihrer fröhlichen runden Gesichter erinnern sie mich an riesige Pandabären, die im Wasser planschen. Die Ernährung eines Schwertwals ist jedoch das Gegenteil der Nahrung eines Pandabären, der ein friedlicher Vegetarier ist. Killerwale mit ihren großen Zähnen, die bis zu zehn Zentimeter lang werden können, haben ein einnehmendes Lächeln. Doch so ziemlich jedes Tier, das sie im Meer und sogar an der Küste finden, ist für sie willkommene Beute. Wenn Sie schon mal ein Video gesehen haben, wie sie Seelöwen auf Eisschollen belauern, um dann die Scholle umzukippen und die Seelöwen zu fressen, dann haben Sie auch gesehen, dass es den Tod einer Robbe bedeutet, wenn das imposante Grinsen vor ihr auftaucht. Schwertwale können sogar durch die Luft fliegen und ihre Beute von der Küste wegschnappen! Sie sind Superraubtiere ganz oben auf der Nahrungskette, und das bedeutet, dass kein anderes Tier (außer Menschen) Schwertwale jagt. Killerwale ernähren sich von Seevögeln, Tintenfischen, Kraken, Seeschildkröten, Haien und Rochen; sie arbeiten als Team zusammen, um ein größeres Beutetier oder eine Gruppe von Tieren, wie zum Beispiel einen Schwarm Fische, zu fangen.

Diese schlauen Fleischfresser können in jedem Klima überleben und sich den Temperaturen anpassen – von den warmen Gewässern rund um den Äquator bis hin zu den eisigen Meeren am Nord- und Südpol. Auch können sie unglaublich lange Strecken wandern und wurden schon von den Gewässern Alaskas bis in die Gewässer nahe an der Mitte Kaliforniens (einer Entfernung von über zweitausend Kilometern) nachverfolgt.

Wie meine Recherchen auf der Seite „Killer Whale (Schwertwal)“ der *National Geographic* zeigen, sind Schwertwale sehr soziale Tiere, die in Herden mit bis zu vierzig Mitgliedern leben. Schwertwale arbeiten auch bei der Versorgung ihrer Jungen in der Herde zusammen; junge Weibchen helfen den Müttern beim Aufziehen der Kleinen. (Auch wenn sie bei der Jagd gefährliche Raubtiere sind, zeigt sich hier ein liebevolles soziales Miteinander, das einfühlsamer und fürsorglicher ist als das vieler Frauen unter den Menschen, die die meisten jungen Mütter sich selbst überlassen.)

Ein Schwertwal-Weibchen bringt alle drei bis zehn Jahre nach einer Schwangerschaft von ca. siebzehn Monaten ein einzelnes Walkalb zur Welt. Laut der IUCN ist der Bestand der Schwertwale unbekannt, und deshalb kann die Organisation auch nicht sagen, ob er zurückgeht, obwohl einige Populationen geschützt sind.

Ich glaube, die Schwertwale sind wie die Wale die alten Weisen dieses Planeten und haben unseren Schutz verdient, damit wir von ihnen lernen können. Doch viele Mitmenschen teilen diese Meinung nicht. Rund um die Welt werden Schwertwale aus verschiedenen Gründen getötet. Manche Leute erlegen sie als Nahrung, während Fischer die Tiere als Rivalen ansehen, die getötet werden müssen, um den Fischbestand zu sichern. Auch durch Chemikalien und Öl verseuchte Gewässer stellen eine ernste Bedrohung für Schwertwale dar.

Es ist jedoch noch nicht zu spät für uns Menschen, ihre geheimnisvollen Kommunikationsmethoden zu erforschen. Wie Wissenschaftler herausgefunden haben, nutzen sie Echolotung zur Kommunikation untereinander und zur Jagd. Das bedeutet, dass sie Töne von sich geben, die durchs Wasser weitergeleitet werden, bis die Töne auf einen Gegenstand treffen und die Klangwelle, die den Umfang und sogar die Form des Objekts als Echo zurückschallt, zum Tier zurückgeworfen wird. Diese Fähigkeit ermöglicht es den Tieren, Gegenstände und andere Tiere in ihrer Umgebung zu orten. Auch wenn ich ihr Sonar telepathisch aufgegriffen habe und so die Herde aus fünf Schwertwalen unter Wasser zählen konnte, sind sie die einzigen Wale (oder riesige Delfine), die ich erlebt habe, welche mich nach unserem übersinnlichen Kontakt nicht kennenlernen wollten. Nun wollen wir uns jedoch die Herde näher ansehen, die ich kennenlernen durfte.

FINNWALE

Der Finnwal ist bräunlich-grau, hat einen v-förmigen Kopf und kann bis zu knapp 120 Tonnen wiegen. Hätten meine fünf neuen Freunde unser Boot zum Kentern bringen können, als sie Ringelreigen spielten und meiner Freundin ein Geburtstagsständchen erbrachten? Mit Sicherheit – immerhin war jeder der Wale so groß wie ein Segelboot! Finnwale werden bis zu 27 Meter lang und gelten als eine der größten Walarten überhaupt; nur Blauwale und Pottwale werden noch größer. Laut der Seite „Whale Facts“ (auf www.Whale Facts.org), einer Internetquelle für Informationen über Wale, kann ein einziger großer ausgewachsener Finnwal (bei 67,5 Tonnen) so viel wiegen wie zehn große Elefanten (von je 6.750 Kilo). Trotz des enormen Flossenumfangs ist dieser Wal schlank, was es ihm ermöglicht, Geschwindigkeiten von über 40 Stundenkilometer zu erreichen. Und die Lebensdauer dieser grazilen Riesen ist sehr hoch.

Laut Schätzungen kann ein gesunder ausgewachsener Finnwal bis zu einhundert Jahre alt werden, wenn er von menschlichen Jägern in Ruhe gelassen wird. Der einzige natürliche Feind des Finnwals ist eine Horde hungriger Killerwale, doch sogar diese ernste Bedrohung verblasst im Vergleich zu den Schäden, die der Mensch ihm antut. Die weit verbreitete Jagd in der Ära des Walfangs bedrohte ihre gesamte Existenz so sehr, dass sie heute auf der Liste der geschützten Tierarten der International Whaling Commission stehen. Was für ein Verbrechen gegen die Natur begehen wir Menschen als stärkste Bedrohung dieser alten Weisen des Ozeans, die im erstaunlichen Alter von einhundert Jahren möglicherweise viel Meereswissen gesammelt haben, das sie mit ins Grab nehmen! Wie gesegnet war ich also, weil ich mit fünf dieser seltenen und atemberaubenden Lebewesen sprechen konnte?

Finnwale sind Abenteurer, die durch die Meere in der ganzen Welt reisen. Ihre Nahrung besteht aus Fisch, Tintenfisch, Krill und Krustentieren (sie schwimmen sozusagen in einem weltweiten Restaurant herum). Auch wenn nur wenig über ihre Wandermuster bekannt ist, gehen Meeresbiologen davon aus, dass Finnwale sich während der

Futterzeit eher in kühleren Gewässern aufhalten und sich während der Paarungszeit in wärmere Gewässer begeben. Auch sie singen oder kommunizieren zumindest laut miteinander, um einander durch laute, tiefe Töne zu finden.

Finnwale verenden bei Zusammenstößen mit Schiffen, aufgrund von verseuchtem Wasser, Erderwärmung und Überfischung, was diesen Riesensäugetieren ihre Futterquellen nimmt. Auch werden Finnwale in Fangnetzen gefangen, in denen sie ertrinken, weil sie dann nicht an die Oberfläche auftauchen können, um zu atmen. Auch Lärm und Chemikalien im Wasser bedrohen die Existenz ganzer Gruppen von Finnwalen. Und trotz des Endes der kommerziellen Walfangindustrie und der Verbote der Jagd auf Meeressäugetiere werden die Tiere in einigen Ländern und von manchen Unternehmen immer noch als Nahrungsmittel gefangen. Igitt! Wir müssen aktiv werden, um die wichtigen Weisen unserer Meere rechtzeitig zu retten, damit sie uns lehren können, wie sie miteinander kommunizieren. Wir wollen uns mental auf die zuverlässigsten Lehrer der Ozeane einstellen und sehen, was wir von ihnen lernen können.

Das intuitive Sonar: Liebevoll zuhören

Der Versuch, zu erklären, was ESP ist, um diese bizarre Begabung mit anderen zu teilen, würde mein ganzes Leben dauern, und ich versuche es auch. Mittlerweile reise ich um die Welt, lehre seit sechzehn Jahren Tierkommunikation und versuche, diese chemischen Prozesse im Gehirn bei Tierfreunden in aller Welt auszulösen. Und dies ist mein sechstes Buch über dieses Thema. Mein Mentor war Dr. Edgar Mitchell, der Astronaut und Begründer des Institute of Noetic Sciences (Institut der Wissenschaften der Noetik). Sein Institut befasst sich mit seinen Vorstellungen über die kürzliche Entdeckung in der Quantenphysik – dem Quantenhologramm –, das auf der in der Nullpunktenergiefeldtheorie entdeckten Mathematik basiert. Ich habe Jahre mit dem Studium der Quantenenergieverbindungen zwischen dem Menschen und der Welt um uns herum verbracht, um etwas ziemlich Ungewöhnliches, das in meinem Gehirn vorgeht, zu verstehen. In Wahrheit gibt es jedoch nur eine Antwort auf die Frage: Warum habe ich ein „übersinnliches Sonar?“ Sie lautet: Ich weiß es nicht. Ich habe nur ein paar Theorien und kann Ihnen sagen: Es macht viel mehr Spaß, auf den Sonarwellen zu reiten als auf gewöhnlichen Wellen.

Also lassen Sie uns dieses mysteriöse Phänomen, das sich Sonar nennt, näher untersuchen. Wenn wir begreifen können, wie es bei Walen funktioniert, können wir möglicherweise auch einen uralten Teil unseres Gehirns wieder aktivieren, der schlummert und darauf wartet, von uns Landratten zum Leben erweckt zu werden. Wir wollen ein wenig hellseherische Spionage betreiben, den Kopf aus unserer alltäglichen Welt der Ignoranten stecken und uns umsehen!

Was ist Sonar?

Wenn ein Tier oder ein Gerät ein Geräusch macht, schickt es Klangwellen in seine Umwelt aus. Diese Wellen prallen an den nahe gelegenen Objekten ab, und manche von ihnen werden zum Sender zurückgeworfen. Es sind diese zurückgeworfenen Klangwellen, die Sie hören, wenn Ihre Stimme in einem Gebirge als Echo widerhallt. Kurz gesagt: Sonar ist ein Prozess, bei dem wir Informationen vom Echo hören und empfangen. Wale und spezielle Maschinen können reflektierte Wellen nutzen, um ferne Objekte zu lokalisieren und ihre Form sowie Bewegung zu spüren.

Der Umfang des Niedrigfrequenz-Sonars ist erstaunlich. Wie Untersuchungen zeigen, können Delfine und Wale zwischen Objekten, die so klein wie eine Schrotkugel sind, in fünfzehn Meter Entfernung unterscheiden, und sie verwenden Sonar nicht nur, um Nahrung oder ihre Familienangehörigen zu finden oder um eine Wegbeschreibung zu bekommen. Wale „sehen“ über das Sonar, da sie sich beim Navigieren durch ihre Unterwasserwelten nicht nur auf ihre Augen und Ohren verlassen. Sie verlassen sich beinahe ausschließlich auf ihr Sonar. Die Wissenschaftler müssen zwar noch die Lieder der Wale entschlüsseln, um ihre Bedeutung herauszufinden, aber ich persönlich weiß, dass Wale das Sonar verwenden, um miteinander (und mit mir) zu kommunizieren. Sonar zu senden und zu empfangen ist die wichtigste Fähigkeit, die Wale brauchen, um im Leben zu funktionieren.

Nach meiner Vermutung können Seetiere, die sich auf ihr Sonar verlassen, es auch dafür nutzen, um sich gegenseitig und sogar uns Menschen per Körperscan zu durchleuchten. Das ist der Grund, warum ein Delfin feststellen kann, dass eine Frau schwanger ist oder ein Mann Metall im Körper hat – weil das Tier Sonar wie Röntgenstrahlen anwendet, um einen Körperscan durchzuführen. Ein Delfin sieht nicht nur die äußere Form eines Objekts, seinen Standort und Umrisse, sondern sogar seinen Inhalt und die innere Struktur. Jeden Tag tauchen neue Informationen auf, die darauf hinweisen, dass Tiere wie zum Beispiel Delfine und Wale, die Sonar anwenden, damit auch unseren Gefühlszustand feststellen können. Aus diesem Grund schwimmen immer mehr Menschen mit Delfinen, weil es ihrer Gesundheit dient. Aufgrund meiner Erfahrungen mit Walen vermute ich, dass sie ihr Sonar verwenden, um telepathisch miteinander zu kommunizieren und dass sie noch eine Anzahl weiterer mysteriöser Eigenschaften besitzen, die wir Menschen erst noch entdecken müssen, so wie die geheimnisvollen Heilfähigkeiten, die die fünf Finnwale an den Tag legten, als ich ihre blitzartigen Liebesfrequenzen zu spüren bekam.

Das aktive Sonar

Laut der National Ocean Service of the National Oceanic and Atmospheric Administration (NOAA) senden „aktive Sonarwandler ein akustisches Signal oder einen Klangpuls ins Wasser aus. Wenn sich ein Objekt auf dem Weg des Klangpulses befindet, prallt der Ton vom Objekt ab und sendet ein ‚Echo' an den Sonarwandler zurück." So schlägt die Sonarwelle an dem Objekt auf, prallt ab und kehrt in einer Schlaufe zum Sender zurück, was der Sender (der nun der Empfänger ist) in Informationen über den Standort, die Größe und den Inhalt des Objekts sowie seine Geschwindigkeit übersetzt. „Wenn der Wandler die Fähigkeit besitzt, Signale zu empfangen, misst er die Stärke des Signals. Anhand der Zeit, die zwischen dem Aussenden des Klangpulses und seiner Rückkehr vergeht, kann der Wandler die Entfernung und Richtung des Objekts feststellen.“

DAS PASSIVE SONAR

Der National Ocean Service führt weiter aus:

> Passive Sonarsysteme werden hauptsächlich angewandt, um Geräusche von Objekten im Meer (wie U-Boote oder Schiffe) und Meerestieren, wie zum Beispiel Wale, wahrzunehmen. Im Gegensatz zum aktiven Sonar werden beim passiven Sonar keine eigenen Signale gesendet, was für Militärwasserfahrzeuge, die nicht entdeckt werden wollen, oder wissenschaftliche Missionen, die still ins Meer „hineinhorchen“ wollen, von Vorteil ist. Stattdessen greift das passive Sonar nur eingehende Klangwellen auf. Das passive Sonar kann die Entfernung eines Objekts nicht messen, wenn es nicht in Verbindung mit anderen passiven Lauschgeräten angewandt wird.

„HÄTTE ICH NUR EIN GEHIRN"

Ich hätte es nie vorhersagen, mir erhoffen oder träumen können, das Sonar der Wale zu empfangen. Es ist nicht so, als hätte ich mir im Kalender notieren können: „Am nächsten Dienstag: Empfange das Sonar des Pottwals auf seinem Weg durch den Pazifik.“ Die Tatsache, dass ich es hören konnte, ist jedoch nicht wirklich beeindruckend. Beeindruckend ist, dass die Wale sogar *mir* aufs Festland Signale schicken können. Das ist nur ihnen allein zu verdanken, da sie im Gegensatz zum Menschen einen Körper und einen Verstand, ein Herz und eine Seele haben, die sich nicht in winzige Stücke reißen lassen. Ihre mentalen Puzzleteile müssen enorm sein! So wie auch ihr Humor. Möglicherweise haben sie sich alle an einem Wochenende in ihrem Unterwasser-Kasino getroffen, gespielt und um einen Monatsvorrat an Krill gewettet, dass einer von ihnen Verbindung zu einer doofen blonden Tierkommunikatorin an Land aufnehmen könnte, bevor ich ihre Signale empfangen habe. Vier Walarten haben das in drei verschiedenen Teilen der Welt geschafft.

Wenn sie so gut mit mir kommunizieren können – wie gut müssen sie dann erst *miteinander* kommunizieren können! Es werden gerade neue Theorien darüber entwickelt, dass nicht nur der Mensch, sondern alle Lebewesen Intelligenz und chemische Vorgänge im Gehirn aufweisen. Wie kann sich die Menschheit weiterentwickeln, wenn wir eine unserer überholtesten, veraltetsten Vorstellungen über die Hierarchie des Menschen nicht neu überdenken? Was bedeutet Hierarchie überhaupt in der Natur?

Wohin ich auch gehe, fragen mich die Leute über die Gehirngrößen der Tiere. Demnach hätten Bienen das Gehirn eines Engels in der Größe eines Stecknadelkopfes, während das Gehirn eines Wals fünfzehn Mal so groß ist wie das menschliche Gehirn. Mein kluger Spion, der Pottwal, hat ein Riesenhirn, das ungefähr neun Kilo wiegt!

Intelligenter als das Konzept, bei dem allein die Gehirngröße zählt, ist vielleicht die Gehirngröße in Proportion zum restlichen Körper und die Frage, wie viel des Hirns aktiviert ist. Dann wären Hauskatzen meine erste Wahl der weisesten – oder zumindest schlausten – Seelen dieser Welt, da ich vermute, dass ihre pflaumengroßen Gehirne aus allen Rohren feuern.

Wir wollen uns einige alternative Definitionen von Intelligenz und den Mythos, dass die Größe des Gehirns die Ebene des kognitiven Bewusstseins bestimmt, näher ansehen. Surfen Sie dafür in neuen Gewässern mit einer anderen Art von Surfer: einem, der glaubt, dass die holonomische Gehirntheorie klarer verdeutlicht, wie unser Gehirn funktioniert.

Dafür nehme ich mir einige der Grundideen, die ich in *Tierisch einfach* vorgestellt habe, noch einmal vor. Ich habe die Forschungsergebnisse von Dr. Karl H. Pribram, dem Autor von *Brain and Perception: Holonomy and Structure in Figural Processing* (Lawrence

Erlbaum Associates, 1991), zitiert, dessen revolutionäre wissenschaftliche Recherchen darauf hindeuten, dass das Gehirn möglicherweise nicht ausschließlich unterteilt ist, sondern *holografisch* ist. Leider ist Dr. Pribram kein Fürsprecher der Tiere, doch seine Entdeckungen könnten dabei helfen, nichtmenschliches kognitives Denken nachzuweisen.

In einem Interview mit Dr. Jeffrey Mishlove für die Serie *Thinking Allowed* des Fernsehsenders PBS erläutert Dr. Pribram seine rekordverdächtige Entdeckung. Auf dem Gebiet der Psychologie und Neuropsychologie ist er als der Urheber des holografischen – oder holonomischen – Hirnmodells bekannt:

> Die holonomische Hirntheorie basiert auf mehreren Erkenntnissen von Dennis Gabor, des Erfinders des Hologramms, dem für seine zahlreichen Forschungsbeiträge der Nobelpreis verliehen wurde. Er war Mathematiker und versuchte, eine bessere Methode für die Herstellung von elektronischen Mikrofotografien zu entwickeln, um die Auflösung der Mikrofotografien zu verbessern. … Wir machen Fotografien mit elektronischen Mikroskopen unter Verwendung von Elektronen statt Photonen. Er glaubte, statt gewöhnlichen Fotografien die Interferenzmuster zu erhalten. Was ist ein Interferenzmuster? Wenn Lichtstrahlen oder Elektronen auf ein Objekt fallen, werden sie zerstreut. Es ist jedoch ein merkwürdiges Streuen – *ein außerordentlich gut reguliertes Streuen*. Wenn Sie beispielsweise eine Kameralinse defokussieren, so dass Sie nicht das Bild bekommen, das auf die Bildebene fällt, und es verschwommen wird, ist dieses verschwommene Bild im Grunde ein Hologramm, da Sie es nur erneut scharf einstellen müssen.
>
> Einer der Hauptgrundsätze der holonomischen Hirntheorie, die uns auch zur Quantenmechanik führt, ist daher, dass es sich hier um eine Beziehung zwischen dem, was wir gewöhnlich erleben, und einem anderen Prozess oder einer anderen Ordnung handelt, die David Bohm die *implizite Ord-*

> *nung* nennt, bei der die Objekte alle so verteilt werden, dass sie sich ausbreiten …
>
> Diese quantenartigen Phänomene – oder Gesetze der Quantenmechanik – gelten bis in unsere psychischen Prozesse hinein, bis hin zu dem, was im Nervensystem passiert – womit wir vielleicht eine Erklärung – sicherlich eine Parallele – für die Art von Erfahrungen bekommen, *die die Menschen spirituelle Erlebnisse nennen. Denn die Beschreibungen spiritueller Erlebnisse scheinen parallel zu den Beschreibungen in der Quantenphysik zu verlaufen.*

An diesem Punkt im Interview bringt Mishlove seine verbalen Wasserflügel zum Vorschein und watet durch die Interferenzmuster von Pribrams Genie:

> Was Sie da sagen, ist – mit einfachen Worten –, dass es eine Ebene der Wirklichkeit gibt, auf der die Dinge so sind, wie sie scheinen. Ich sehe Sie an und sehe einen Körper und ein Gesicht. Das wäre die *explizite* Ebene, auf der die Dinge so sind, wie sie *erscheinen*. Und dann gibt es noch eine *implizite* Ebene, *die genauso real ist*, aber beim Betrachten ganz anders als die andere Ebene aussieht.

Pribram stimmt dem zu: „Wir erleben sie ganz anders – *als einen spirituellen Aspekt unseres Seins*."

Später im Interview merkt Mishlove, der sich jetzt weit draußen auf hoher See befindet, an:

> Viele moderne Neurowissenschaftler sagen – schon fast automatisch, wenn sie über den Verstand reden, was sie ja manchmal tun –, dass der Verstand im Gehirn sitzt. Wie ich es verstanden habe, entspricht dies ganz und gar nicht Ihrer eigenen Sicht der Dinge.

Worauf Pribram erwidert:

> Das stimmt. Es lässt sich auf viele verschiedene Weisen ausdrücken. Eine ist, dass mentale Phänomene auftauchende Eigenschaften der Gehirnfunktion sind, fast so, als würde das Gehirn Visionen und Verstand und all das ausscheiden. Eine bessere Beschreibung ist jedoch vielleicht die, dass mentale Phänomene durch das *Interagieren* von Gehirn, Körper und der Umwelt entstehen. Dieses gesamte Interagieren bringt etwas zum Vorschein, das wir *Geist und Verstand* nennen.

Der Begriff „Geist" oder die Intuition flatterte tatsächlich aus dem Mund eines ganz traditionellen Wissenschaftlers! Offensichtlich sind sich sogar Dr. Pribram und ich über einige der grundsätzlichsten Komponenten, wie wir alle die physikalische Realität wahrnehmen, einig. Um mental zu kommunizieren, muss man sich von seiner *expliziten Ordnung* lösen, sein Bewusstsein sich in das größere Paradigma der *impliziten Ordnung* (in der man sich nicht als statisches Wesen, sondern als eine Handlung in Bewegung wahrnimmt) zerstreuen lassen, und seinen Fokus sich dann ausbreiten lassen, um andere fühlende Wesen in diese Bewegung mit einzubeziehen. Die intuitiven Fähigkeiten zu schärfen bedeutet, dass die Kamera des Bewusstseins lernt, wie sie das sehen kann, was sich hinter dem Verschwimmen der gewöhnlichen Wahrnehmung verbirgt.

Kann es sein, dass Wale die Realität in einer impliziten Ordnung wahrnehmen, in der sie buchstäblich auf einer höher entwickelten Wellenlänge als wir Menschen funktionieren? Erklärt das Konzept der impliziten Ordnung womöglich, warum der Pottwal mir sagte, er sei auf dem Weg zu mir, und die fünf Finnwale darauf bestanden, dass wir die Geburtstagsparty absagen, weil sie schon am Samstag und nicht erst am Sonntag vorbeischwimmen würden? Sie fanden eine Möglichkeit ohne die Technik der Menschen, wie sie Verbindung mit mir aufnehmen konnten, und ich fand eine Möglichkeit, wie ich mich auf sie einstellen und zuhören konnte. Daher glaube ich, wir Menschen müssen einiges aufholen. Zu unserem Nutzen werden wir das Hauptquartier unseres Bewusstseins in den *spirituellen Teil unseres Seins* verlagern, wenn wir telepathische Kommunikation erlernen. Wir sollten unsere Stirnlappen eine Weile hintenan stellen. So wie die Erde heute aussieht, haben sie uns sowieso nicht sonderlich genützt.

Wenn das Unterbewusstsein auf das Überbewusstsein trifft

Es gibt eine neue Art und Weise, wie wir uns und unsere geistigen Fähigkeiten ansehen, während wir uns in die Intelligenz der anderen Tiere auf der Erde einklinken und ihnen mehr Intelligenz zusprechen, als uns je bewusst war. Das Meer könnte der ultimative Meditationstempel sein, da in seinen Tiefen meilenweit Stille herrscht, die sich nicht nur um die uralten Lebewesen, die Wale, erstreckt, sondern sich auch unter ihnen ausbreitet. Indem sie untertauchen, betreten diese U-Boot-artigen Geschöpfe eine Welt der völligen Stille. Ohne die Eingriffe durch Menschen würden sie in einem Unterwasserparadies einer zeitlosen virtuellen Domäne leben. Die Frequenzschwankungen in diesem Reich ungestörter Stille würden sich leichter lesen lassen als an Land, da Wasser ein stärkerer Energieträger ist.

Stellen Sie sich die Möglichkeit vor, dass unsere magische Fähigkeit, nonverbal mit anderen Lebewesen zu kommunizieren, nicht in unserem Unterbewusstsein besteht, das uns nur durch Hypnose, tief gehende Meditation, einen Trancezustand oder ein verändertes Bewusstsein, das sich nur durch Drogen erreichen lässt, zugänglich ist. Ich möchte Ihnen die Vorstellung eines Überbewusstseins präsentieren, in dem wir unsere normalen rationalen Denkprozesse in die intuitiven Kräfte integrieren können, die in der kreativen Hirnhälfte stecken. Nach meiner Vermutung haben Wale genau diese Integration schon vor Jahrtausenden erreicht – oder aber sie hatten schon immer diesen höheren Bewusstseinszustand.

Wenn Wale überbewusst sind, dann frage ich mich, ob jede der Fähigkeiten für die Integration geeignet ist, bei der der ganze Verstand, der gesamte Körper, die ganze Seele und das ganze Herz mühelos und gleichzeitig zusammenarbeiten. Wir können von unseren alten Weisen, den Walen, noch viel lernen. Sie haben mir beigebracht, ein wenig einfühlsamer zu werden, mir selbst ein bisschen mehr zu vertrauen und auf das Herz und den Verstand der Natur zu hören, statt auf meinen eigenen Verstand, der durch Gedanken und Ängste eingeschränkt ist. Ich kann zwar noch nicht behaupten, überbewusst zu sein, doch die Wale haben mir geholfen, mich einer friedlicheren Integration der Verbundenheit zur Natur anzunähern, während ich gleichzeitig genug Distanz habe, um die eingehenden Impulse zu analysieren und zu verstehen.

SUPERÜBERBEWUSST

Die Präsenz „übernatürlicher" Kräfte, einschließlich der Fähigkeiten, die ich lehre – Tierkommunikation, als Medium arbeiten, Fernsicht, die Fähigkeit, andere Lebewesen körperlich und psychisch zu scannen (medizinische Gestalt und Sonar), die Fähigkeit, Nachweise und Muster aus der Vergangenheit eines Menschen oder Tiers zu lesen, Hellseherei, Hellhörigkeit, Hellfühligkeit, medizinisch unerklärliche Heilkräfte, Hilfestellung für Tiere oder Menschen bei der Manifestierung neuer Situationen und Einstellungen zum Leben, und sogar die Fähigkeit, Tieren oder Menschen beim Übergang Sterbehilfe zu leisten –, könnten ganz einfach Eigenschaften sein, die in unserem Gehirn schlummern. Dr. Edgar Mitchell nannte die übersinnliche Fähigkeit „eine auftauchende Fähigkeit in der Evolution der Menschheit". Mit anderen Worten: Er glaubt, dass dieser sechste Sinn Teil unserer Lernkurve ist, während wir Menschen uns zu reiferen Lebewesen, die mehr im Einklang mit dem Verstand der Natur stehen, entwickeln (oder auch nicht entwickeln). Kurz gesagt: Meditation und das Überbewusstsein ermöglichen es uns, unsere im Kopf laufenden „Computerprogramme" abzuschalten und die Gedanken anderer zu hören. Wie ich glaube, beherrschen Wale diese

Anpassung schon seit langem und nutzen vielleicht nur einen größeren Teil ihres Verstands.

Die amerikanische Inspirationsautorin Orison Swett Marden schreibt: „Tief im Menschen schlummern diese Kräfte, Kräfte, die ihn erstaunen würden, die er sich niemals hätte träumen lassen, Kräfte, die sein Leben revolutionieren würden, wenn sie erweckt und genutzt würden."

Wir alle erhaschen im Alltag kurze Einblicke ins Überbewusstsein, doch tief gehende Wahrnehmungen können nur in der Stille der Meditation erfolgen. Meditation ist ein Zustand intensiven inneren Bewusstseins, in dem wir lernen, unsere Gedanken und Gefühle so verstummen zu lassen, dass uns Alltagsstress und Pflichten nicht länger belasten oder wir uns ihrer sogar nicht mehr bewusst sind. Sie ist für Kopf und Nervensystem ein bisschen Urlaub vom Alltag und sehr empfehlenswert. Wir können unser Bewusstsein nur durch Meditation neu trainieren, um nicht von der Bewusstseinsebene, auf der wir uns nur unserer eigenen Gedanken und Emotionen bewusst sind, oder auch von der unbewussten Ebene, von der aus wir nur Zugang zu Mustern der Vergangenheit erhalten, aus zu operieren, sondern von der überbewussten Ebene aus, auf der wir Informationen hören können, *die von außen hereinkommen*. Das Überbewusstsein ist die unmittelbare Erfahrung mit uns selbst, wenn wir auf unser *höheres Selbst* (unser göttliches Selbst oder unseren *Geist*) eingestimmt sind.

In der Stille der überbewussten Ebene werden wir uns neuer subtiler Energien in uns und um uns herum bewusst. Hier kann sich uns eine ganz neue Welt der Möglichkeiten eröffnen. Wenn wir dieses neue Reich der Seligkeit betreten, das fernöstliche Yogis den Zustand *samadhi* nennen – einen transzendenten Zustand der Verbundenheit mit allem, was existiert –, können wir durch das richtige Training die Gedanken und Gefühle anderer Lebewesen spüren, wie beispielsweise die unserer geliebten Tiere. Unser Verstand wird schärfer, so dass wir kleine Teile der Frequenzen und Gedankenmuster empfangen können, die andere Lebewesen senden. Und nur eingehende Informationen können ein ganz neues Gefühl hervorrufen:

Entzücken! Reines Entzücken! Es eröffnen sich uns ganz neue Horizonte der Begabung, Fähigkeit und Wahrnehmung.

Wir leben in einem Ozean aus Energie, und wenn wir für diese Wellen offen werden und uns trauen, in diesem neuen, miteinander verbundenen Meer zu schwimmen, verstehen wir mehr von der subtilen Seite des Lebens. Während unser „inneres Auge“ sich blinzelnd öffnet, sehen wir mehr als nur die äußeren Ränder und beginnen, auch den Inhalt und die Bedeutung, das Seelenbewusstsein im Herzen aller Dinge zu sehen. Nur aus dieser Sichtweise können wir das Mitschwingen mit einem Tier herstellen und aus seiner Perspektive sehen. Dafür müssen Sie jedoch den Weg in Ihren eigenen Geist finden, nicht in Ihre Persönlichkeit, Meinungen, Vorurteile oder vorgefasste Meinungen, sondern Ihren wirklichen, ewigen, strahlenden Geist, der es Ihnen möglich macht, Mobilität des Bewusstseins zu finden und Brücken zu den Herzen und Seelen anderer Tiere zu bauen.

Einen Zustand des Überbewusstseins aufrechtzuerhalten ist das endgültige Ziel unserer spirituellen Entwicklung als Menschen, doch allein schon ein seltener Einblick in den überbewussten Zustand kann der Höhepunkt der lebenslangen Suche nach Selbstwissen und innerem Frieden sein. Aber was ist mit den Tieren? Befinden sich Tiere, die von Menschen in Ruhe gelassen werden, schon in diesem kostbaren Zustand der Dankbarkeit und Seligkeit allein deswegen, weil sie auf der Erde leben? Erleben Schafe, die auf den grünen Wiesen in England grasen, und Löwen, die in der Sonne Afrikas dösen, einen Zustand der Verbundenheit zur Erde, zueinander und gar zu Gott? Wenn Sie eine Hauskatze haben, dann wissen Sie, dass es so ist. Die Fähigkeit von Katzen, sich absoluter Ruhe hinzugeben, geht weit über unsere hinaus. Oder wenn Sie einen jungen Welpen haben und seine Begeisterung erleben, im Gras Fangen zu spielen, Stöckchen aus einem Teich zu holen oder auch einfach nur alles anzuknabbern, dann wissen Sie, dass er offensichtlich einen überbewussten Zustand der Freude in sein tägliches Leben integriert hat.

Das Überbewusstsein kann Sie in die Mitte Ihres intuitiven Herzens führen, Ihnen beibringen, wie Sie der stillen Stimme Ihrer wahren Seele zuhören können … und Ihnen helfen, die höchste und reinste Form der Liebe zu erreichen, wenn Sie Ihrem höheren Selbst begegnen und es freudig annehmen.

Mittlerweile surren Ihnen vielleicht ein paar Fragen im Kopf herum. Wenn Sie mehr über Tierkommunikation lernen wollen, um besser mit Ihren Haustieren zu kommunizieren, dann lesen Sie (noch einmal) meine anderen Bücher, in denen ich diese Vorstellungen vertieft habe. Ich weiß aus persönlicher Erfahrung, dass alle Tiere innerhalb des Nullpunktenergiefelds durch Quantenprozesse kommunizieren; dadurch werden Informationen, wie zum Beispiel Gedanken, Gefühle und sogar körperliche Symptome und Vorgeschichten, auf der Wellenfunktion von einem Lebewesen zum anderen übertragen.

Auch äußern wir Wörter, um Vorstellungen zu übermitteln, selbst wenn unsere Worte nicht mit unseren Gefühlen übereinstimmen. Anders gesagt: Menschen können lügen oder Informationen zurückhalten, während Tiere mir viel eher die Wahrheit sagen und sich nicht hinter dem Schall und Rauch der Illusionen verstecken. Tiere sprechen mit ihrer Stimme *und* kommunizieren telepathisch. Hunde bellen, Katzen miauen, Schweine grunzen, Pferde wiehern und all diese Laute haben für sie viel mehr Bedeutung als für uns. Doch von allen gesprochenen Tiersprachen, die wir hören können, hebt sich eine Sprache als wundersames Geheimnis, als die unerklärlichste Kommunikationsform ab, die der Wissenschaft immer noch Rätsel aufgibt. Warum singen Wale? Und was teilen sie über ihren Gesang mit?

Doo-Be-Doo-Be-Doo

Gäbe es bloß einen Dr. Karl von Frisch, der den Gesang der Wale ebenso untersucht, wie er den Tanz der Bienen erforscht hat! Was für ein Reichtum an Informationen bleibt in der Meerestiefe verborgen! Die interessantesten und gründlichsten Untersuchungen, die ich über den Gesang der Wale finden konnte, wurden von der Musikerin Katy Payne durchgeführt. In dem am 6. August 2015 in NPR erschienenen Artikel mit dem Titel „It Took a Musician's Ear to Decode the Complex Song in Whale Calls" (Es bedurfte des Gehörs einer Musikerin, um den komplexen Gesang in den Rufen der Wale zu entschlüsseln") machen Bill McQuay und Christopher Joyce ein Fenster zur Deutung der Musik der Wale in der Unterwasserwelt auf.

Als Katy zum ersten Mal Walgesang hörte, wollte sie die Töne *sehen*, um herauszufinden, ob sich ein Muster erkennen ließe. Daher fertigte sie Spektogramme der visuellen Darstellungen an, die Höhen und Tiefen enthielten. In den Mustern entdeckte sie etwas, das wie Melodien und Rhythmen aussah. Katy hat Musik studiert und erkannte rasch, dass das Muster kein zufälliges war. Wie sie bemerkte, konnten sich die langen, verschlungenen Lieder der Buckelwale mit der Zeit auch verändern und weiterentwickeln.

Katy und ihr Mann Roger fanden heraus, dass zum größten Teil alle männlichen Wale einer Gruppe das Lied auf ähnliche Weise singen. Doch mit der Zeit verändern sich Rhythmus, Tonstufe und Länge mancher Teile des Lieds einer Gruppe allmählich, während die Wale einander zuhören und kollektiv Änderungen vornehmen. Das ruft in mir Erinnerungen an die Gesangsduelle zwischen Louis Armstrong und Ella Fitzgerald hervor. Diese beiden meisterhaften Musiker benutzten ihre eigene Stimme wie Blasinstrumente und improvisierten wilde Jazzsessions: „Bomp-bomp-diddley a whee-bop-skip-a-doo-whop-a-bop-be-dah-shing-a-doo-wop." Wenn man wirklich den Swing beherrscht, braucht man keine Worte.

Anscheinend haben die swingenden Buckelwale ihre eigene Version des Gesangsduells. Die Paynes nahmen den Gesang derselben Buckelwalgruppe zwei Jahre später erneut auf und stellten fest, dass aus sechs Elementen vierzehn Elemente geworden waren. All die neuen Töne wurden wie eine musikalische Koda am Schluss hinzugefügt. Warum verändern die männlichen Buckelwale allmählich ihre Lieder?

Über die Jahre haben mich viele Leute nach der Bedeutung des Walgesangs gefragt. In den letzten Jahren gab es erstaunliche Hinweise darauf, dass ein neues Lied der Wale auf der Südhalbkugel entstehen kann, das innerhalb von sechs Monaten von den Walen auf der Nordhalbkugel gesungen wird. Ich habe Witze darüber gemacht, dass die Lieder wie die Songs im Radio sind. Vielleicht singen die Wale ihre Version von Madonnas neuestem Hit.

Enthalten unsere Lieder Wörter und Melodien, die Erlebnisse und Emotionen ausdrücken? Natürlich erzählen unsere Songs Geschichten. Warum sollte es bei ihren Liedern anders sein? Möglicherweise sind Wale einfach nur Künstler. Wie können wir es wagen, zu glauben, wir wären die einzige Gattung, die Kunst macht, wenn sie doch schon viel länger auf der Erde sind als wir Menschen? Wäre der Gedanke, dass wir Menschen nicht die ersten Künstler auf diesem Planeten sind, nicht viel logischer? Ist es nicht möglich, dass die ersten Musiker einer älteren Spezies als dem Menschen angehörten? Ich habe schon stundenlange Solos von Spottdrosseln gehört, die jeden menschlichen Jazzsänger in den Schatten stellten. Vielleicht singen sie ja, weil sie gerne Melodien erfinden.

Eine andere Theorie von mir ist, dass ihre Lieder gesendete Nachrichten sind, in denen sie sich gegenseitig auf wichtige Probleme hinweisen, wie beispielsweise den Unfall im japanischen Atomkraftwerk, Unterwasser-Erdbeben, Militärexperimente, die ihre Spezies gefährden, den Standort von Schiffen, Fangnetzen, Wasserverschmutzung und – als positive Nachricht – gute Futterstellen. Wenn das wahr wäre, dann würde ich mir wünschen, dass die Wale sich auf diese Weise besser vor Walfangbooten schützen könnten.

Die nächste Geschichte deutet darauf hin, dass Wale sich gegenseitig nicht durch Laute und noch nicht einmal durch ihr Sonar vor dem Vorhandensein von Fangnetzen warnen können. Vielleicht achten sie lieber auf schönere Dinge, so dass sie von Fangnetzen überrascht werden. Ich verspreche jedoch, dass die folgende Geschichte kein trauriges Ende hat. Dieser Sieg ist überwältigend und ein Beispiel dafür, wie wir alle Tieren in Not helfen können, wenn wir genügend

Mut, Mitgefühl und Geduld mitbringen, um unsere Ängste zu verdrängen und uns ihrer tatkräftig annehmen.

VALENTINA, DIE BUCKELWALBALLERINA

In einem Wasserfall der Wunder, der in den letzten achtundvierzig Stunden auf mich niedergeprasselt ist, stieß ich gestern Abend bei meinen Recherchen über Buckelwale im Internet auf ein Video mit dem Titel „Saving Valentina“ (Valentinas Rettung). Es ist einer der atemberaubendsten und triumphierendsten Siege, die ich je gesehen habe. Michael Fishbach, seine Familie und sein Team beobachteten Wale auf dem Meer, als sie einen vermeintlich toten Wal im Wasser treiben sahen. Als sie sich mit ihrem kleinen Boot dem weiblichen Wal näherten, stellten sie fest, dass er noch lebte – auch wenn er schon fast verendet war. Er hatte sich so in einem Fangnetz verheddert, dass beide Rückenflossen eng an seinem Körper klebten und das Netz seine Schwanzflosse mehrere Meter unter Wasser drückte. Auf dem Video wurde gezeigt, wie Michael und sein Team über eine Stunde lang fieberhaft das Netz mit dem einzigen Messer, das ihnen zur Verfügung stand, zerschnitten. Das Messer war gerade mal so groß wie ein Buttermesser.

Es dauerte ewig. Anfangs tauchte Michael ins Wasser, schwamm hin zum Wal und kämpfte tapfer gegen das Fangnetz an, an dem das Tier langsam erstickte. Mit einem Schlag seiner Schwanzflosse hätte das Walweibchen ihn töten können. Aber das tat es nicht. Wusste es, dass Michael gekommen war, um sein Leben zu retten? Voller Angst, Verzweiflung und Hoffnung schrie er seiner Familie im Boot zu, dass er Hilfe bräuchte. Dann schwamm er zurück zum Boot, forderte über Funk Unterstützung an, und ihm wurde mitgeteilt, dass Hilfe erst nach einer Stunde eintreffen würde. Doch dieser Wal würde keine weitere Stunde überleben. Er war erschöpft und halbtot. Es ist ein echtes Wunder, dass das Weibchen nicht im Nylonnetz ertrank, in dem es wie in einem tödlichen Kokon eingewickelt war. Es trieb wie eine Mumie neben dem Boot her, bis Michael und sein Team es endlich geschafft hatten, eine seiner Brustflossen zu befreien. Plötzlich war das Walweibchen wie elektrisiert und schwamm wie beflügelt los. Es konnte eine Flosse wieder bewegen! Jemand war gekommen, um es zu retten! Es wurde wieder lebendig.

Das Team folgte ihm. Nach einer wilden Jagd machte es schlapp und trieb willig zurück zum Boot, um sich von den Männern endgültig befreien zu lassen. Nach einer anstrengenden Stunde, in der sie unermüdlich auf dem Fangnetz herumhackten und es an Deck luden, um den jungen Wal zu befreien, konnten sie endlich das letzte Stückchen des höllischen Wirrwarrs vom riesigen Schwanz des Tiers abschneiden. Im Video sieht man, wie das Weibchen für einen Augenblick wegschwimmt, um zu prüfen, ob es wirklich frei ist. Gleich darauf kehrt es zurück und bietet seinen Rettern die Aufführung ihres Lebens. In über vierzig atemberaubenden Sprüngen legt es einen euphorischen Tanz im Wasser und in der Luft hin, wobei es wie eine Rakete aus dem Meer schießt, sich dreht und wendet, lacht und mit den Flossen und dem Schwanz auf die Wellen einpeitscht, als würde es ihnen eine Runde begeisterten Applaus geben. Es fühlte zweifellos Ekstase. Und ich bin mir absolut sicher, dass es den Helden im Boot, die es gerettet hatten, „Tausend Dank!“ sagte.

Ich kann mir lebhaft vorstellen, wie sich seine Retter fühlten, als sie seinem Wasserballett zusahen und ihm zujubelten. Stellen Sie sich vor, welche Befriedigung es ihnen gab, zu sehen, dass es unverletzt von den Toten zurückkam und nun seine grenzenlose Freude mit einem wilden Tanz zum Ausdruck bringen konnte. Irgendwann schwamm es zurück in die Freiheit. In diesen kurzen Augenblicken, in denen ich die Luft anhielt und für die Rettungsaktion betete, hatte ich mich schon in Valentina verliebt. Zu sehen, wie sie davonschwamm, wärmte mir das Herz und tat gleichzeitig weh. Gott weiß, welche Emotionen die Männer gehabt haben müssen, die sie retteten. So etwas hatte ich noch nie gesehen und hatte mir auch nie träumen lassen, dass eine solche Rettung überhaupt möglich ist. Mit Tränen der Rührung in den Augen suchte ich über Google die Organisation, die Michael Fishbach gegründet hat, die Great Whale Conservancy, und schickte ihm eine hochemotionale E-Mail, in der ich ihn fragte, wie meine Leser und ich seine Arbeit unterstützen könnten.

Heute Vormittag erhielt ich eine Antwort von ihm, in der er mir ein Exklusivinterview für dieses Buch zusicherte. Ich fragte ihn daraufhin, ob er das Gefühl hatte, als *wüsste* Valentina auf irgendeiner Ebene, dass er und sein Team ihr helfen könnten, und ob er glaubte, dass sie mit ihnen kommuniziert hatte, während sie in der quälenden Stunde, in der ihre Retter ihren Körper vom Fangnetz befreiten, geduldig ausharrte.

Seine Antwort kann uns allen helfen zu begreifen, wie wichtig Wale nicht nur für die Meere, sondern für unsere gesamte Welt – auch auf dem Festland – sind:

> Als Erstes möchte ich sagen, dass ich nie um den heißen Brei herumrede und dass mir die Wale und die Meere sehr am Herzen liegen. Die Great Whale Conservancy kämpft hart um den Schutz dieser bemerkenswerten und intelligenten Lebewesen, die wir bis heute noch nicht richtig verstehen. Ich traue ihnen alles Mögliche zu. Sie leben in den Meeren, die zweifellos die Lungen dieses Planeten sind.
> Mittlerweile haben wir verstanden, dass die so wichtige Photosynthese, die der Phytoplankton der Meere darstellt, von den extrem eisenhaltigen Exkrementen der Wale an der Oberfläche stark angereichert wird. Sie sind buchstäblich ein Laufband der Reichhaltigkeit, die es der Erde und all ihren Bewohnern ermöglicht, genügend Sauerstoff zu „atmen". Und dieses System spielt eine wichtige Rolle bei der Minimierung der furchtbaren Auswirkungen unserer Nutzung von fossilen Brennstoffen, da die Meere mehr Kohlenstoff als jedes andere Ökosystem der Erde auflösen und abkapseln. Unsere Organisation GWC arbeitet so eng wie möglich mit einigen „Naturschutzbiologen" zusammen, um noch mehr darüber zu erfahren, wie dieses System funktioniert und was es bewirkt. Wir arbeiten gerade über dieses Thema an einem kurzen Bericht, der bald veröffentlicht

wird. Als wir in der schrecklichen Ära des Walfangs all die vielen Wale abgeschlachtet haben, haben wir einen Riesenfehler gemacht, das ist sicher.

„Glauben Sie, Valentina hat gewusst, dass Sie und Ihr Team versuchen würden, ihr Leben zu retten? Hatten Sie das Gefühl, dass sie bewusst Ihre Hilfe gesucht hat?“, fragte ich ihn.

Diese Art von Fragen versuche ich, so ehrlich wie möglich zu beantworten. Erstens einmal war sie vom Netz so kaltgestellt worden, dass sie anfangs nicht auf uns zuschwimmen konnte. Deshalb haben wir uns ihr ganz langsam mit dem Boot genähert. Dann schwamm ich die letzte kurze Strecke zu ihr. Sie konnte mit Sicherheit mit uns kommunizieren. Meiner Meinung nach war sie völlig am Boden, als wir sie fanden. Ihr Lebensgeist und ihre Kraft waren so gut wie verschwunden. Ich glaube, ich habe sie erst mal wieder „aufgeweckt“. Ihre Lebensgeister kehrten zurück und sie hatte anfangs Angst, aber was soll ich sagen? Wale sind nicht dazu geschaffen, gestoppt oder fixiert zu werden, und es handelte sich hier um einen jungen Wal, der noch nicht lange allein unterwegs war. Ich kann mit Sicherheit sagen, dass sie vollkommen mit uns kooperiert hat. Wir (d. h. unser Boot) hatten mindestens fünf Mal Körperkontakt mit ihr. Dabei zuckte sie nicht einmal zusammen. Als sie sich wieder ein bisschen freier bewegen konnte, versuchte sie zwar wegzuschwimmen, aber das war nur der Versuch, in ihre Welt zurückzukehren, in die geheimnisvolle Welt der Buckelwale. Sie hat in keinem Moment mehr versucht wegzuschwimmen, sobald sie einige Körperteile wieder bewegen konnte. Als sie endlich ganz frei war, brachte sie ihre Freude, am Leben zu sein, zum Ausdruck. Dankte sie uns? Das kann ich nicht mit Sicherheit sagen. Es ist zwar verlockend, das zu denken, und wir hatten auch das Gefühl, aber das kann keiner von uns mit Sicherheit sagen. Was wir sagen können ist,

dass sie überglücklich war, wieder frei zu sein, und das auch wie ein Buckelwal gezeigt hat.
All das richtet den Fokus auf ein anderes furchtbares Problem auf hoher See und an den Küsten: nämlich abgetriebene Fangnetze, die hier und da im Meer treiben und Meerestiere töten. Wale, die sich in einem Netz verheddert haben, sind was Schreckliches und ein großes Problem. Sie aus den Netzen zu befreien löst das Problem nicht. Die einzige Lösung ist, die Menschen dazu zu bringen, verantwortungsvoller mit ihren Fangnetzen umzugehen. In den Vereinigten Staaten ist es sogar verboten zu versuchen, einen Wal aus einem Fangnetz zu befreien. Es gilt als „Belästigung" und Verletzung des Gesetzes zum Schutz von Meeressäugetieren. In anderen Ländern sind die Gesetze zwar anders, doch einen Wal aus einem Netz zu befreien kann gefährlich sein. Manche Leute haben bei dem Versuch schon ihr Leben verloren.

Dann fragte ich: „Bieten Sie Walausflüge an, so dass meine Leser und ich mitfahren und etwas über Wale lernen können?"

Ja, ich nehme interessierte Menschen mit auf See, wo sie Wale beobachten können, und jedes Jahr fahren viele Leute auf unserem Forschungsboot in Baja California mit hinaus aufs Meer. Die Öffentlichkeit ist eingeladen, eine Woche mit uns in Baja zu verbringen. Dort bieten wir ihnen Unterkunft und Verpflegung und nehmen sie mit aufs Wasser, wo sie an unserer Arbeit und den Erlebnissen mit den Walen teilhaben können. Vielleicht fangen wir damit auch bald in Brasilien und möglicherweise auch in Nordkalifornien an, aber in Baja ist die nächste Saison schon unsere zwanzigste.

Ich habe vor, schon bald mit dem Kapitän aufs Meer zu fahren, und hoffe, dass Sie das auch tun werden. Von diesem Interview habe ich gelernt, dass Wale allein durch ihre Existenz unsere Meere gesund und am Leben erhalten, schon allein durch ihre nährstoffreichen Exkremente. Im Gegensatz zum Menschen geben Wale unserer Erde mehr zurück, als sie nehmen. Ihre Körper wandeln Energie um und nehmen sich nur das, was sie brauchen, während sie etwas ganz Wertvolles ausscheiden, das das Phytoplankton am Leben erhält und zukünftige Generationen von Meereslebewesen ernährt. Aus beiden Enden eines Wals kommt etwas Wundervolles: Ihre Lieder aus ihrem Mund – und die notwendige Nahrung für andere aus der Öffnung unter ihrer Schwanzflosse!

Und als sei das noch nicht genug, hilft ihre Fähigkeit, Photosynthese in den Meeren zu betreiben, die Michael „die Lungen des Planeten" nennt, den Schaden zu neutralisieren, den wir Menschen der Atmosphäre zufügen, indem sie die Entstehung von Sauerstoff fördern. Trotz des Horrors, den wir ihnen antun, versuchen die alten Weisen unseres Planeten, die Zukunft auf der Erde nicht nur für ihre eigene Spezies, sondern für alle Arten zu sichern. So sehr wir bemüht sind, sie und ihre Welt zu zerstören, so sehr sind sie damit beschäftigt, uns und unsere Welt zu retten. Egal wie schlecht wir Menschen uns auch verhalten – wir können ihre angeborene Lebensfreude nicht schmälern. Die Sänger der Natur werden weiterhin Liebeslieder an die Schöpfung singen, solange sie leben. Wäre es nicht toll, wenn wir Menschen, statt die Wale auszulöschen, lernen würden, mitzusingen?

WALE: DIE FAKTEN

Dieser Artikel von Megan Gannon wurde am 29. September 2013 in *Live Science* unter dem Titel „Sonar Blamed for Mass Stranding of Melon-Headed Whales" („Sonar für die massenhafte Strandung von Breitschnabeldelfinen – *im Deutschen nicht Wale, sondern Delfine* – verantwortlich gemacht) veröffentlicht:

> Vor vier Jahren schwammen ca. 100 Breitschnabeldelfine aus unerklärlichen Gründen in eine seichte Lagunengruppe nordwestlich von Madagaskar und strandeten dort. Mittlerweile gehen Wissenschaftler davon aus, dass die Tiere ver-

endet sind, weil Sonar angewendet wurde, um den Meeresboden für ExxonMobil zu ergründen.
Frühere Forschungsergebnisse haben gezeigt, dass Sonar für Meeressäugetiere schädlich sein kann. Die Unterwassergeräusche können die Rufe der Delfine und Wale übertönen und sie von ihren Futterstellen verscheuchen. Marineübungen, die Sonar anwendeten, wurden mit dem Stranden von mindestens 60 Delfinen an der Küste von Cornwall, England, im Jahr 2008 in Verbindung gebracht.
Doch wie Meeresforscher sagen, sind die neuen Ergebnisse von Madagaskar das erste Mal, dass ein Massenstranden von Meeressäugetieren eng mit hochfrequenter Sonarkartierung in Verbindung gebracht wurde.
Von Mai bis Juni 2008 schwammen ungefähr 100 Breitschnabeldelfine *(Peponocephala electra)* in das seichte, den Gezeiten unterworfene Lagunensystem Loza von Madagaskar, einer höchst ungewöhnlichen Umgebung für die Zahnwale, die gewöhnlich im offenen Meer bleiben.
Ein unabhängiges Prüfungsgremium aus fünf Wissenschaftlern untersuchte eine breitgefächerte Reihe von möglichen Erklärungen für das Massenstranden, darunter Krankheiten, Umweltgifte, Zusammenstöße mit Schiffen, Stürme und ungewöhnliche akustische Vorfälle.
Das Gremium schrieb in seinem soeben veröffentlichten Bericht, dass am 29. Mai 2008, einen Tag, bevor der erste Wal strandete, ein Vermessungsschiff im Auftrag von ExxonMobil Exploration and Production (Norden von Madagaskar) ein 12-kHz-starkes Mehrstrahlecholot-System verwendet hatte, um den Meeresgrund ca. 65 Kilometer vor der Küste zu kartieren …
Das vom Boot ausgesendete12-kHz starke Sonar befindet sich auf der Frequenz, auf der Breitschnabeldelfine am besten hören können, berichtete das Gremium. Doch diese 120 Dezibel lauten Töne würden weit über der Hörschwelle der Wale liegen …

> „Die Implikationen gehen weit über die Kohlenstoff-Industrie hinaus, da solche Sonarsysteme an Bord von Militär- und Forschungsschiffen weit verbreitet sind, um präzisere Tiefseemessungen (Unterwasser-Kartierung) zu generieren", sagte Howard Rosenbaum, der Geschäftsführer des Programms Ocean Giants im Auftrag der Wildlife Conservation Society, in einer Pressemitteilung.
>
> „Nun hoffen wir, dass diese Ergebnisse von der Industrie, den Aufsichtsbehörden und anderen genutzt werden, um die Gefahren zu senken und die Meerestiere besser zu schützen, insbesondere die Meeressäugetiere, die besonders empfindlich auf den wachsenden Lärm im Meer, der durch menschliche Aktivitäten entsteht, reagieren", sagte Rosenbaum.
>
> ExxonMobil hat indessen den Forschungsergebnissen widersprochen.

Lassen Sie mich Ihnen erklären, warum vom Menschen produziertes Sonar für Wale so schädlich ist: Die von den Walen *und* vom Militär verwendete Frequenz ist zwischen 100 und 500 Hz. Wale senden Signale zwischen 160 und 190 Db aus; die Navy testet ihre Sonarsignale in Lautstärken bis zu 235 Db. Diese Hertz-Frequenzen sind für Wale und Delfine zu laut, und sie verletzen ihre Ohren und ihr Gehirn.

Nicht nur sind die Frequenzen zu laut für Wale, sondern sie können ihnen auch kaum entkommen. Statt einen fokussierten Tonstrahl geradeaus nach unten auszusenden, senden die Geräte viele Tonstrahlen in alle Richtungen aus und können so die Richtung eines jeden Tonbündels bestimmen. Das LFA-(low-frequency active / Niedrigfrequenz aktiv-)Sonar, das vom Militär getestet wird, reicht Tauscndc von Meilen weit und könnte über 80 Prozenl der Meere der Erde abdecken, wenn es auch nur von vier Standorten aus gesendet wird.

Unter Verwendung von Mehrstrahlecholoten können Ozeanographen einen viele Kilometer breiten Streifen des Meeresbodens „beleuchten", und alle paar Sekunden werden damit Tausende von Maßen der Wassertiefe gesammelt.

Was Meeresforscher jedoch herausgefunden haben und worüber sie sich einig sind, ist, dass Wale mit dem Sonar „sehen" und auch „hören". Ohne ihr Sonar können sie nicht funktionieren. Deswegen sind militärische Experimente im besten Fall für die Meerestiere schädlich und im schlimmsten Fall tödlich. Die U. S. Navy sendet auch Unterwassersonar, das die Mitteilungen der Wale und Delfine verzerren und ihren Verstand verwirren und sie sogar umbringen kann. Das ist der Grund, warum so viele Wale in den letzten Jahren lebendig oder tot an Land gespült wurden. Sie schwimmen an den Strand, um dem ohrenbetäubenden Lärm, den Menschen unter Wasser veranstalten, zu entkommen. Manche Meerestiere, die von ihrem Sonar abhängig sind, würden sich lieber umbringen, als sich diesem Lärm auszusetzen. Es wurden schon tote Delfine, die noch aus den Ohren bluten, an den Strand angeschwemmt.

Die Helden der Meere

Es gibt einige Organisationen, die Spektakuläres leisten, um Wale zu schützen, und ganz am Anfang meiner Reise hatte ich die Ehre, neben einem der großartigsten Helden der Meere, dem Kapitän und Gründer der Sea Shepherd Conservation Society, Paul Watson, eine Ansprache zu halten. Wir hielten kurz nach der Veröffentlichung meines ersten Buches 2001 auf einer Tierschutzkonferenz in Chicago gemeinsam einen Vortrag. Damals war ich noch ziemlich unerfahren und mir zitterten auch ein wenig die Knie, doch dieser Mann zeigte mir, wie man Zuhörer fesselt und zur Verteidigung der Tiere, die nicht auf dem Podium stehen und für sich sprechen können, den Zorn Gottes entfesselt. Als der Kapitän über die Rettung von Walen vor illegalen japanischen Walfangbooten berichtete, bekam jeder der Zuhörer – darunter auch große, kräftige Männer – wegen seines Muts im Angesicht unaussprechlicher Grausamkeiten Tränen in die Augen. Beim Zuhören und Zuschauen dieses Superhelden lernte ich so schnell wie möglich so viel wie möglich. Wie ein Poseidon, der den Seiten eines Mythologiebuches entsprungen ist, bleibt Paul im Angesicht von Korruption unerschütterlich. Indem Wellen der berechtigten Empörung aus ihm herausströmten und über die Zuhörermenge rollten, brachte er etwas zum Ausdruck, was ich nie vergessen werde: Man kann entweder gut oder schlecht handeln. Und nichts kann daran was ändern. Er wird die Schönheit, Unschuld und Würde der vornehmen, uralten Lebewesen bis zu seinem letzten Atemzug verteidigen, und er ist bereit, für das zu sterben, woran er glaubt. Und ich bin es auch.

Durch seinen Mut und seine Kompromisslosigkeit setzt Paul Watson einen Standard, den wir alle anstreben sollten – auch wenn wir nur auf bescheidene Weise dazu beitragen können. Seine jahrelangen Bemühungen und Beharrlichkeit zahlen sich aus, und keiner hat zur Rettung der Wale und Aufklärung über ihre Not und die anderer gequälter Meerestiere, die durch Menschenhand Schaden erlitten haben, mehr erreicht als er. Seine Tierschutzorganisation Sea Shepherd ist führend bei dem Versuch, Buckelwale vor den Harpunen der illegalen japanischen Walfänger in der Antarktis zu verteidigen und zu schützen.

Ich freue mich auf den Tag, an dem die Matriarchin der Schwertwal-Familie wegen mir auftauchen wird – nicht, um mich zu unterhalten oder um mich verzweifelt anzuflehen, dass die Menschen aufhören sollen, ihre Familie und ihr Volk zu quälen, sondern um sich mit uns Menschen zu treffen, weil wir es *verdienen.* Möglicherweise haben wir noch einen langen Weg vor uns, bevor wir es wert sind, uns mit diesen wundervollen Tieren zu beraten, um Lehrlinge ihres meisterhaften Wissens zu werden. Doch wie Michael Fishbach, Paul Watson und viele andere Krieger der Meere werde ich weiterkämpfen, bis ich tot umfalle.

Ich habe eine Vision über die ferne Zukunft, in der wir Menschen uns nicht nur genügend weiterentwickelt haben, so dass wir zu überzeugten Aposteln des Ältestenrats der Meere werden, sondern sogar unser gewalttätiges Wesen überwinden und reif genug sein werden, um ihre *Freunde* zu sein.

Was verkörpern Wale?

Überbewusstsein. Sie verkörpern unsere Fähigkeit zu spirituellem Wachstum. Aber sie stehen auch für geistiges Wachstum, für neue mentale Fähigkeiten, die eine fortschrittliche Kommunikation ohne die Krücken der Technologie ermöglichen. Sie lehren uns viel über Kommunikation und die riesigen Möglichkeiten des menschlichen Gehirns. Durch ihre Fähigkeit, zu signalisieren und mit anderen ihrer Gattung (und sogar mit uns) über große Entfernungen hin zu kommunizieren, indem sie einen aktiven Teil ihres Gehirns nutzen, zeigen sie uns, dass wir womöglich das Potenzial haben, unsere Hirnchemie noch besser anzuwenden und „übernatürliche" Begabungen zu nutzen, die in unseren Körper eingebaut sind und darauf warten, entwickelt zu werden. Sie demonstrieren, dass Sonar eine Fähigkeit zur Evolution der Menschheit sein könnte. Doch vor allem weist ihr Überbewusstsein uns einen neuen Weg, wie wir voller klarer Kommunikation, Selbstvertrauen, Humor und Anmut leben können, während wir nur gute Schwingungen und schöne Lieder durch den Raum senden. Sie zeigen uns das Potenzial auf, wie wir Helfer der Erde sein und mehr zurückgeben können, als wir nehmen. Die Wale lehren uns, das Leben voll auszuschöpfen, laut zu singen und

zu strahlen – und vor allem keine Angst davor zu haben, Wellen zu schlagen und etwas ins Rollen zu bringen.

Die Schönheit aller Geschöpfe

In Platos *Das Gastmahl* befasst sich der große Philosoph mit den Tugenden der Schönheit:

> Was wäre, wenn der Mensch Augen hätte, die wahre Schönheit – die göttliche Schönheit, rein und klar, ungetrübt und unverstopft von den Verschmutzungen der Moral aller Art und allen Eitelkeiten des menschlichen Lebens – zu sehen und sie auf das wahrhaft einfache Schöne und Göttliche lenken würde?

> Erinnere dich daran, wie nur durch diese Verbindung, - durch das Kommunizieren mit dem geistigen Auge – der Mensch imstande sein würde, nicht nur Bilder der Schönheit, sondern Realitäten … zu erschaffen. Und er hervorbringen würde wahrhaftige Tugend, und er ein Freund Gottes wäre. (freie Übersetzung)

Wenn Plato uns das Ziel gesetzt hat, das Göttliche zu kennen, indem wir die göttliche Schönheit in allem erkennen, hätte er mir dann nicht zugestimmt, dass jedes Lebewesen der göttlichen Schöpfung ein Wunder der Schönheit ist? Hätte er nicht die Tiere durch meine Augen gesehen und mir zugestimmt, dass in meinen Freunden, den Tigern, Elefanten, Löwen, Haien, Schlangen, Bienen und Walen genauso viel Schönheit steckt wie in jeder anderen Form der Natur? Hätte Plato meine Entdeckung bestätigt, dass in Ihrem Hund, Ihrer Katze, Ihrem Pferd oder Papagei ebenso viel göttliches Bewusstsein steckt wie in jeder Kirche oder jedem Engel dieses Universums? Wäre unser größter griechischer Philosoph auch der Meinung gewesen, dass wir Glück, Friede und spirituelle Entwicklung nicht dadurch finden werden, indem wir von der Erde aufsteigen, sondern vielmehr, indem wir tiefer in ihr versinken, um ihre Schönheit zu preisen und ihren unendlichen Reichtum an Geheimnissen aufzudecken? Ich glaube, er hätte mir zugestimmt. Die Natur und ihre Tiere sprechen nur mit denjenigen, die ihre Schönheit sehen. Wird die Menschheit es jemals wert sein, ein wahrer Freund von Mutter Natur und ein Hüter, Schüler und Vertrauter ihrer Tiere zu werden?

Dies ist nicht das Ende unserer spirituellen Reise. Es ist erst der Anfang.

Danksagungen

Ich möchte meiner Mutter, Dr. Melinda McClanahan, für das gründliche Lektorat der Kapitel über Löwen, Elefanten und Bienen danken. Mutter, du bist eine solche Leuchte, dass du die ganze Galaxie in hellem Licht erstrahlen lassen könntest. Danke für den Sternenglanz, den du mir geschickt hast! Mein summender Dank geht an Michelle Black, die kluge Bienenexpertin, die mich beim Kapitel über Bienen inspiriert und beraten hat. Außerdem möchte ich Leslie Bower, der Gründerin des Language of Miracles Online Institute, danken, die meine Arbeit von den Buchseiten in die wundervolle Welt der Webinare gebracht hat, und Jane Elisabeth Tollefsen, meiner engagierten Leiterin, die Ark Angel TV ins Leben gerufen hat und weiterhin liebevoll meine Webinare in aller Welt leitet, danken. Mein Dank geht auch an die größten Unterstützerinnen von Ark Angel, Dr. Melinda McClanahan, Catherine Brown-Swain, Elaine Checkley und die mutige Rita Black, die die Pilgerfahrt zu den Gorillas und Waisen in Ruanda möglich gemacht hat. Rita, du hast ein so großes Herz, dass alle fünfhundert Waisen darin mehr als genug Platz haben. Auch möchte ich Gregory Abelar meinen aufrichtigen Dank aussprechen. Er koordiniert nicht nur meine Spendenaktionen *No Horror for Animals* in Hollywood, sondern verkleidet sich auch an jedem Halloween-Abend als „ich" (den Transvestiten „Angela") in seinem schwarzen Hochzeitskleid. Und keine Danksagungen wären vollständig, ohne mich bei Dr. Bernie Siegel zu bedanken, der mich mit seiner Liebe beflügelt hat. Deine Unterstützung, Bernie, hat mein ganzes Leben verändert. Auch bin ich den Adleraugen von Elissa Rabellino, meiner perfektionistischen Lektorin, dankbar. Doch am allermeisten möchte ich meinem Herausgeber Jason Gardner für seinen mutigen und wilden Geist danken. Und Gott segne alle Mitarbeiter von New World Library. Ihr macht eurem Namen alle Ehre. Der Verlag New World Library hilft, das, was unsere „neue Welt" sein könnte und sollte, zu fördern – eine Welt voller Liebe … und wilder Tiere.

Ressourcen

Bitte unterstützen Sie die folgenden Organisationen dabei, die in diesem Buch vorgestellten Ideale zu verwirklichen:

Tiger
Bitte helfen Sie beim Erhalt von Tigern durch großzügige Spenden an den World Wildlife Fund. **www.worldwildlife.org**

Aufklärungsarbeit über und Verhinderung von Wilderei und Handel mit Körperteilen von Wildtieren
Bitte unterstützen Sie Ark Angel, damit afrikanische Kinder auf dem Land im Schutz von Wildtieren unterrichtet werden können, so dass die illegale Jagd auf Elefanten und Löwen vermindert wird und der Verkauf von Löwenknochen als Tigerknochen auf dem Schwarzmarkt verhindert wird. **www.ameliakinkade.com/ark_angel**

Elefanten
Bitte unterstützen Sie die folgenden Organisationen zum Schutz von Elefanten und setzen Sie sich für das Ende der illegalen Elefantenjagd ein.

African Elephants
The David Sheldrick Wildlife Trust **www.sheldrickwildlifetrust.org/index.asp**
Amelia's Ark Angel Society **www.ameliakinkade.com/ark_angel**
World Wildlife Fund **www.worldwildlife.org**

Asiatische Elefanten
Elephant Nature Foundation **www.elephantnaturefoundationuk.org/elephant-nature-foundation**
Elephant Family **elephant-family.org**

Löwen
Bitte helfen Sie Löwen, indem Sie den Drakenstein Lion Park unterstützen. **www.lionrescue.org.za**

Afrikanische Wildtiere
Helfen Sie der Ajubatus Foundation zum Schutz der Wildtiere in Afrika. **www.africanconservation.org/explorer/ajubatus-foundation**

Meerestiere
Bitte unterstützen Sie die Sea Shepherd Conservation Society.
Paul Watson ....**www.seashepherd.org**

Wale
Bitte unterstützen Sie die Great Whale Conservancy.
Michael Fishbach **www.greatwhaleconservancy.org**

Wildtiere - **www.bornfree.org.uk**

Literaturverzeichnis

Ackerman, Diane. *I Praise My Destroyer.* New York: Vintage Books, 2000.

Barker, Raymond Charles. *The Power of Decision.* New York: Tarcher, 2011.

Barth, Friedrich G. *Biologie einer Begegnung. Die Partnerschaft der Insekten und Blumen.* DVA, 1992.

Blackiston, Howland. *Imkern für Dummies.* TB, Viley-VCH Verlag, 2016.

Campbell, Don. *The Mozart Effect.* New York: Avon Books, 1997.

Castaneda, Carlos. *Die Kraft der Stille: Neue Lehren des Don Juan.* Fischer TB, 1992.

Emoto, Masaru. *Die Botschaft des Wassers.* KOHA-Verlag, 2002.

Epstein, Donald M., und Nathaniel Altman. *12 Phasen der Heilung: Ein Weg zu Gesundheit und Harmonie.* TB, Lüchow, 1996.

Fishbein, Morris. *The Medical Follies.* New York: Boni & Liveright, 1925.

Frisch, Karl von. *Aus dem Leben der Bienen.* Springer TB, 4. Auflage, 1993.

Frisch, Karl von. *Tanzsprache und Orientierung der Bienen.* Springer, 1965.

Grant, Robert J. *Edgar Cayce on Angels, Archangels, and the Unseen Forces.* Virginia Beach, VA: A. R. E. Press, 2005.

Greive, Bradley Trevor. *Priceless: The Vanishing Beauty of a Fragile Planet.* Kansas City, MO: Andrews McMeel Publishing, 2003.

Heidborn, Tina. „Dancing with Bees.“ *Max Planck Research*, February 2010. https://www.mpg.de/789446/MPR_2010_2.pdf.

Hills, Carol. „Thailand's Tiger Temple Saga Isn't Over Yet.“ *USA Today*, June 3, 2016. http://www.usatoday.com/story/news/world

/2016/06/03/thailands-tiger-temple-saga-isnt-over-yet/85334156/.

Maeterlinck, Maurice. *Das Leben der Bienen*. Unionsverlag, 2011.

Matthews, Simone M. *Shealla Dreaming: A Journey to Unlock the Secrets of the Universe*. Tempe, AZ: Soul Star Publishing, 2012.

Mindell, Arnold. *Den Pfad des Herzens gehen: Traumkörperarbeit – Schamanische Praktiken und moderne Psychologie*. Via Nova, 2013.

Nordhaus, Hannah. *The Beekeeper's Lament: How One Man and Half a Billion Honey Bees Help Feed America*. New York: HarperPerennial, 2011.

Rochat, Lesley. „Why I Swim with Sharks." LesleyRochat.com (blog). http://www.lesleyrochat.com/2013/why-i-swim-with-sharks.

Seeley, Thomas D. *The Wisdom of the Hive: The Social Physiology of Honey Bee Colonies*. Cambridge, MA: Harvard University Press, 1995.

Shwartz, Mark. „Elephants Pick Up Good Vibrations – through Their Feet." *Stanford News Service*, March 5, 2001. http://news.stanford.edu/pr/01/elephants37.html.

Sparrow, Gregory Scott. *I Am with You Always: True Stories of Encounters with Jesus*. New York: Bantam Books, 1995.

St. Germain, Maureen. *Beyond the Flower of Life*. New York: Phoenix Rising Publishing, 2009.

TRAFFIC. „CITES Turns Up the Heat on Tiger Smugglers." www.traffic.org. March 14, 2013. http://www.traffic.org/home/2013/3/14/cites-turns-up-the-heat-on-tiger-smugglers.html.

TRAFFIC. „New Study Reveals Scale of Persistent Illegal Tiger Trade." www.traffic.org. March 7, 2013. http://www.traffic.org/home/2013/3/7/new-study-reveals-scale-of-persistent-illegal-tiger-trade.html.

Ulanov, Ann Belford, und Barry Ulanov. *The Witch and the Clown: Two Archetypes of Human Sexuality*. Wilmette, IL: Chiron Publications, 1987.

Wenner, Adrian M., und Patrick H. Wells. *Anatomy of a Controversy: The Question of a „Language" Among Bees*. New York: Columbia University Press, 1990.

Über die Autorin

Die Tierkommunikatorin Amelia Kinkade hat schon mehrere Bücher geschrieben, darunter Tierisch gute Gespräche: Lerne, mit Tieren zu sprechen – sie antworten dir (Constans Verlag, 2001) und Tierisch einfach: WARUM und WIE Sie Tiere verstehen und mit ihnen sprechen können (G. Reichel Verlag, 2006). Sie ist die Vorsitzende der Amelia's Ark Angel Society, einer Wohltätigkeitsorganisation, die Kindern in ländlichen Regionen von Afrika über den Wildtierschutz aufklärt, um Wilderei schon in ihren Wurzeln zu ersticken. Außerdem hat sie den Fernsehsender Ark Angel TV und das Internet-Kommunikationszentrum Language of Miracles Institute ins Leben gerufen. Amelia unterrichtet und hält Workshops in den Vereinigten Staaten, Kanada, Mexiko, England, Schottland, Schweden, Deutschland, Frankreich, Norwegen, den Niederlanden, der Schweiz, Österreich, Portugal, Italien, Polen, auf den Kanaren, in Brasilien, Sambia, Ruanda und Südafrika, in denen sie Training für Tierfreunde aller Art – darunter auch Ärzte und Tierärzte – anbietet.

Hunderte von Zeitungen und Zeitschriften, wie z. B. die New York Times, die Chicago Tribune, Good Housekeeping, Cat Fancy, Dog Fancy, die Lokalzeitung von Boston, North Shore Sunday, die Londoner Zeitung News of the World, Bild der Frau in Deutschland, Annabelle in der Schweiz und der Freizeit Kurier in Wien, haben schon über Amelias einzigartige Fähigkeiten berichtet.

Sie ist in zahlreichen Fernsehsendungen, wie beispielsweise The View, The Other Half, The Ellen DeGeneres Show, ABC News, Extra, The Jenny Jones Show, The BBC News, Beyond Belief with George Noory, Carte Blanche in Südafrika, sowie in vielen Dokusendungen in den USA, Europa und Australien aufgetreten. Amelia Kinkade war außerdem schon in über vierhundert Radiosendungen von Memphis, Tennessee, bis Kapstadt, Südafrika, zu hören. Eine Dokumentarsendung der BBC wurde über ihre Arbeit mit Elefanten im Krüger-Nationalpark gedreht, und die BBC veranstaltete eine Kindersendung für ihre jüngsten und offensten Fans.

Amelias wahre Leidenschaft ist die Führung ihrer jährlichen Sacred Harmony Safaris in Afrika und die Unterstützung von Tierschutzorganisationen, die Elefanten, Geparde, Pinguine, weiße Haie, Löwen und Nashörner retten. Sie hilft bei Problemen mit Tigern, Menschenaffen, Elefanten und zahllosen anderen exotischen Tieren sowie Haustieren. Im Jahr 2002 wurde sie mit einer Einladung in den Buckingham Palace geehrt, um als Pferdeflüsterin mit den Pferden von Königin Elisabeth der Zweiten und den Jagdpferden von Prinz Charles zu arbeiten. Auch darf Amelia mit olympischen Show-/Springpferden arbeiten. Ihre beiden Superstars haben 2016 auf der Turnierserie Longine Global Champions Tour in Rom und Wien die goldene und die silberne Olympiamedaille geholt.

www.ameliakinkade.com

Ein Teil der Verlagsgewinne aus diesem Buch geht an die Ark Angel Society.

<table>
<tr>
<td>
</td>
<td>Amelia Kinkade

Tierisch gute Gespräche
Lerne mit Tieren zu sprechen. Sie antworten Dir.
Tiefgehender, humorvoller Leitfaden zum
Erlernen der Tierkommunikation

295 Seiten € 14,00

ISBN 978-3-941435-25-4</td>
</tr>
<tr>
<td>
</td>
<td>Amelia Kinkade

Tierisch einfach
Warum und wie Sie Tiere verstehen und mit ihnen sprechen können
Mit Übungen und Mediationen.

360 Seiten, gebunden, € 18,50

ISBN 978-3-926388-81-9</td>
</tr>
<tr>
<td>
</td>
<td>Amelia Kinkade

CD Tierisch gute Gespräche

Mit Meditationen zum Erlernen der
Tierkommunikation

CD, ca. 60 Minuten € 18,00

ISBN 978-3-926388-74-2</td>
</tr>
<tr>
<td>
</td>
<td>W.R. Günzel & M.A. Delasalle

Jonathan – Die Ratte muss weg

Jonathan spricht die menschliche Sprache,
was lustig aber nicht immer vorteilhaft ist.

103 Seiten, viele bunte Illustrationen, € 12,50

ISBN 978-3-945574-53-9</td>
</tr>
</table>